재난관리론

이종열 · 이종영 · 최진식 · 정지범

도서출판 대영문화사

머리말

인류 역사에서 과학기술 문명은 눈부신 발전을 거듭하고 있으며, 이로 인해 인간은 그 어느 때보다 편리한 생활을 누리게 되었으며, 아울러 교통통신의 발달로 인한 세계화가 급속히 확산되고 있다. 이는 인간의 삶의 양상을 근본적으로 바꾸어 놓았으며, 삶의 질에서 그만큼 안전이 중요한 이슈로 부상하게 되었다. 과학기술의 발전은 불행하게도 환경오염이라는 부작용을 초래했으며, 이로 인한 기후 변화가 인류 앞에 운명과 같은 과제를 던져 주고 있다. 기후 변화에서 가장 주목할 점은 각종 자연재난의 증가이며, 과학기술의 발전으로 인한 부작용 가운데 가장 주목할 점 한 가지는 인적·사회적 재난의 증가이다.

최근 국가가 다루어야 할 재난은 자연적 재난(natural hazard) 요인과 인적 재난(human-caused hazard) 요인, 그리고 사회적 재난(social hazard) 요인을 모두 포함하는 경향이 있다. 사회적 재난 요인은 국가·민족·종교·경제 등의 사회구조로 인한 집단적인 갈등이 재난을 초래하는 것을 의미하며, 자연적 재난 요인은 자연 현상이 가공할 만한 파괴력을 가지고 우리의 삶을 위협하는 것을 의미한다. 2014년 4월 발생한 세월호 참사의 경우 인적 재난 요인으로 분류된다. 선박, 항해사, 안전 규정 등 총체적인 인적 재난의 성격을 가지고 있다. 재난 발생의 원인이 어디에 있든 간에, 국가와 지방자치단체는 직·간접적으로 책임이 있기 마련이다. 따라서 재난 발생을 제로로 할 수야 없겠지만 최소화를 위해 노력을 기울여야 할 것이다.

재난을 관리적인 관점에서 접근하면 예방, 대비, 대응, 복구로 나누어 볼 수 있다. 이 책에서는 이러한 과정 관점에 따라 내용을 구성하고 있다. 물론 실제 재난관리에서는 이러한 과정이 반드시 순서대로 진행되지 않을 수도 있다. 그러나 과정 접근을 따르면 재난관리를 이해하는 데 훨씬 도움이 된다.

이 책은 총 3편 7장으로 구성되어 있다. 제1편은 재난관리의 의의와 역사를 다룬다. 제1장은 재난의 개념과 유형, 재난관리의 개념과 단계, 재난관리의 특징과 원칙, 제2장은 재난관리의 역사적 발전으로서 우리나라 재난관리의 역사, 재난관리의 변화, 외국의 재난관리 변화를 다룬다. 제2편은 재난관리 과정을 다룬다. 제3장은 재난의 예방으로서 예방 전략, 제4장은 재난의 대비 개념, 법적 근거, 재난 대비계획 및 매뉴얼 작성, 재난 대비교육 및 훈련, 물자 비축 및 통신 수단의 확보, 제5장은 재난의 대응으로서 재난 대응의 의의, 법적 근거, 재난 대응 조직과 대응 체계, 재난 대응 활동, 제6장은 재난의 복구로서 재난 복구의 의의와 구성 요소, 재난 복구 활동의 유형을 다룬다. 그리고 제3편은 재난관리의 미래를 전망한다. 제7장은 재난관리의 도전과 기회, 재난관리의 미래 과제를 다룬다.

이 책이 재난관리를 공부하는 학생들뿐만 아니라 실무자들이 재난관리를 이해하는 데 조금이나마 도움이 되었으면 하는 마음 간절하며, 아울러 독자의 혹평을 기대하면서 적절한 시기에 개정할 것을 약속드린다. 이 책은 대학에서의 재난관리론 과목의 교재로서 그리고 재난 관련 공무원 수험서로서 사용될 것을 목표로 하고 있다. 대체로 각 장을 2주 분량으로 구성했다. 하지만 강의의 사정에 따라 분량을 조절할 수 있다.

끝으로 이 책을 위해 기꺼이 출판을 맡아준 대영문화사 임춘환 사장님과 좋은 모양의 책을 만들기에 노력을 기울인 편집부 여러분에게 감사의 마음을 전한다.

2014년 10월
저자를 대표하여
송도국제도시 캠퍼스에서
이종열

차 례

재난관리의 의의와 역사

Chapter 01

재난관리의 이해

제1절 재난의 개념과 유형

1 재난의 개념

과거 재난(disaster)이라는 개념은 주로 지진, 태풍, 홍수 등 자연 현상과 그로 인한 피해를 의미했으나, 오늘날은 경제의 발달과 사회구조의 다양화 등 제반 여건의 변화로 인해 재난의 개념을 더 이상 자연 현상에만 한정하지 않고 있다. 재난을 연구하는 학자들과 실무 담당자들은 재앙, 재해, 재난, 위기, 위험, 위난 등의 용어를 혼용해서 사용하기도 한다.

콰란텔리(E. L. Quarantelli)는 특히 재난에 대한 정의를 다양한 형태로 했는데, 어원의 유래에 따라 다음과 같은 정의를 하기도 했다. "(disaster는) 어원학적으로 프랑스어(desastre)에서 유래했고, 이것은 두 개의 라틴어 단어 dis와 astro가 결합된 것으로, '별에서 만들어진'이라는 의미를 갖고 있다. 초기에는, disaster가 별이나 행성에서 유래된, 개인적 천성에 대한, 불운 혹은 부정적 효과의 의미를 가지고 있었다. … 시간이 흐름에 따라 재난은 지진이나 홍수 같은 물리적 혼란 등에 적용되거나, 불가항력적인 신의 행위(Acts of God)로 알려져 왔다"(Quarantelli, 1987; 정지범, 2009a에서 재인용).

재난은 단순한 물리적 현상이 아니다. 사람이 살지 않는 사막에 엄청난 폭우와 허리케인이 몰려온다면 이는 자연 현상일 뿐이지 재난은 아니다. 허리케인이 재난이 되기 위해서는 사람들에게 피해를 주는 사회적 영향이 중요하다. 프리츠(C. Fritz)는 "재난은 사회 일반 또는 사회 내 일부 조직에 심대한 피해를 끼쳐 그 사회 구성원이나 물리적 시설의 손실로 인해 사회구조가 교란되고 그 사회의 본질적인 기능 수행이 장애를 받게 되는 사건으로서, 우연적이거나 통제 불가능하며, 시·공간상에 집중적으로 나타나는 실제적·위협적 사건"이라고 정의하고 있다(Fritz, 1961). 한편 크렙스(G. A. Kreps)는 "재난이란 사회나 그 구성 조직이 물리적 피해나 손실 또는 일상적 기능의 장애를 받게 되는 시·공간상에서 관측 가능한 사건으로서, 이러한 사건의 원인과 영향은 사회구조와 사회의 운영 과정에 관련된다"고 정의했다(Kreps, 1984).

해도우(George D. Haddow)와 벌록(Jane A. Bullock)은 재난을 어느 한 단체 또는 단일 서비스의 범위를 넘어서서 공권력과 공공재원을 사용해야만 하는 상당한 위기 대응을 요하는 사건 또는 사태로 정의한다(Haddow & Bullock, 2003). 위험이 현실로 나타날 때 가령 지진·토네이도·홍수 등이 발생하면 이는 재난이 되는 것이고, 이에 대한 신속한 대응이나 복구 활동이 요구된다. 윈스너(Ben Winsner) 외는 어선이 암초에 충돌하는 사건을 위해(危害, hazard)라 하고 재난(disaster)은 그로 인해 선원이 익사하는 것으로 묘사했으며, 때로는 생명과 재산이 위험에 처해 있는 상황에서 사람이 이를 극복하려고 안간힘을 쓰는 것으로 정의하고 있다(Winsner et al., 2004).

재난관리를 담당하는 국제기구인 UN-ISDR[1]은 재난을 다음과 같이 정의하고 있다(UN-ISDR, 2009: 9). 재난은 "광범위한 인적, 물적, 경제적, 환경적 피해로 인해 공동체 혹은 사회 기능의 심각한 붕괴 현상을 의미하며, 이러한 피해는 그 공동체 혹은 사회의 자원만으로는 스스로 극복하기는 힘든 상태"[2]를 의미한다.

1) UN-ISDR(United Nation - International Strategy for Disaster Reduction)은 재난 저감을 위한 국제 전략이라는 의미를 가진 국제기구로 1999년 12월 유엔 사무국(UN Secretariat) 산하에 국제적 재난 저감을 위해 창설되었다.

2) A serious disruption of the functioning of a community or a society involving widespread human, material, economic or environmental losses and impacts, which exceeds the ability of the affected community or society to cope using its own resources.

이와 같이 재난은 일반적으로 어떤 공동체의 기능에 파괴적 영향을 주는 사회적 결과를 의미한다. 우리나라 역시 마찬가지이다. 「재난 및 안전관리 기본법」 제3조에서는 재난을 국민의 생명 · 신체 · 재산과 국가에 피해를 주거나 줄 수 있는 것으로 규정한다.

2 재난의 유형*

모든 분야가 그렇듯이 재난 역시 다양한 형태로 구분할 수 있다. 재난은 광의로 보느냐, 협의로 보느냐에 따라 매우 다른 양상을 보인다. 콰란텔리(Quarantelli, 1998)는 재난(disaster)을 광의로 볼 경우 개인이나 그룹에 괴로움(stress)을 주는 모든 상태라고 매우 넓게 정의할 수 있다고 주장한다. 반면 협의로 볼 경우에는 테러, 폭동, 전쟁 등과 같은 인간에 의한 갈등 상황(conflict situation)은 배제할 수 있다고 주장하면서도 에이즈(AIDS)나 광우병 등 새롭게 등장하고 있는 사회 현상에 대해서는 모호한 입장을 보이고 있다. 재난의 유형을 구분하는 방식은 매우 다양할 수 있으나 여기에서는 전통적 구분, 사회학적 구분, 그리고 법적 구분에 대해 다루고자 한다.

1) 전통적 구분: 자연재난과 인적재난

가장 일반적인 재난의 구분 방식은 그 발생 원인에 따라 자연적 현상이 발생의 원인이 되는 자연재난과 인간의 행위가 원인이 되는 인적재난으로 구분하는 것이다. 즉, 태풍 · 홍수 · 호우(豪雨) · 강풍 · 풍랑 · 해일 · 대설 · 가뭄 · 지진 · 황사 · 적조, 그 밖에 이에 준하는 자연 현상으로 인해 발생하는 재해는 자연재난(natural disaster)으로, 화재 · 붕괴 · 폭발 · 교통사고 · 화생방사고 · 환경오염사고 등과 같이 인위적 원인에 의한 재난을 인적재난(manmade disaster, technological disaster)으로 구분한다.

세계의 많은 연구자와 기관에서 이러한 전통적 구분을 바탕으로 재난 유형 구분

---

* 이 내용은 정지범(2009), 국가종합위기관리 이론과 실제를 바탕으로 재구성한 것이다.

을 하고 있는데, 가장 대표적으로는 벨기에에 위치한 재난역학연구센터(The Center for Research on the Epidemiology of Disasters: CRED)의 분류 기준을 들 수 있다. CRED는 1973년 루뱅가톨릭대학교(Catholic University of Louvain: UCL)의 보건대학(School of Public Health)에서 설립해, 1980년 세계보건기구(WHO)의 공식 파트너가 되어 전 세계 재난 관련 데이터베이스를 구축했다. 최근에는 UN-ISDR이나 UNDP에서도 CRED의 분류 기준과 데이터베이스를 활용해 보고서나 연구 프로젝트를 진행하고 있다.

이러한 전통적 구분에 따라 각 재난은 각각의 특성에 따라 세분이 가능하다. 자연재난은 발생 구조적 특징의 하나인 예측가능성을 분류 기준으로 하여 예측 가능한 자연재난(predictable disaster)과 예측 불가능한 자연재난(unpredictable disaster)으로 분류할 수 있다(Dynes, 1970). 예측 가능한 자연재난은 태풍·홍수 등 일정한 시간의 궤적을 타고 발생하는 재난으로 현재의 과학기술을 통해 부분적으로 재난과 피해의 규모에 대한 예측이 가능하기 때문에 예방과 대비를 중심으로 재난관리가 이루어지게 된다. 완벽한 예측은 불가능하겠지만 어느 정도 예측이 가능한 대표적 재난들은 태풍·홍수 등의 기후성 재난이 될 것이다. 이에 비해 예측 불가능한 자연재난은 지진 및 쓰나미 등 재난 발생이 예견되기는 하지만 현재의 과학기술로는 재난이 발생하는 시점과 그 피해의 규모를 추정하기 어려운 재난을 의미한다. 일반적으로 이렇게 예측이 어려운 재난들은 대부분 지구물리학적(geophysical) 재난들로 볼 수 있다.

표 1-1 인적재난과 자연재난

대분류	세분류	재난 사례
자연재난	예측 가능 (기후성 재난)	태풍, 홍수, 호우, 강풍, 풍랑, 대설, 가뭄, 황사, 미세먼지 등
	예측 불가능 (지구물리학적 재난)	지진, 쓰나미 등
인적재난	고의적 재난	테러, 폭동 등
	비고의적 재난 (사고)	화재, 붕괴, 폭발, 교통사고, 환경오염사고 등

인적재난은 인간의 의지에 따라 발생가능성이 상존하기 때문에 인간의 의도가 개입했는가를 기준으로 고의적 재난(intentional disaster)과 비고의적 재난(unintentional disaster)으로 분류할 수 있다. 따라서 고의적 재난은 테러와 같이 고의성이 있는 인간의 의도된 행동의 결과로 발생하는 재난을 말하고, 비고의적 재난은 오류나 고장 등에 의해 고의성 없는 인간 행동의 결과로 발생하는 재난을 말한다.

2) 사회학적 구분

사회학자들은 인간과 재난의 상호작용을 바탕으로 다양한 형태의 유형 구분을 시도했다. 그들은 단순히 발생의 원인이라는 측면뿐 아니라 재난이 사회에 주는 영향과 인간 행위로 인한 재난의 변화 특성에 주목했다.

대표적으로 다인스(R. R. Dynes)는 아홉 가지 기준을 제시했는데, 이것은 ① 빈도(frequency), ② 발생원(cause), ③ 진행 속도(speed of onset), ④ 지속성(duration), ⑤ 영향의 범위(scope of impact), ⑥ 예측가능성(predictability), ⑦ 피해의 규모(destructive potential), ⑧ 제어가능성(controllability), ⑨ 사전 경고의 길이(length of possible forewarning) 등이다(Dynes, 1970). 웽거(D. Wenger)는 이 기준 중 앞의 다섯 가지, 즉, 빈도, 발생원, 진행 속도, 지속성, 그리고 영향의 범위는 재난 그 자체의 속성에 의한 것이지만, 나머지 네 개의 기준, 즉 예측가능성, 피해의 규모, 제어가능성, 사전 경고의 길이는 재난을 받아들이는 사회의 역량에 대한 것으로 볼 수 있다고 주장했다(Wenger, 1978).

표 1-2 다인스의 기준에 따른 자연재난과 인적재난의 속성

기준	자연재난	인적재난
발생원	자연 현상	고의성 없음: 오류, 고장 등 고의성 있음: 테러 등
예측 가능성	예측 가능한 경우: 태풍 등 예측 불가능한 경우: 지진 등	예측 불가능
지속성	일반적으로 한정적	지속될 가능성이 높음 (체르노빌 사고, 태안 기름 오염)
제어가능성	불가능	일부는 가능

다인스의 기준을 바탕으로 일반적인 자연재난과 인적재난의 속성을 비교해 보면 <표 1-2>와 같이 정리할 수 있다.

그 밖에도 여러 사회학자가 재난 유형에 대한 이론을 제시하고 있는데, 이 중 몇몇을 소개하면 아래와 같다.

리처드슨(Richardson, 1994)은 조직과의 관련성에 주목해 생태체계적(eco-systemic) 재난, 사회-기술적(socio-technical) 재난, 경제적(business-economic) 재난, 반사회적(sociopathic) 재난 등으로 구분하고 있다. 한편, 코부어-미시라(Kovoor-Misra, 1995)는 기술재난(가스 누출), 정치재난(negative publicity), 법률적 재난(사고 등의 책임), 경제적 재난(부도), 윤리적 재난(부패), 사회적 재난(테러리즘), 자연재난(홍수) 등의 일곱 가지 분류틀을 제시했다.

사회학자들은 재난의 유형 구분을 시간(time), 공간(space), 심각성(severity)에

표 1-3 재난의 규모와 유형

<table>
<tr><th></th><th>지역 내 응급 상황
(local emergency)</th><th>지역적 재난
(local disaster)</th><th>재난
(disaster)</th><th>파국적 재난
(catastrophic disaster)</th></tr>
<tr><td>지역사회 하부구조에 미친 영향</td><td colspan="2">식품, 상수원, 기업, 도로, 철도, 인적자원 등에 국지적으로 영향을 미침.</td><td>국지적인 피해</td><td>지역을 넘는 광범한 피해와 파괴</td></tr>
<tr><td>대응 체계 하부구조에 미친 영향</td><td colspan="2">병원, 수송 체계, 통신시설, 인터넷, 인적자원 등에는 큰 영향을 미치지 않음.</td><td>국지적인 피해</td><td>광범한 파괴로 인해 대응 불가능</td></tr>
<tr><td>대응 수단의 적절성</td><td colspan="2">지역 내 대응계획</td><td>국지적 대응 능력을 넘어서지만, 국가적 수준에서 대처 가능</td><td>비상계획과 대응 능력을 넘어섬</td></tr>
<tr><td>조직의 대응
(organizational emergence)</td><td>기존(established) 조직만 동원됨.</td><td>기존 조직과 확대된(expanded) 조직이 동원됨.</td><td colspan="2">기존 조직 외에도 확대된 조직, 확장된(extended) 조직, 그리고 새로운(emergent) 조직이 모두 동원됨.</td></tr>
<tr><td>범위</td><td colspan="2">지역사회의 일부만이 영향받음.</td><td>한 지역사회나 행정 단위가 영향을 받음.</td><td>복수의 지역사회나 행정 단위가 영향을 받음.</td></tr>
<tr><td>지속 기간</td><td colspan="2">수 시간~수주</td><td>수주~수개월</td><td>수개월~수년</td></tr>
</table>

출처: Dynes(1970, 1998), Kreps(1998), Quarantelli(2005), 이재열(2009) 재인용.

따라 구분하기도 한다(Dombrowsky, 1998). 이러한 기준에 따라 이재열(2009)은 어떤 재난이 한 지역사회의 일부에만 국한되는 것인지, 아니면 지역사회 전체에 영향을 미치는지, 혹은 훨씬 광범한 영향을 미치는지에 따른 구분을 정리했다. 이에 따르면 <표 1-3>과 같이 가장 범위가 좁은 것을 일컬어 지역 내 응급 상황(local emergency)이나 지역적 재난(local disaster)이라고 하고, 지역사회 수준의 국지적 피해를 넘어서는 것을 재난(disaster)이라 하며, 지역을 넘는 광범한 피해와 파괴를 가져오는 위기를 파국적 재난(catastrophic disaster)이라고 정의할 수 있다.

한편 재난의 유형은 주요 행위자 측면에서 대응의 일관성(agency)에 따라서도 유형화할 수 있다. 대응의 일관성이란 행위자들이 문제를 해결하고자 쉽게 합의할 수 있는 것인지, 아니면 집단 간 갈등으로 행위자들 간의 합의가 어려운 형태인지를 의미한다. 합의할 수 있는 재난은 원인이 외부에서 주어진 것이지만, 토론과 협의를 거쳐 해결책을 찾아 나선다는 점에서 사회적 과정이 대응책으로서 매우 중요하다. 반면에 갈등형 재난의 경우에는 재난의 원인이 사회 체계의 내부와 집단 간 갈등에 의해 발생한 것이므로, 그 해법이 더욱 복잡하고, 경우에 따라서는 문제를 해결하고자 하는 노력이 오히려 피해를 증폭시킬 위험도 존재한다.

표 1-4 대응의 일관성 및 파급 효과에 따른 재난의 유형

		대응의 일관성 (agency)	
		합의 (consensus)	갈등 (conflict)
파급 효과 (affect)	지역재난 (community disaster)	자연재해 (natural hazard event)	사회적 갈등, 폭동 (social conflicts)
	부문재난 (sector disaster)	기술재난 (technology failure)	파업 (sabotage)
	포괄적 재난 (trans-system social rupture: TSSR)	전염병 (pandemic)	컴퓨터 바이러스 (computer virus)

출처: 이재열(2009).

3) 법적 구분

현행 「재난 및 안전관리 기본법」은 기존에 재난관리에 관한 포괄적이고 종합적인 기본법이 부재하다는 문제 의식에서 재난 및 안전관리에 관한 기본법으로 제정되었다. 동법은 재해 및 재난 등으로 다원화되어 있는 관련 법령을 통합하고, 각 부처에 분산되어 있는 재난관리 업무에 대한 총괄 조정 기능을 보강하는 등 문제점을 개선하고자 했다. 특히 재난을 "국민의 생명, 신체 및 재산과 국가에 피해를 주거나 줄 수 있는 것"으로 정의하여(동법 제3조), 기존에 인적재난과 자연재해로 이원화된 재난 개념을 통합하고, 국가 기반 체계 마비 등 새로운 형태의 재난을 포함해 일원화된 재난을 대상으로 한다. 즉, 「재난 및 안전관리 기본법」상의 재난은 「자연재해대책법」 상의 자연재해, 「(구)재난관리법」상의 인적재난뿐만 아니라 국가기반시설 및 감염병까지 포함하는 포괄적인 개념의 재난이다. 그리고 각각의 재난을 발생 원인에 따라 나열식으로 정의하는 방법을 사용하고 있다.

2013년 8월 개정된 현행 「재난 및 안전관리 기본법」은 기존의 자연재난, 인적재난, 사회적 재난의 삼분 체계를 개편해 자연재난과 사회재난(인적재난+사회적 재난)으로 단순화했다. 이러한 단순화는 다양한 복합재난이 등장하면서 자연재난, 인적재난, 사회적 재난의 구분이 점점 더 어려워지고 있다는 측면과 함께, 인적재난과 사회적 재난의 총괄 기관인 안전행정부의 책임을 명확히 하고자 하는 의도가 반영되었다고 볼 수 있다. 이에 따라 현행 기본법에서는 재난을 ① 자연재난(태풍, 홍수, 호우(豪雨), 강풍, 풍랑, 해일(海溢), 대설, 낙뢰, 가뭄, 지진, 황사(黃砂), 조류(藻類) 대발생, 조수(潮水), 그 밖에 이에 준하는 자연 현상으로 인해 발생하는 재해)과 ② 사회재난(화재 · 붕괴 · 폭발 · 교통사고 · 화생방사고 · 환경오염사고 등으로 인해 발생하는 대통령령으로 정하는 규모 이상의 피해와 에너지 · 통신 · 교통 · 금융 · 의료 · 수도 등 국가 기반 체계의 마비, 「감염병의 예방 및 관리에 관한 법률」에 따른 감염병 또는 「가축전염병예방법」에 따른 가축전염병의 확산 등으로 인한 피해)으로 구분한다.

각각의 세부 재난은 <표 1-5>와 같이 정의할 수 있으며, 각각의 재난은 법적인 기준으로서 주의보와 경보 체계를 갖고 있다.

(1) 자연재난

표 1-5 다양한 자연재난의 정의와 관련 주의보 · 경보

분류	정의
태풍	7, 8, 9, 10월에 발생하는 열대성 저기압인 태풍의 강풍, 폭우 등에 의해 발생되는 피해 현상
	주의보: 태풍으로 인해 강풍, 풍랑, 호우, 폭풍해일 현상 등이 주의보 기준에 도달할 것으로 예상될 때
	경보: 태풍으로 인해 다음 중 어느 하나에 해당하는 경우 ① 강풍(또는 풍랑) 경보 기준에 도달할 것으로 예상될 때 ② 총 강우량이 200mm 이상 예상될 때 ③ 폭풍해일 경보 기준에 도달할 것으로 예상될 때
홍수	폭우나 눈의 융설(融雪) 등과 같은 여러 가지 요인들에 의해 하천 수위가 기준치 이상으로 올라서 하천수가 제방 밖으로 유입되는 사고
	주의보: 홍수예보를 발령하는 지점의 수위가 계속 상승해 주의보 경계홍수위(계획홍수량의 50%가 흐를 때의 수위)를 초과할 것이 예상되는 경우
	경보: 홍수예보를 발령하는 지점의 수위가 계속 상승해 경보위험 홍수위(계획홍수량의 70%가 흐를 때의 수위)를 초과할 것이 예상되는 경우
호우	집중호우로 발생되는 피해 현상
	주의보: 6시간 강우량이 70mm 이상 예상되거나 12시간 강우량이 110mm 이상 예상될 때
	경보: 6시간 강우량이 110mm 이상 예상되거나 12시간 강우량이 180mm 이상 예상될 때
강풍	강한 바람으로 인한 피해
	주의보: 육상에서 풍속 14m/s 이상 또는 순간풍속 20m/s 이상이 예상될 때. 다만, 산지는 풍속 17m/s 이상 또는 순간풍속 25m/s 이상이 예상될 때
	경보: 육상에서 풍속 21m/s 이상 또는 순간풍속 26m/s 이상이 예상될 때. 다만, 산지는 풍속 24m/s 이상 또는 순간풍속 30m/s 이상이 예상될 때
풍랑	해상에서 바람에 의해 일어나는 파도로 인한 피해
	주의보: 해상에서 풍속 14m/s 이상이 3시간 이상 지속되거나 유의파고가 3m 이상이 예상될 때
	경보: 해상에서 풍속 21m/s 이상이 3시간 이상 지속되거나 유의파고가 5m 이상이 예상될 때

해일	해저의 지각활동에 의해 바다의 해수면이 단파의 형태를 가지고 육지로 유입되는 사고: 해안에 발달한 저기압에 의한 급작스러운 수위 상승
	주의보: 한반도 주변 해역(21N~45N,110E~145E) 등에서 규모 7.0 이상의 해저지진이 발생해 우리나라 해안가에 해일 파고 0.5~1.0m 미만의 지진해일 내습이 예상될 때
	경보: 한반도 주변 해역(21N~45N, 110E~145E) 등에서 규모 7.0 이상의 해저지진이 발생해 우리나라 해안가에 해일 파고 1.0m 이상의 지진해일 내습이 예상될 때
지진	지구 내부의 에너지가 지표로 나와 땅이 갈라지며 흔들리는 현상
대설	많은 눈에 의한 피해
	주의보: 24시간 신적설이 5cm 이상 예상될 때
	경보: 24시간 신적설이 20cm 이상 예상될 때. 다만, 산지는 24시간 신적설이 30cm 이상 예상될 때
황사	봄철 중국 대륙이 건조해지면서 고비사막, 타클라마칸사막 등 중국과 몽골의 사막지대 및 황하 상류지대의 흙먼지가 강한 상층 기류를 타고 3천~5천m 상공으로 올라가 초속 30m 정도의 편서풍에 실려 우리나라에 날아오는 것
	주의보: 황사로 인해 1시간 평균 미세먼지(PM10) 농도 400㎍/m^2 이상이 2시간 이상 지속될 것으로 예상될 때
	경보: 황사로 인해 1시간 평균 미세먼지(PM10) 농도 800㎍/m^2 이상이 2시간 이상 지속될 것으로 예상될 때
조류(藻類) 대발생	유해조류의 대번식(Harmful Algal Blooms: HAB)에 의한 피해. 바다인 경우 적조, 담수(강, 호수)인 경우 통상 녹조
	주의보: 반경 2~5km 수역에 걸쳐 발생하고 어업 피해가 우려될 때
	경보: 반경 5km(79km^2) 이상 수역에 걸쳐 발생해 상당한 어업 피해가 예상될 때

출처: 기상청 홈페이지, http://www.kma.go.kr/weather/warning/standard.jsp.

(2) 사회재난

이와 함께 사회재난에 포함되는 인적재난과 사회적 재난은 다음과 같이 정리가 가능하다.

표 1-6 다양한 사회재난의 정의

분류	정의
화재	낙뢰, 누전, 가스 폭발, 붕괴, 테러 등 다양한 요인에 의해 발생되는 발화 사고로 인명 및 재산 피해를 유발하는 재난
붕괴	불특정 다수가 이용하는 다중이용 시설물(체육관, 종교시설, 백화점, 목욕탕, 16층 이상의 대형건물)이나 집단거주용 시설물(고층 아파트, 다세대주택, 빌라 등)의 붕괴나 파괴 등으로 인한 사고로 인명 및 재산 피해를 유발하는 재난
폭발	취급부주의 등으로 인한 폭발물의 폭발로 인명 및 재산 피해를 유발하는 재난
교통사고	도로교통사고, 철도사고, 해상사고, 항공사고 등의 대형사고로 인명 및 재산 피해를 유발하는 재난(단순 교통사고 제외)
화생방사고	화학·생물테러는 사회 붕괴를 의도하고 독가스 등의 화학물질 또는 바이러스, 세균, 곰팡이 등의 병원균을 사용해 살상을 하거나, 사람 혹은 동·식물에 질병을 일으키는 것을 목적으로 하는 행위 등으로 인명 및 재산 피해를 유발하는 재난이다. 방사능 물질의 보관·사용·운반·처리 과정이나 방사성폐기물의 저장·처리·관리 과정에서 방사능물질 취급기관(원자력발전소, 병원, 관련 연구소 등)의 관리 부주의 또는 자연재해·사고·테러 등에 의한 원자력시설의 파괴 등으로 인해 발생하는 방사능 누출·피폭 사고로 인명 및 재산 피해를 유발하는 재난
환경오염사고	사고 또는 취급 부주의로 인한 기름, 산업폐기물 등과 같은 유독성 물질의 누출사고, 또는 유해물질의 장기간 노출에 따른 급·만성 중독, 세대간 축적 등 생태계 교란 및 파괴로 인명 및 재산 피해를 유발하는 재난
국가 기반 체계 마비	에너지·통신·교통·금융·의료·수도기반 시설 등 기반시설의 교란 및 파괴로 인해 가정 및 각종 산업시설이 마비되는 사고로 인명 및 재산 피해를 유발하는 재난
감염병	세균, 바이러스, 진균, 기생충과 같은 병원체에 의해 감염되어 발병 및 유행하는 질환으로서 「감염병의 예방 및 관리에 관한 법률」 제2조에 따른 감염병의 확산으로 인명 피해를 유발하는 재난
가축전염병	세균, 바이러스, 진균, 기생충과 같은 병원체에 의해 감염되어 발병 및 유행하는 전염성 가축 질병으로서 「가축전염병예방법」 제2조 2항에 따른 전염병의 확산으로 가축 피해를 유발하는 재난

출처: 국립재난안전연구원 홈페이지, http://www.ndmi.go.kr/promote/knowledge/human.jsp.

3 재난 유형별 특징과 복합재난

자연재난과 인적재난은 모두 우리 사회에 큰 피해를 불러일으키지만, 두 재난의 특성은 다르다. 「재난 및 안전관리 기본법」 이전에는 우리나라 역시 자연재난을 재해(災害)로, 인적재난을 재난(災難)으로 구분해 각각 개별법을 운영했었다. 현재까지도 「자연재해대책법」 제2조에서는 '재해'를 「재난 및 안전관리 기본법」 제3조 제1호에 따른 재난(자연재난)으로 인해 발생하는 피해로 정의하고 있다. 즉, 재난과 재해는 유사하게 쓰이고 있으나 재해는 특히 자연재난으로 인한 피해로 활용하고 있다. 각 재난에 대응하는 사회의 반응은 아래와 같이 매우 다를 수 있다(Picou & Marshall, 2005, 정지범, 2009b 재인용).

전통적으로 자연재난의 경우, 재난으로 인한 피해에 대한 사회적인 대응은 쉽게 합의되곤 한다. 즉, 자연재난은 전통적으로 불가항력적인 '신의 행위(Acts of God)'로 인식되었기 때문에 중앙정부나 지방정부의 개입은 시민의 보호를 위해 너무도 당연한 일로 받아들여졌다. 피코와 마셜(Picou & Marshall, 2005)은 이 과정을 다음과 같이 정리했다: ① 재난의 발생, ② 합법적으로 인정받을 수 있는 희생자의 발생, ③ 구조, 회복, 복구 등에 대한 주정부, 지방정부 또는 연방정부에 의한 자동적인 지원 및 자원봉사 조직의 참여. 따라서 자연재난의 경우, 일반적으로 단기간에 파괴적인 결과가 발생하지만, 공동체의 복구 작업은 '치료적(therapeutic)'인 형태를 띠게 된다(Picou & Marshall, 2005). 그리고 치료적 과정의 결과로 공동체의 복구가 빠른 시간에 이루어지며, 재난에 의해 파괴되었던 시설들은 복구 과정을 통해 이전에 비해 재난 대비에 효과적인 형태로 진보하곤 한다(Picou & Marshall, 2005, 정지범, 2009b 재인용).

하지만 인적재난의 경우, 누군가 재난을 발생시킨 사람이 존재한다. 따라서 재난의 책임 문제가 가장 중요한 논쟁으로 등장하게 되고, 다음과 같은 결과를 발생시키곤 한다. ① 누가 책임이 있는지에 대한 갈등, ② 만성적인 사회적 혼란, 분노, 정신적 문제, 피해자를 위한 자원의 상실, ③ 지연되는 복구 작업, ④ 피해의 불분명함, ⑤ 사회문화적 혼란 발생, ⑥ 엄청난 소송의 문제(Picou & Marshall, 2005: 5, 정지범, 2009b 재인용). 즉, 인적재난은 대부분의 경우 누구에게 책임이 있는지에 대한 분쟁의 소지를 안고 있기 때문에, 피해자들의 신체적 건강뿐만 아니라 정신적 건강이 문제가 되며, 사회적으로는 지속적인 소송이 발생하면서 사회구성원들의 만성적 분노와 사회적 신뢰를 붕괴시키는 현상이 만연하게 된다. 따라서 피코와 마셜(Picou & Marshall, 2005) 및 프로이덴부르크(Freudenburg, 1997) 같은 사회학자들은 이러한 현상을 '부식된 공동체(corrosive community)'라 명명하고 지속적인 연구의 필요성을 강조하고 있다. 이러한 예는 미국의 9·11테러 사태나 우리나라의 대구지하철 화재사고, 허베이 스피리트호 기름 누출 사고에서도 목격할 수 있었다.

피코와 마셜(Picou & Marshall, 2005)의 연구는 자연재난과 인적재난의 특성을 구분해, 재난 대응 및 복구 과정에 큰 차이가 있다는 점을 설명했다. 그들의 주장에 따르면, 자연재난에 비해 인적재난이 책임 소재의 규명과 관련한 심각한 갈등이 발생하고, 이로 인해 복구가 지연되고 공동체 파괴 현상이 두드러진다. 즉, 그들 주장의 핵심은 전통적으로 자연재난과 인적재난은 갈등 관리적 측면에서 큰 차이가 있다는 것이었다(정지범, 2013a).

이와 함께 그들은 최근에 와서는 재난 양상이 크게 달라지고 있다고 주장한다. 첫째, 이전에는 당연히 자연재난이라고 생각했던 재난들이 사실은 인간의 영향 때문일 수 있다. 즉, 인간이 만들어낸 온실가스로 인해 기후 변화가 심화되고 이 때문에 초대형 태풍이 발생했다면, 이는 자연재난으로 보아야 하는가? 둘째, 정부가 규제를 게을리했고, 방재 노력을 기울이지 않았으며, 이재민을 제대로 구호하지 않아 피해가 커졌다면 이는 순수하게 자연적 원인에 따른 자연재난인가?(Picou & Marshall, 2005: 9, 정지범, 2013b 재인용).

이러한 현상에 따라 기존의 자연재난(natural disaster)과 인적재난 혹은 기술재난(technological disaster)이 복합된 형태로 Natech(natural disaster triggered technological disaster) 재난이라는 용어가 새롭게 사용되기도 한다. "Natech 재난은 자연재난에 의해 발생하는 기술재난으로, 자연재난과 기술재난이 결합해 나타나는 복합재난을 의미한다. 산업사회인 현대 사회에서 자연재난이 도시의 인프라 파괴 및 기술재난을 동반하는 경우는 매우 빈번히 일어나기 때문에, 포괄적인 의미에서의 Natech 재난은 다양한 유형의 복합재난을 포함한다 할 수 있다"(오윤경, 2013: 12).

복합재난은 현대 사회의 복잡성 및 기술적 고도화가 진전되면서 더욱더 많아질 것이다. 이에 따라 지금과 같이 재난의 발생 원인에 따른 자연, 인적재난의 구분은 더 이상 적합한 구분이 아닐 수 있다. 따라서 법적인 재난 정의 자체를 복합재난에 적합한 통합적 형태로 바꾸는 것이 바람직할 수 있다.

제 2 절 재난관리의 개념과 단계

1 재난관리의 개념

재난관리(disaster management)란 각종 재난을 관리하는 것으로서 재난으로 인한 피해를 최소화하기 위해 재해의 예방(mitigation), 대비(preparedness), 대응(response), 복구(recovery)에 관한 정책의 개발과 집행 과정을 총칭하는 것(이종열 외, 2008)을 말한다. 이는 사전・사후의 재난관리 활동 및 재난에 대처하기 위해 계획하고 대응하는 모든 측면을 포함한 총체적 용어이다.

광의의 재난관리란 재난관리의 전 기간을 대상으로 재난의 예방・예지・경보・긴급사태 대처・응급 복구・개선・예방이라는 각 단계를 포함하고 있다. 반면 협의의 재난관리는 재난 발생 후 과정에 집중하는 개념으로 볼 수 있다. 협의의 재난관리는 시간의 경과에 따라 크게 두 단계로 구분할 수 있다(이원덕, 1995: 82). 제1단계는 재난 발생 직후 24시간 혹은 72시간의 기간에 해당하는 것으로, 초동 단계의 대응이 이에 해당한다. 이 단계에는 인명구조, 소방, 피난 유도, 교통 규제, 긴급치료, 구호물자의 긴급 수송을 위해 군, 소방, 경찰 등의 출동조직을 신속하게 동원해 피해를 최대한으로 억제하는 조치를 취하는 단계이다. 제2단계는 초동 단계의 긴급 조치가 어느 정도 취해진 이후에 재난의 복구와 개선에 초점을 두는 단계이다. 이 단계에는 이재민에 대한 구호, 실업 대책, 도로구조물 등의 복원, 도시 복구계획 수립 등 장래를 위한 개선에 중점을 두고 있다.

우리나라의 「재난 및 안전관리 기본법」 제3조에서는 재난관리를 "재난의 예방・대비・대응 및 복구를 위하여 행하는 모든 활동"으로 규정하고, 이와 유사한 용어로서 안전관리를 "시설 및 물질 등으로부터 사람의 생명・신체 및 재산의 안전을 확보하기 위하여 행하는 모든 활동"으로 규정하고 있다. 이는 재난관리를 광의로 규정하고 있다는 것을 알 수 있다. 재난관리와 유사한 개념들로는 재해관리, 비상관리, 위기관리[3] 등이 있으며, 급속하게 변화하는 현대 사회에서 발생하는 여러 가지 도전과 위험의 극복을 위해 비상 상황에서 제한된 정보를 가지고 최선의 대안을 선택해 위험으로 인한 피해의 최소화를 위해 노력한다는 공통적인 목적 의식을 가지고 있다.

2 재난관리의 단계*

사회과학이든 자연과학이든 적절한 분류는 가장 중요한 연구 방법론 중 하나이다. 생물학 분야에서 분류학(taxonomy)이 주요 학문 분야 중 하나인 것과 마찬가지로 모든 과학 분야에서는 분류를 위한 원칙을 정하고, 이에 따라 적절하게 분류하는 것이 매우 중요하다. 재난관리 분야 역시 마찬가지이다. 재난관리 단계의 구분은 해당 분야 연구자들이 재난 연구 전반을 발전시키는 매우 유용한 '발견적 장치(heuristic device)'가 될 수 있다(Neal, 1997).

1) 재난 단계의 다양한 구분

우리나라의 경우 예방-대비-대응-복구의 4단계가 이미 완전히 정립되어 광범위하게 활용되고 있는 것으로 보인다. 그런데 과연 이러한 4단계의 구분이 적절한 것인지에 대해서는 학술적 논의가 부족한 실정이다. 학술적으로 혹은 현장에서 과연 이러한 4단계는 적절한 것인지, 그리고 이러한 4단계가 국제적으로 표준화된 형태인지는 좀 더 체계적인 문헌 고찰을 통해 확인할 필요가 있다.

전 세계적으로 재난관리의 4단계가 많이 활용되고 있는 것은 미국의 영향이 큰 것으로 보인다. 미국의 경우, 1970년대에 미국 주지사협의회(National Governors' Association: NGA)에서 종합적 재난관리(comprehensive emergency management)의 일환으로 재난관리의 4단계, 완화(mitigation)-대비(preparation)-대응(response)-복구(recovery)를 정립했다(Baird, 2010; NGA, 1979). 그전까지는 재난을 연구하는

---

3) 위기관리(crisis management)는 주로 국제관계론의 분야에서 사용된 개념으로 '베를린 위기'나 '쿠바 위기' 등 국가적 위기 시 국가 지도자의 정책 결정 방향에 대해 사용되어 왔지만, 최근 국제 관계 분야에만 적용되는 것이 아니라 국내 분야의 문제에도 상용되는 경향이 있다.

* 이 내용은 정지범(2013), 재난 상황에서 발생하는 갈등의 현황과 대응 전략 마련 중 일부를 재구성한 것이다.

학자들에 따라 2단계에서 8단계에 이르는 다양한 재난 단계가 논의되어 왔다. 닐(Neal, 1997)은 다양한 학자들이 제시한 재난 단계를 <표 1-7>와 같이 정리했다.

비록 완화-대비-대응-복구의 4단계가 잠정적 표준으로 인정받는 경우가 많지만, 각 국가별로 그리고 기관들의 성격에 따라 활용하고 있는 재난 단계는 조금씩 다르다. 미국의 경우에도 현재에는 정형화된 4단계 형태에서 변화되고 있다. 이는 9·11 테러 및 국토안보부의 창설 등에 따라 재난뿐만 아니라 테러 등 다양한 영역에 대응할 필요가 있기 때문인 것으로 판단된다.

가장 두드러진 변화로는 완화(mitigation)와 함께 예방(prevention) 및 보호(protection)를 많이 활용하고 있는 것을 들 수 있다. 대표적으로 미국의 사고관

표 1-7 재난관리 단계

학자	단계 구분
Carr(1932) 4단계	① preliminary or prodromal phase ② dislocation and disorganization phase ③ readjustment and reorganization phase ④ confusion-delay phase
Powell(1954) 8단계	① pre-disaster, ② warning, ③ threat, ④ impact, ⑤ inventory, ⑥ rescue, ⑦ remedy, ⑧ recovery
Stoddard(1968) 7단계	① pre-emergency; emergency(② warning, ③ threat & evacuation, ④ dislocation, ⑤ relocation); post-emergency (⑥ short-term rehabilitation, ⑦ long-term rehabilitation)
Barton(1970) 5단계	① pre-disaster period ② time of detection and communication of warning ③ immediate response ④ organized-social response ⑤ post-disaster equilibrium
Dynes(1970) 8단계	① pre-disaster; emergency(② warning, ③ threat, ④ impact, ⑤ inventory, ⑥ rescue, ⑦ remedy); post-emergency (⑧ recovery)
Drabek(1986) 재난관리 4단계에 직접 영향	① hazard perceptions, ② adjustment → mitigation ③ planning, ④ warning → preparedness ⑤ pre-impact mobilization, ⑥ post-impact mobilization → response ⑦ restoration, ⑧ reconstruction → recovery

출처: Neal(1997)의 연구를 바탕으로 재정리.

리 체계(National Incident Management System: NIMS)는 이 체계의 목적이 정부 각 부문과 민간 부문, NGO 등이 다양한 사고(incidents)에 대해 완화(mitigate), 대응(respond to), 복구(recover from)와 함께 사고의 예방(prevent) 및 사고로부터의 보호(protect against)라고 정의하고 있다(DHS, 2008b: 1).[4] 특히 다양한 문헌에서 '예방(prevention)'이 많이 등장하고 있는데 이는 9·11 테러의 영향에 따른 것으로 보인다. 예방-완화-보호-대응-복구의 용어 사용은 2011년 백악관이 국토안보부에 국가 대비 체계(National Preparedness System)의 작성을 명령한 문서에도 나타난다(DHS, 2011; White House, 2011).

결국 이러한 흐름은, 미국의 경우, 이전에 비해 재난 전 단계(pre-disaster)에 더 많은 노력을 기울이고 있다는 의미로 해석할 수 있으며, 특히 테러의 예방과 기반시설 보호를 중시하고 있는 것으로 볼 수 있다. 미국 사고관리 체계에서 제시하고 있는 완화, 예방, 보호의 정의를 제시하면 아래와 같다.

- 완화(mitigation): 자연재난 및 인적재난으로 인한 인명 및 재산 피해를 피하거나 줄이기 위한 노력(DHS, 2008b: 143).[5]
- 예방(prevention): 사고를 피하거나 사고 발생을 막기 위해 개입하는 행위. 사고 예방을 위한 각종 정보·수사 활동, 감시·보안 활동, 보건 관련 검역·격리 등 활동을 포함(DHS, 2008b: 145).[6]

---

4) "The National Incident Management System(NIMS) provides a systematic, proactive approach to guide departments and agencies at all levels of government, nongovernmental organizations, and the private sector to work seamlessly to prevent, protect against, respond to, recover from, and mitigate the effects of incidents, regardless of cause, size, location, or complexity, in order to reduce the loss of life and property and harm to the environment."

5) "Mitigation: Activities providing a critical foundation in the effort to reduce the loss of life and property from natural and/or manmade disasters by avoiding or lessening the impact of a disaster and providing value to the public by creating safer communities. Mitigation seeks to fix the cycle of disaster damage, reconstruction, and repeated damage. These activities or actions, in most cases, will have a long-term sustained effect."

6) "Prevention: Actions to avoid an incident or to intervene to stop an incident from occurring. Prevention involves actions to protect lives and property. It involves applying intelligence and other information to a range of activities that may include such countermeasures as deterrence operations; heightened inspections; improved surveillance and security operations; investigations to determine the full nature and source of the threat; public health and agricultural surveillance and testing processes; immunizations, isolation, or quarantine; and, as appropriate, specific law enforcement

• 보호(protection): 테러와 자연재난 및 인적재난으로부터 국가의 안전을 지키기 위한 역량. 보호 역량에는 대량살상무기(WMD) 방어, 농업 및 식품 안전, 주요 기반시설 보호, 국경 보호, 사이버 안전 등 포함(White House, 2011: 6)[7]

2) 재난관리의 4단계

행정학적 관점에서의 재난관리 연구는 시기적으로 다소 늦게 수행되었다. 재난관리 문제를 일반 행정관리상의 행정문제로 취급해 왔기 때문이다. 그러나 미국에서는 1980년대 들어서 재난 발생의 빈도가 증가하고 그 결과와 영향의 심각성에 대한 인식이 증대함으로써 더 이상 이를 일반 행정문제로 취급하기에는 한계가 있다는 인식이 확산되어 행정학·정책학에서의 연구가 증가해 왔다.

미국에서 그동안 역사적으로 주요 재난 사건들이 있을 경우 재난관리는 공중보건이나 민방위 조직들의 지원을 받는 법 집행 기능이나 소방의 기능으로만 인식되어 왔고, 행정학에서는 재난관리를 행정학의 주류 활동 내의 것으로 고려하지 않았다. 그러나 연방정부 수준이든, 주정부와 지방정부 수준이든 혹은 정부 간 활동이든 재난관리는 행정이나 행정학의 중심적인 활동이 되어야만 한다는 주장이 제기되어 왔다(Petak, 1985). 페탁(Petak, 1985)은 재난관리의 단계를 예방과 대비의 재난 전 단계와 대응 및 복구의 재난 후 단계로 구분하며, 구체적으로 다음과 같이 4단계로 분류한다.

• 완화(mitigation): 사회의 보건, 안전, 복지 등에 대한 위험이 감지되었을 때 무엇을 할 것인가를 결정하고, 이 위기 감축을 위한 사업을 집행하는 단계이다.
• 대비(preparedness): 인명을 구조하고 재난 피해를 줄이기 위한 대응계획을 수립하고 일차 대응자를 훈련하는 단계로 위기 대처 시 핵심적인 자원을 파악

---

operations aimed at deterring, preempting, interdicting, or disrupting illegal activity and apprehending potential perpetrators and bringing them to justice."

7) The term "protection" refers to those capabilities necessary to secure the homeland against acts of terrorism and manmade or natural disasters. Protection capabilities include, but are not limited to, defense against WMD threats; defense of agriculture and food; critical infrastructure protection; protection of key leadership and events; border security; maritime security; transportation security; immigration security; and cybersecurity."

하며, 유관기관 간 필수적인 협약을 포함한다.

- 대응(response): 비상 원조 및 지원을 제공하고, 이차적 피해를 최소화하고, 복구 수행 시 장애물을 최소화하는 단계이다.
- 복구(recovery): 복구 초기에 생계 유지를 위한 최소한의 일차적 지원을 제공하거나, 나아가 지역사회가 정상화되도록 지원을 지속화하는 단계이다.

여기서 제시한 각각의 단계는 상호 단절적이라기보다는 순환적인 성격을 가지고 있으며, 각각의 단계는 서로 상호작용을 하면서 환류되어야 한다(Petak, 1985). 즉, "수해를 입은 어떤 지역공동체를 복구할 때, 단순히 원상 회복만을 목표로 하는 것이 아니라, 장래 같은 재난이 반복될 경우, 이를 견딜 수 있는 예방적 조치가 반드시 고려되어야 한다는 것이다"(정지범, 2009a: 34).

그는 행정학 연구에서 재난관리에 대한 무관심을 지적하면서, 이러한 재난 단계에서 연방, 주, 지방정부, 그리고 다른 이해당사자의 역할과 책임을 명확하게 하는 것을 효율적 재난관리를 위한 필수적 요소로 파악했다. 즉, 재난관리의 과학적 지식과 공학적 접근보다는 재난관리를 둘러싼 조직 간 관계 및 정치의 복잡성을 이

표 1-8 페탁의 위기관리 단계모형

<table>
<tr><td colspan="3" rowspan="2"></td><td colspan="5">정부간/조직/이해관계자</td></tr>
<tr><td>연방정부</td><td>주정부</td><td>지방정부</td><td>지역사회</td><td>기타 이해관계자</td></tr>
<tr><td rowspan="4">재난 단계</td><td rowspan="2">재난 이전</td><td>예방 (mitigation)</td><td></td><td></td><td></td><td></td><td></td></tr>
<tr><td>대비 (preparedness)</td><td></td><td colspan="3" rowspan="2">재난관리의 역할과 책임</td><td></td></tr>
<tr><td rowspan="2">재난 이후</td><td>대응 (response)</td><td></td><td></td></tr>
<tr><td>복구 (recovery)</td><td></td><td></td><td></td><td></td><td></td></tr>
</table>

해하는 것이 재난을 예방하는 데 중요함을 지적했다. 이 개념적 틀은 재난관리 단계 유형에 관한 단순한 모형이지만, 재난관리에 대한 공학적 접근을 넘어선 행정학적 접근의 의의를 찾을 수 있다.

우리나라는 재난관리 단계로서 예방 – 대비 – 대응 – 복구의 4단계를 공식적으로 활용하고 있다. 이는 우리나라 재난관리의 기본법인 「재난 및 안전관리 기본법」과 이 법에서 규정하고 있는 「국가안전관리 기본계획」에 근거한 것으로 볼 수 있다.

「재난 및 안전관리 기본법」은 2004년 소방방재청의 출범과 함께 제정되었다. 2002년 태풍 루사, 2003년 대구지하철 화재사고 등 초대형 재난 발생 후 참여정부는 기존 재난관리 체계 개혁을 위해 행정자치부에 '국가재난관리시스템기획단'을 설치했다(정지범, 2012). 이 기획단에서는 국가 재난관리 전담부처의 설립과 재난관리 종합대책 수립 작업을 진행했고, 당시 미국에서 이미 정형화되었던 예방 – 대비 –대응 – 복구의 단계를 "선진화된 재난관리 연계 시스템"이라는 이름으로 수용했다(국가재난관리시스템기획단, 2003). 그리고 2004년 마련된 제1차 「국가안전관리 기본계획」에서 예방–대비–대응–복구의 단계를 뚜렷하게 정립했고 이 단계에 근거해 분야별 계획을 수립했다.

우리나라에서 예방(완화) – 대비 – 대응 – 복구 단계가 의미하는 것은 다음과 같다(국가위기관리기본지침 대통령 훈령 124호).

- '예방'[8]이란 위기 요인을 사전에 제거하거나 감소시킴으로써 위기 발생 자체를 억제하거나 방지하기 위한 일련의 활동을 의미한다.
- '대비'란 위기 상황 하에서 수행해야 할 제반 사항을 사전에 계획, 준비, 교육, 훈련함으로써 위기 대응 능력을 제고하고 위기 발생 시 즉각적으로 대응할 수 있도록 태세를 강화시켜 나가는 일련의 활동을 말한다.

---

8) "한국에서는 prevention과 mitigation을 일반적으로 '예방'으로 혼용하고 있으나, 일반적으로 두 용어는 차이가 있다. mitigation(완화)은 페탁(Petak, 1985)이 정의한 바 '위험을 저감(risk reduction)'하기 위한 노력이라고 볼 수 있고, 자연재난과 관련해 많이 사용되고 있다. 반면 prevention(예방)은 어떤 재난이 발생하지 않도록 사전에 노력한다는 의미를 가지고 있다. 따라서 특히 테러 등에 대해서는 prevention(예방)을 사용한다. 버클랜드(Birkland, 2009)는 DHS 설립 이후 prevention과 mitigation이 혼동되고 있고, 특히 테러 등을 대비한 prevention만 너무 강조되고 있다고 비판했다"(정지범, 2012: 52). 우리나라에서 예방은 일반적으로 prevention과 mitigation을 모두 포함한 개념으로 볼 수 있다.

- ‘대응’이란 위기 발생 시 국가의 자원과 역량을 효율적으로 활용하고 신속하게 대처함으로써 피해를 최소화하고 2차 위기 발생 가능성을 감소시키는 일련의 활동이다.
- ‘복구’란 위기로 인해 발생한 피해를 위기 이전의 상태로 회복시키고 평가 등에 의한 제도 개선과 운영 체계 보완을 통해 재발을 방지하고 위기관리 능력을 보완하는 일련의 활동이다.

3 재난관리의 특징과 원칙

1) 재난관리의 특징

재난관리 행정 체제를 둘러싸고 있는 환경은 일반적 행정의 환경과는 달리 불확실성(uncertainty), 상호작용성(interaction), 복잡성(complexity)이라는 특징을 지니고 있다(Comfort, 1988: 6-8, 이종열 외, 2009 재인용).

(1) 불확실성

재난 발생의 불확실성은 재난이 발생할 때 그로 인해 일정한 유형의 피해가 초래된다는 사실은 알려져 있지만, 실제로 재해가 발생할 확률, 규모 및 시기가 사전에 알려지지 않은 상태를 말한다. 재난관리 행정 체제는 재난에 대처하는 데 필요한 대응의 규모, 범위 및 시기를 사전에 알 수 없는 불확실한 재난 발생의 환경을 관리해야 한다.

(2) 상호작용성

상호작용성이란 실제로 재난이 발생한 경우 재난 자체와 피해 주민 및 피해 지역의 기반시설이 서로 영향을 미치면서 여러 가지 사건이 전개될 수 있다는 것을 의미한다. 예를 들어 태풍이나 지진이 발생한 경우 이에 대해 피해 주민이 어떻게 반응하는가, 피해 지역의 가스, 전기, 상하수도, 도로, 교량 등 도시기반시설이 어느 정도 파괴되었는가에 따라 총체적인 피해의 강도와 범위가 크게 달라질 수 있다(남궁근, 1995).

(3) 복잡성

재난관리 환경의 복잡성이란 불확실성과 상호작용의 산물로서 이들 두 요인이 복합적으로 작용해 행정 체제가 처리해야 할 업무를 사전에 전부 파악하는 것이 거의 불가능하다는 것을 의미한다. 이러한 상황에서도 재해관리 행정 체제는 불확실성 및 상호작용의 정도를 추정하는 기능을 담당해야 한다(남궁근, 1995).

이러한 재난관리 환경의 불확실성, 상호작용성, 복잡성에 대응해 재난관리 조직 역시 재난 상황에서 변화가 불가피하다. 어떤 조직이 재난 이전과 다를 바 없는 동일한 조직구조로 일상적인 과제 수행을 통해 문제를 해결할 수 있다면, 조직의 변화는 필요없을 것이다. 화재나 폭발사고에 대해 기존 소방서 조직으로 대처가 가능하다면 그 좋은 사례에 해당한다.

그러나 대부분의 재난 상황에서는 조직이 확대되거나 새로운 조직을 동원할 필요성이 발생하곤 한다. 격심한 지진의 피해가 발생한 지역에 구호활동을 전문으로 하는 적십자 조직이 확대되어 재난 수습 및 복구의 업무에 매진하게 되는 경우를 생각해 볼 수 있다. 혹은 재난 이전과 동일한 구조를 가지는 조직이 새롭게 부여된 재난 대비 및 복구 업무로 그 영역을 확장하는 사례이다. 홍수 피해가 심각한 지역에서 교회 조직이나 공무원 조직이 재난 복구 및 이재민 지원 업무를 전담하는 것이 이에 해당한다. 한편, 새로운 형태의 조직과 업무가 만들어지는 것으로서 피해가 광범하고 상황이 심각한 경우, 기존의 조직과 구별되는 새로운 형태의 비상대

표 1-9 재난 상황과 조직 구조의 변화

		과제 (tasks)	
		일상적 (routine)	비일상적 (non-routine)
작동조직구조 (operational organizational structure)	재난 이전과 동일 (same as pre-disaster)	I. 기존 조직 (established) (예: 소방서)	III. 확장조직 (extending) (예: 교회조직, 시의회)
	새로운 구조 (new)	II. 확대조직 (expanding) (예: 적십자사)	IV. 새로운 조직 (emergent) (예: 비상대책위)

출처: 이재열(2009).

책위원회가 구성되어 별도의 활동을 개시하는 것을 사례로 생각할 수 있다(이재열, 2009).

이와 같이 재난 상황의 특수성에 대응해 재난 대응조직 구조의 변화를 정리하면 <표 1-9>와 같다.

2) 재난관리의 주체와 이해당사자*

재난관리 과정에는 다양한 주체와 이해당사자들이 존재한다. 여기에서는 재난을 직접 관리하는 재난관리 책임기관으로서 정부를 중심으로, 재난에 피해를 받을 수 있는 대상이자, 스스로 재난에 대비해야 하는 민간(지역주민과 민간기업), 최근 각종 재난 상황에서 큰 역할을 수행하고 있는 자원봉사단체 등의 NGO 그룹, 그리고 재난 상황에서 커뮤니케이션의 중심으로서의 언론을 주요 이해당사자로 선정했다. 각각의 역할과 임무, 그리고 주요 특징은 다음과 같다.

(1) 정부

우리나라는 법에 따라 정부가 재난으로부터 국민을 보호해야 한다. 「헌법」 제2장(국민의 권리와 의무), 제34조 6항에 따르면 "국가는 재해를 예방하고 그 위험으로부터 국민을 보호하기 위하여 노력하여야 한다." 이에 따라 우리나라 재난관리의 기본법인 「재난 및 안전관리 기본법」 제2조에서는 "재난을 예방하고 재난이 발생한 경우 그 피해를 최소화하는 것이 국가와 지방자치단체의 기본적 의무"임을 강조하고 있다.

「재난 및 안전관리 기본법」 제3조 5항에서는 재난관리를 책임지는 재난관리 책임기관들을 정의하고 있는데, 이 중 가장 중요한 기관은 정부 부문으로서 "중앙행정기관 및 지방자치단체"이다. 이와 함께 지방행정기관 · 공공기관 · 공공단체(공공기관 및 공공단체의 지부 등 지방조직을 포함한다) 등도 포함하고 있다. 재난관리 책임기관은 주요 재난에 대한 예방 · 대비 · 대응 · 복구 계획을 세우고 실행한다.

재난관리를 담당하는 정부 부문은 다양하다. 크게 중앙과 지방으로 구분이 가능하며, 중앙정부 내에서도 다양한 부처와 청이 업무를 분담하고 있다. 우리나라 재

---

* 이 내용은 정지범(2013), 재난 상황에서 발생하는 갈등의 현황과 대응 전략 마련 중 일부를 재구성한 것이다.

난안전 분야의 기본계획인 「제2차(2010~2014) 국가안전관리 기본계획」(중앙안전관리위원회, 2009)에 따르면, 풍수해를 담당하고 있는 기관 역시 매우 다양하다. 풍수해는 우리나라에서 가장 많은 재난이며, 그 피해 또한 다양한 분야에서 발생할 수 있다. 따라서 풍수해의 경우 소방방재청을 주관기관으로 국방부, 복지부, 농림부, 환경부 등 거의 모든 중앙행정기관이 유관기관으로 참여하게 된다. 풍수해 관리를 위해 이렇게 다양한 기관들이 참여하고 있기 때문에 정부 부문 내에서도 갈등(정부 간 갈등)이 자주 발생하곤 한다.

우리나라에서 정부 부문은 재난관리에서 절대적인 역할과 책임을 가지고 있다. 이는 유교문화를 공유하고 있는 한국·일본·대만 등 동아시아 국가들의 공통점일 수도 있다. 전통적으로 치산치수(治山治水)를 군왕의 주요 덕목으로 강조하고 있었기 때문에 재난관리는 자연스레 국가의 임무로 인식되었다고 볼 수 있다. 따라서 재난으로 민간에 피해가 발생할 경우, 그 피해에 대한 책임이 정부에 있는 것처럼 인식되었고, 피해자들은 국가에 보상을 요구하곤 했다. 결국 정부는 재난의 복구 단계에서 자연스레 이익 갈등에 시달리게 된다.

그런데 재난관리에 대한 국가의 책임이 전 세계적으로 일반적인 것은 아니다. 미국의 경우만 하더라도, 1950년대까지 연방이 지역의 재난관리에 대해 거의 개입하지 않았다. 이는 자유방임주의(laissez-faire)에 입각한 관점으로서, 재난은 거스를 수 없는 신의 행위(Acts of God)이기 때문에 정부가 개입할 여지가 없다는 주장에 근거했다(Platt, 1999). 실제로 1950년 이전에는 대형 재난이 발생하더라도 연방은 약간의 재정 지원을 하는 정도였고, 대부분의 이재민 구호는 적십자 등 자선단체의 몫이었다. 따라서 재난 복구에 대한 비용 역시 기본적으로 보험 등 시장을 활용한 개인의 대비가 가장 중요한 요소였다(정지범, 2013a). 이러한 경향은 유럽 역시 마찬가지인데, 프랑스·영국·독일 등 대부분의 유럽 국가는 자연재해 피해에 대해 정부가 무상복구비를 지원해 주는 경우가 드물다(나채준, 2012).

그러나 최근 전 세계적으로 자연재난이 증가하고 대형화되면서 선진국들의 이러한 원칙도 바뀌고 있다. 특히 미국의 경우에는 재난원조(disaster assistance) 형태로 연방정부가 개입해 재난 피해자들을 구호하고 일정 정도의 보상을 지급하는 행태가 급격히 증가하고 있다. 유럽 국가들 역시 자연재해로 인한 이재민 구호의 경우에는 무상으로 원조를 하고 있어 국가가 전적으로 배제되어 민간에게 모든 책임을 전가하는 형태는 아니다. 다만 재난관리에서 민간 역할의 중요성을 강조하고, 민간 스스로의 재난 예방 노력을 강조하는 체계를 지향한다. 따라서 재난에 대한 보상(compensation)이라는 개념보다는 원조, 지원이나 구호(assistance)라는 개념을 일반적으로 사용하고 있다.

(2) 민간

전통적으로 우리나라에서는 재난관리에서 민간의 역할에 대한 인식이 부족했다. 특히 재난 분야에서는 국민이 주권과 책임을 가진 국정의 동반자라기보다는 국가의 시혜를 바라는 '백성'이라는 인식이 더 강했다.

현행 「재난 및 안전관리 기본법」 제5조(국민의 책무)에서 "국민은 국가와 지방자치단체가 재난 및 안전관리 업무를 수행할 때 최대한 협조하여야 하고, 자기가 소유하거나 사용하는 건물·시설 등으로부터 재난이 발생하지 아니하도록 노력하여야 한다"고 규정하여 국민의 책무를 명시하고 있으나, 조문의 내용이 수동적이며, 관련 강제 규정도 없기 때문에 당위적 선언 정도로 그치고 있는 상황이다.[9]

재난 발생 시, 지역주민과 민간 기업들, 그리고 일부 언론 역시, 재난 피해의 많은 책임을 일방적으로 정부에 묻는 경향이 있으며, 이러한 경향성이 많은 갈등의 원인이 되곤 한다. 그러나 최근 전 세계가 경험한 다양한 대형 재난의 경우에는 실제 대응에서 정부 부문의 역량만으로는 극복이 어려운 경우가 많다. 또한 미국을 비롯한 많은 선진국이 재난관리에서 민간의 역할과 책임을 강조하고 있는 것을 보면 더 이상 민간을 단순한 수혜자로만 보기는 힘든 상황이다. 우리나라의 경우에도 최근 이러한 국민 참여 및 책임 강화 방안들이 등장하고 있는데, 각종 자연재해보험 및 자발적 재해 예방 강제화 방안 등을 예로 들 수 있다.

기업 역시 재난관리에서 매우 중요한 이해당사자들이다. 특히 기반시설 운영을

9) 정부는 폭설에 대해 2010년 1월 폭설 이후 민간의 책임에 대한 다음과 같은 근거 규정을 「자연재해대책법」에 마련했다.

제27조(건축물관리자의 제설 책임)

① 건축물의 소유자·점유자 또는 관리자로서 그 건축물에 대한 관리 책임이 있는 자(이하 "건축물관리자"라 한다)는 관리하고 있는 건축물 주변의 보도(步道), 이면도로 및 보행자 전용도로에 대한 제설·제빙 작업을 하여야 한다.

② 건축물관리자의 구체적 제설·제빙 책임 범위 등에 관하여 필요한 사항은 해당 지방자치단체의 조례로 정한다.

담당하는 경우에는 더욱 그렇다. 전 세계적으로 많은 기업이 국가 기반시설 운영을 담당하고 있다. 우리나라 역시 공기업과 일부 민간 기업들이 다양한 국가 기반시설 운영의 책임을 맡고 있고, 이들은 현행법에 의해 재난관리 책임기관으로 지정되어 있다. 그러나 이들이 기업의 성격을 가지고 있으며, 상장 주식회사로서 공공의 이익보다는 주주의 이익을 대변해야 하는 상황이기 때문에 재난관리에서 책임성(accountability) 논쟁을 불러일으키곤 했다.

또한 이들은 정부조직의 관료적 체계에 의해 통제되기 힘든 특성을 가지고 있다. 이들은 일반적으로 정부의 수직적·직접적 통제보다는 다양한 규제를 통한 간접적 통제를 통해 네트워크적으로 운영되고 있는데, 결국 통제의 효율성이 떨어지곤 했다. 예를 들어 우리나라의 많은 기반시설 운영기관이 산업통상자원부 산하에 있는데, 이들은 직접 관할 부처가 아닌 안전행정부나 지방자치단체들과는 적극적 업무 협조를 하지 않는 경우가 많아 갈등의 원인이 되곤 했다.

(3) NGO

재난이 대형화되면서 자원봉사자 등을 포함한 NGO단체의 역할이 더욱 증가하고 있다. 허베이 스피리트호 기름 유출 사고 당시에는 전국에서 100만 명이 넘는 자원봉사자들이 모여 재난 복구에 큰 도움을 주었다. 미국 허리케인 카트리나의 경우에도 미국 전역에서 200만 명이 넘은 자원봉사자들과 NGO단체가 모여서 지역의 복구를 도왔다. 자원봉사자들과 NGO단체들의 재난관리 역할이 점점 증가하면서 재난 상황에서 이들과 관련된 갈등이 발생하는 경우도 증가하고 있다. 허베이 스피리트호 사고 후 재난 복구 상황에서는 전국에서 몰려온 수많은 자원봉사자를 효과적으로 배치해 활용하지 못함으로써 서로 간에 크고 작은 갈등이 발생했다. 이는 미국 허리케인 카트리나의 경우에도 마찬가지였다.

또한 NGO단체들은 정부 혹은 민간기업과의 가치 갈등을 촉발시킬 가능성도 있다. 우리나라 4대강 사업의 경우 정부는 재난 예방을 위한 사업이라 주장했지만, 환경운동연합 등 다양한 NGO단체들은 이 사업이 환경을 파괴시킬 뿐이라고 강력한 반대 운동을 전개했다. 미국에서도 허리케인 카트리나 당시 홍수 피해를 증가시킨 원인으로 지목되었던 운하의 경우, 운하의 건설 및 운영을 둘러싼 정부와 NGO단체 간의 가치 갈등이 발생했었다.

(4) 언론

최근 들어 재난 상황에서 언론의 역할은 더욱더 증가하고 있다. 현행 「재난 및 안전관리 기본법 시행령」에 따라 한국방송공사(KBS)는 재난관리 책임기관으로 명시되어 있고, 「방송통신발전 기본법」 제40조에 따른 재난방송 사업자 역시 재난관리 책임기관의 역할을 수행해야 한다. 이와 함께 기본법(제9조 7항)은 "재난에 관한 예보 · 경보 · 통지나 응급 조치 및 재난관리를 위한 재난방송이 원활히 수행될 수 있도록 중앙위원회에 재난방송협의회"를 두도록 하고 있다.

재난 상황에서 언론은 재난에 관한 예보 · 경보 · 통지 및 응급 조치에 대한 안내 등의 위험 커뮤니케이션(risk communication) 역할을 수행한다. 해도우, 벌록과 코폴라(Haddow, Bullock, & Coppola, 2011)에 따르면 재난 상황에서 언론이 달성해야 할 역할은 다음과 같다.

- 예방 단계: 미래 재난으로 인한 피해를 줄이기 위한 기술, 전략, 정책에 대한 홍보
- 대비 단계: 대중들에게 재난 대비 방법에 대해 홍보하고 교육
- 대응 단계: 현재의 재난 상황에 대한 정보 제공, 경고, 대피명령 전달
- 복구 단계: 재난 피해자들이 구호를 받을 수 있도록 정보를 제공하고 확산

이와 함께 언론은 재난관리 문제점에 대한 비판 기능을 수행한다. 재난 발생이 충분히 예상되는 상황에서 예방 대책의 부족을 지적하고, 재난 대응 및 복구 과정에서 발생했던 문제점들을 발굴해 비판하고 개선을 제안한다. 언론이 가진 이러한 비판 기능은 정부 재난관리 체계의 문제점을 개선시키는 '정치적' 힘으로 작용한다.

이 과정에서 언론은 정부, 기업, 지역 주민 등 다른 이해당사자들과의 갈등에 직면하기도 한다. 정부 재난관리를 비판하면서 정부와 갈등이 생겨날 수도 있으며, 기업 및 지역주민들의 문제점을 지적해 민간 영역과의 갈등이 발생할 수도 있다. 최근 SNS 등 뉴미디어의 발달은 이러한 언론의 비판 기능, 나아가 정치적 영향력을 더욱 강화하고 있다. 특히 한국 광우병 사태나 미국 도요타 자동차 사태 같은 경우에는, 불확실한 위험정보들이 언론과 뉴미디어를 통해 폭발적으로 증폭되는 '위험의 사회적 증폭(social amplification of risk)' 현상(Kasperson, Renn, Slovic,

Brown, & Emel, 1988)을 촉발해 엄청난 사회적 갈등으로 비화되었다(Chung & Yun, 2013).

최근에는 언론이 가지고 있는 정치적 기능을 적극적으로 활용하는 현상이 발생하기도 한다. 미국 오바마 대통령 재선 과정에서도 이러한 '재난의 정치화' 현상이 발생했다고 볼 수 있다(정지범, 2013a). 미국 대통령 선거 막바지 기간 중에 발생했던 수퍼스톰 샌디(Super Storm Sandy)가 그 대표적인 사례이다. "샌디는 미국 역사상 두 번째로 큰 피해를 준 대형 허리케인으로, 물리적 피해와 함께 정치적으로도 큰 영향을 끼쳤다. 당시 선거운동 중이었던 오바마 대통령은 즉각 선거운동을 중단하고 재난 대응에 집중했고, 이를 효과적으로 홍보했다. 뉴저지 주지사이자 공화당 롬니 후보의 강력한 후원자였던 크리스티(Chris Christie)가 뉴저지 허리케인에 적극 대응한 오바마 대통령을 호의적으로 평가하면서 더욱 큰 이슈가 되었다" (정지범, 2013a: 203).

뚜렷한 증거는 없었지만 허리케인 샌디와 이에 대한 오바마의 적극적 대응이 미국 대통령 선거의 판도를 바꿨다고 다양한 언론들이 지적했다. "당시까지만 해도 박빙이었던 선거 양상은 재난 피해가 심했던 주들을 중심으로 오바마 승리의 방향으로 움직이기 시작했고, 결국 오바마는 낙승했다"(정지범, 2013a: 203).

이와 같이 때로는 재난관리를 어떻게 하느냐의 문제가 너무도 쉽게 정치화(politicization)되곤 한다. 그리고 그 정치화의 방향은 미국산 쇠고기 반대 시위와 같이 매우 부정적인 형태일 수도 있고, 오바마 대통령 재선 사례와 같이 정권에 유리한 쪽으로 발전할 수도 있다. 그리고 그 중심에는 언론이 있었다.[10)]

3) 성공적 재난관리의 원칙*

효과적인 재난관리 체계를 구축하기 위해서는 과연 성공적인 재난관리 체계가 어떠한 특성을 가지고 있는지를 결정해야 한다. 국내외적으로 성공적인 재난관리

---

10) 대중매체가 드라마틱한 것에 몰두하고 피해 정도를 과장하는 경향이 있는데 이것은 드레스덴(Dresden) 증후군(대중매체는 폭풍으로 피해를 입은 모든 지역을 제2차 세계대전 때 폭격당한 뒤의 독일의 드레스덴으로 묘사하는 경향성)이라 지칭했다. 이는 뉴스 장면이나 신문매체의 사진은 파괴 장면에 초점을 맞추지만 주위의 파괴되지 않은 지역은 그렇지 않으나 청취자들은 종종 한두 구역이나 몇 개의 빌딩의 피해에 불과한 것의 집중적인 취재에 의해 전체 지역이 폐허에 묻혀 있다고 믿게 된다(Wenger, 1985).

* 이 내용은 정지범(2013), 범정부적 국가 위기・재난 관리시스템 연구를 발췌, 재정리한 것이다.

체계가 갖추어야 할 특성에 대해서는 여러 학자들이 다양한 의견을 제시했다.

여기에서는 미국 연방재난관리청(FEMA)에서 재난관리 고등교육 프로젝트에서 제안한 내용을 인용하고자 한다. 이 내용은 FEMA의 위기관리연구소(Emergency Management Institute) 원장 로렌스(Cortez Lawrence) 박사의 주도로 미국 내 각 분야의 재난관리 전문가들이 모여서 합의한 성공적 재난관리의 원칙이다(FEMA, 2007). 여기서 제시한 8개의 원칙은 다음과 같다.

(1) 종합성(comprehensive)

재난관리는 모든 종류의 재난, 모든 재난 단계, 그리고 관련 이해당사자들을 종합적으로 고려해야 한다. 종합적 재난관리는 모두 네 가지 차원을 가지고 있는데, 각각은 다음과 같다.

- 전 재해(all hazards): 관할 지역 내의 모든 위험 요소(all hazards)에 적용할 수 있어야 한다.
- 전 단계(all phases): 종합적 재난관리 모델은 예방-대비-대응-복구의 모든 단계에서 필요한 기능을 조정해 나갈 때 효과적이다.
- 전 피해(all impacts): 모든 위험 요소가 고려되어야 하는 것처럼, 위험에 대한 모든 영향과 예상되는 결과 또한 분석되어야 한다.
- 전 이해당사자(all stakeholders): 이 요소는 재난관리의 원칙 중 조정 및 협력(coordination and collaboration)과 밀접한 관계를 지닌다. 효율적인 재난관리는 정부, 민간 부문, 일반대중의 모든 관점을 아우르는 밀접한 관계를 갖출 때 가능해진다.

(2) 미래지향성(progressive)

미래의 재난을 예측하고 그 재난에 지속적이고 복원력(復元力, resilence)을 갖춘(disaster-resistant and disaster-resilient) 지역공동체를 구축하기 위한 예방 대책을 마련해야 한다.

최근 재난이 복합화·대형화되는 추세를 고려해 재난관리는 예방(prevention) 및 완화(mitigation) 기능에 더욱 초점을 맞추어야 한다. 재난관리 전문가들은 일반적으로 대응에만 집중하는 경향이 있는데, 위험이 확대되고 복합됨에 따라 좀 더 진보적이고 전략적으로 될 필요가 있다. 재난관리 전문가의 역할은 기술자이기보다는 지역사회 모든 위험을 관리하는 총괄 관리자의 역할을 해야 한다. 따라서 토지이용계획, 환경관리, 건축법, 훈련의 계획과 실행 등과 같은 활동은 필수적이며, 좀 더 진보적으로 미래의 위험에 적극 대응할 수 있어야 한다.

(3) 위험관리 지향(risk-driven)

재난관리는 적절한 위험관리 원칙을 활용해야 한다.

그 원칙으로는 위험 식별(hazard identification), 위험분석(risk analysis) 및 영향분석(impact analysis)이 있으며, 각각의 위험 요소들에 대한 우선순위와 적절한 자원을 위험관리에 적용해야 한다.

효과적인 재난관리는 다음에 기초한다. ① 커뮤니티 및 기관에 중대한 영향을 미치는 위험 요소 식별, ② 커뮤니티의 취약성(vulnerability)을 고려한 위험 요소의 분석, ③ 특정 커뮤니티, 기관, 혹은 다른 단체가 지니는 잠재적인 영향이 무엇인지 밝히기 위한 영향분석, 그리고 다양한 위험 요인들에 대한 대응 우선순위를 결정하고, 중요한 위험들에 대한 예방 - 대비 - 대응 - 복구 전략을 수립해야 한다. 그리고 이에 필요한 자원(resources)을 적절하게 분배해야 한다.

(4) 통합성(integrated)

중앙정부 및 지방정부는 물론 지역사회의 모든 부문들을 가능한 높은 수준으로 통합할 수 있어야 한다.

지역의 재난관리 프로그램(local emergency management program)은 상급 계획 및 프로그램과 반드시 연계되어야 한다. 나아가 이러한 통합성은 중앙-지방 간, 부처 간, 민관 간에도 구현될 수 있어야 하며, 각종 관련법과 프로그램 사이의 일관성도 유지할 수 있어야 한다. 마찬가지로 민간 부문의 사업 연속성 계획(private sector continuity plans) 역시 지역사회의 재난관리 계획과 연계될 필요가 있다.

(5) 협력성(collaborative)

재난관리를 담당하는 개인과 조직 간 의사소통을 원활히 하여, 상호 신뢰 및 합의를 잘 이룰 수 있도록 광범위하고 우호적인 관계를 이끌어내고 유지시켜야 한다.

재난 상황과 같은 불확실한 환경에서는 개인 간, 집단 간 신뢰의 질이 중요하다. 특히 다(多)구조적 운영환경(multi-organizational operating environment)에서의 신뢰 구축은 복잡한 과정을 거치게 된다. 효과적 협력을 위해서는 ① 재난 시 협력자가 누구인지 미리 알아야 하고, ② 협력 관계가 실질적으로 작동할 수 있도록 지속적인 공식・비공식적 접촉이 필요하며, ③ 서로 간의 관심사를 포괄할 수 있어야 한다.

다음의 문구는 이 원칙이 무엇인지 잘 알려 준다. "만약 우리가 재난이 발생하기 전에 서로 악수한다면, 나중에 서로 손가락질하지 않게 될 것이다(If we shake hands before a disaster, we won't have to point fingers afterwards)."

(6) 조정성(coordinated)[11)]

관련된 모든 조직을 하나의 공유된 목적으로 조정하고 활동을 통일시켜 나가야 한다.

재난관리 전문가들이 재난관리 프로그램에 참여하는 많은 단체와 조직의 활동을 총괄하는 경우는 드물다. 조정의 원칙에 따르면 재난관리 전문가들이 서로 다른 단체들 속에서 하나의 공통된 목적에 대한 동의를 이끌어낸 후, 각 단체의 독립적 활동(activities)이 공통 목적을 이룰 수 있도록 해야 한다.

(7) 유연성(flexible)

재난을 극복하기 위해 창조적이고 혁신적인 접근 방법에 의지해야 한다.

전통적 재난관리에 입각한 관료제 조직의 경우 매우 경직된 표준절차에만 의존해 효과적인 문제 해결이 어려운 경우가 많다. 따라서 효율적 재난관리를 위해 사전에 정의된 표준화된 방식이 실제 상황에 적절하지 않은 경우에는 유연하고 현장 중심적인 판단을 할 수 있어야 한다.

이는 예방-대비-대응-복구의 모든 단계에 해당된다. 재난관리 전문가들에게는

---

11) '협력(collaboration)'과 '조정(coordination)'은 서로 다른 뜻을 지닌 단어이지만, 오늘날 통용되는 이 두 단어는 종종 서로 간 의미를 구분짓기 어렵게 한다. 여기서 조정은 기능, 역할, 책임이 무엇인지 알고 과업이 성취되도록 하는 과정을 나타낸다. 반면 협력은 태도 혹은 조직문화로서 커뮤니티 내에 존재하는 통합 및 조화의 정도를 나타낸다. 본질적으로, 협력은 조정이 효과적으로 이루어질 수 있는 환경을 제공하는 것이라 할 수 있다.

가장 효율적인 행동 방침을 결정하는 것뿐만 아니라, 실행이 가장 용이한 것이 무엇인가를 선택할 수 있는 유연성이 필요하다. 재난관리 전문가는 여러 가지 전략적인 부분이나 절차를 제안하는 데 충분한 유연성을 지녀야 하고, 급격하게 변화하는 상황에서 빠르게 적응할 수 있어야 한다. 창의적 문제 해결의 주안점은 사건에 기반해야지, 사전 계획만을 고수해서는 안 된다.

유연성은 재난관리의 주요 특징이며, 재난관리 분야에서의 성공이 이에 달려 있다. 성공적인 재난관리는 이해관계자들에게 대안을 제공하고, 이러한 대안을 실행시킬 수 있어야 한다.

(8) 전문성(professional)

재난관리 전문가들은 과학과 기술을 숭상하고, 교육, 훈련, 경험, 윤리적 실천, 공복(公僕) 의식, 그리고 지속적인 자기계발 노력을 기울여야 한다.

재난관리의 전문성은 개인적인 자질보다는 재난관리에 대한 책임 및 헌신과 관련된다. 재난관리 종사자들은 전문가적 윤리 의식으로 존중(respect), 헌신(commitment), 전문성(professionalism) 등을 갖출 필요가 있다. 이와 함께 전문적 직업의식, 관련 전문 자격과 지식이 요구된다. 전문지식으로서는 ① 해당 커뮤니티와 관련된 역사적 재난, ② 재난과 관련된 사회과학, ③ 재난관리 실행과 표준, 가이드라인에 정통해야 할 필요가 있다.

Chapter 02

재난관리의 역사적 발전

제1절 우리나라 재난관리의 역사*

재난관리는 오랜 역사를 가지고 있다. 고대 국가에서도 홍수나 화재 등 재난에 대비하기 위해 관련 제도나 시설을 마련했다. 물론 개인이나 지역사회 차원에서도 여러 가지 조치를 강구했다. 그러나 여기에서는 해방 이후에 진행된 재난관리에 초점을 맞추어 그 역사를 살펴보기로 한다.

재난관리를 크게 소방과 방재 분야로 구분하고, 각 분야에서 법적, 제도적, 정책적 발전을 단계별로 검토한다. 재난관리를 각 단계별로 검토해 보는 것은 매우 중요한데, 그 이유는 각 발전 단계별로 재난관리 개념이 다르게 적용되어 왔기 때문이다. 실제 재난관리의 개념은 매우 포괄적이며 거의 모든 분야를 망라한다. 따라서 재난관리 학문 분야는 다른 분야와 달리 구성하는 내용이 덜 구조화되어 있으며, 일어나는 재난의 성격에 따라 또한 지도자의 관점에 따라 그 범위가 영향을 받기도 한다.

재난관리를 간단히 정의하면 위험이나 위험 회피를 다루는 학문이라고 할 수 있다. 위험이란 광범위한 분야의 이슈를 다루며, 여기에 포함되는 행위자 또한 매우 광범위하다. 재난관리가 다루는 상황의 범위는 계속 확장되고 있으며, 이는 사람들

* 이 내용은 이종열 외(2009), 소방정책개발 소방교육 체계 구축을 위한 소방학 정립 연구 사회과학 분야를 재정리한 것이다.

의 일상생활에서의 안전도 다룬다.

재난관리는 정부의 본질적 역할에 속한다. 헌법에 의하면 국가는 국민의 안전에 대한 책임이 있다. 비록 개인이나 집단이 재난에 대한 일차적 책임이 있지만 국가도 근원적 책임을 진다. 특히 개인주의가 팽배한 서구에 비해 한국은 집단주의가 강하고 국가 의식이 강한 전통을 지니고 있기 때문에 재난이 발생할 경우 국가에 대한 기대도 그만큼 크다. 재난관리에 대한 국가의 역할은 지속적으로 증가해 왔다.

1 도입기(1945~1969)

1) 치안 관점에서의 소방행정 체제

우리나라 재난관리 체제로서 해방 이후 정부 수립 이전에는 미 군정청 소방위원회가 설치되었고, 1946년 농무부 토목국을 토목부로 승격하고 중앙소방위원회의 업무까지 관장하도록 했다. 1950년 내무부 직제가 개정됨에 따라 소방과는 보안과 내 소방계로 축소되어 소방반과 기술반을 두고 소방에 관한 계획, 소방사상의 계도 선전, 소방기구와 약품의 성능 조사연구, 소방협회에 관한 사항을 분장했다. 1961년 내무부 직제를 개정해 치안국에 다시 소방과를 설치했는데 당시 소방과는 방호계와 소방계를 두고 민방공, 소방, 수난구조 및 방호사무를 분장했다.

1970년 시장 군수의 소방 업무에 관한 소방서장 지휘감독 규정을 신설(서울 · 부산 외는 유보)했으며, 소방서 미설치 시 · 군의 소방 업무는 관할 경찰서장이 수행하도록 규정했다. 그러나 서울과 부산에서만 지방사무로 실시되고 다른 지역에서는 실시되지 못하다가 1975년 민방위제도 실시와 더불어 소방은 다시 민방위 업무체제의 한 분야로 자리 잡아 오늘에 이른다.

1973년 소방시설 촉진에 관한 소방법을 전문 개정했다. 1974년 치안국이 치안본부로 개편되고, 치안본부장 밑에 제1부, 제2부, 제3부를 두고 방위담당관과 공안담당관을 폐지하면서 소방 업무는 치안본부 제2부 내에 소방과에서 관장하게 되었다.

2) 건축 · 토목 관점에서의 방재행정 체제

1960년 국토건설본부가 설치되었고, 이의 협조기관으로서 국토건설위원회가 중앙과 지방에 각각 설치되었다. 다음해인 1961년 건설부가 신설됨으로써 종래의 국토건설본부는 해체되고 건설부 산하에 국토건설국이 설치되어 국토건설사업을 직접 정부기관에서 관장하게 되었다.

1961년 경제기획원이 신설되었고, 그 소속하에 국토건설청을 두어 계획국과 관리국으로서 그 사무를 분장시켜 오던 중 1961년 정부조직법의 개정으로 내무부 토목국과 상공부 해무청이 국토건설청에 흡수되었다. 또한 종래의 계획국과 관리국의 직제가 국토계획국, 수자원국, 관리국으로 확대되었고, 내무부 소속하에 있던 서울, 부산, 이리의 3개 지방건설국과 국토건설연구소를 흡수했다. 한편 태백산 지역건설국을 증설해 국토 및 자연자원의 보전, 개발 및 개조와 항만, 교량, 하천, 수도, 주택에 이르기까지의 국토 건설에 관한 일체의 사업을 관장하게 되었다.

1962년 풍수해대책위원회 규정을 공포함으로써 명실공히 풍수해의 예방 및 복구에 관한 종합대책을 강구하게 되었다. 이 때의 소관 부처별 직무를 구분해 보면 건설부는 홍수 예보, 수방, 풍수해에 관한 사항, 내무부는 수난구조에 관한 사항, 보건사회부는 구호에 관한 사항으로 구별해 담당했다. 1962년 국토건설청이 해체되고 건설부가 설치되어 국토 및 수자원의 보전, 이용, 개발과 도시, 도로, 항만(어항시설 관계 제외), 하천, 간척(농업을 목적으로 하는 간석 제외)과 주택 건설에 관한 사무를 관장하게 되었다. 이와 같은 사무를 분장하기 위해 계획국, 국토보전국, 수자원국과 관리국을 두어 기능을 강화하게 되었다.

이에 따라 1963년 건설부에서 처음으로 풍수해대책위원회를 개최해 제4호 태풍 샤리 피해에 대한 복구계획을 심의했다. 동년 국토건설 단기계획에 불과했던 계획을 국토 및 지역계획 등 장기적인 사무를 수행할 수 있는 조직으로 개편해 계획국에 국토계획과, 지역계획과 및 국토조사과를 두었다. 그리고 국민의 재산과 신체, 생명을 재해로부터 적극적으로 보호하기 위해 수자원국에 방재과를 설치해 방재업무를 강화했다. 또한 1964년 풍수해대책위원회 소속하에 수해대책본부를 설치해 건설부 방재과 및 치안국 소방과 직원들로 24시간 근무 체제를 유지했으며, 1964년 한강, 낙동강, 금강, 영산강 수계의 홍수위 보고규정을 공포했다.

2 도약기(1970~1990)

1) 국가와 지방의 이원적 소방 체제

1974년 소방사무를 서울특별시와 부산시로 이관함에 따라 종래의 소방서 직제를 폐지하고 시 · 군의 소방서 직제와 「소방서 설치에 관한 규정」을 따로 정했다. 서울특별시와 부산시의 경우 소방서의 설치는 내무부 장관의 협의를 거쳐 조례로 정하도록 하고, 시 · 군의 소방서 설치는 시 · 군의 소방서 직제에 의하도록 했다. 1975년 소방본부장 및 소방서장은 시장 · 군수의 지휘 감독을 받도록 하고, 소방서 미설치 지역은 시장 · 군수가 소방 업무를 수행하도록 개정했다.

(1) 소방본부의 설치

1975년 내무부 직제를 개정해 동년 민방위본부를 설치하고 그 산하에 민방위국과 소방국을 두도록 했다. 서울은 1975년 서울특별시 소방본부에 지도과를 설치했고 동년 민방위국과 소방본부를 설치하는 등 지방민방위조직이 설치되면서 중앙은 민방위본부 산하의 소방국 체제로, 지방은 서울과 부산의 경우는 지방사무로, 나머지 직할시와 도는 자체조례(규칙)에 의거, 민방위국 소방과 체제로 산하 소방서를 관할했다. 1981년 경상북도 "대구시"가 "대구직할시", 경기도 "인천시"가 "인천직할시"로 승격되면서 대구와 인천에 소방본부를 설치했고, 1986년 전라남도 "광주시"가 "광주직할시"로 승격되면서 광주소방본부를 설치했으며, 1989년 충청남도 "대전시"가 "대전직할시"로 승격되면서 대전소방본부를 발족하게 되면서 총 1개 특별시와 5개 직할시가 소방본부 체제로 소방사무를 처리했다. 경기도를 비롯한 9개도 산하 시와 군의 소방사무는 지방재정 사정을 고려해 대통령령이 정하는 시기까지 그리고 지방자치단체의 재정이 확충될 때까지 국가에서 지방사무인 소방사무를 대신 처리하도록 함에 따라 소방 체제는 국가와 지방 체제라는 이원적 체제로 운영하게 되었다.

(2) 지방 기능의 강화

정부조직법 개정에 맞추어 1970년 소방법의 제3차 개정 시 소방에 관한 사무 중 소방용 기계 · 기구의 검정과 위험물 취급주임의 면허 등에 관한 사항을 제외하고는 지방자치단체에서 처리하도록 하고 지방자치단체가 보유해야 할 소방장비 등의 기준을 정했으며, 소방사무에 필요한 경비를 국고에서 보조하기 위해 소방법 중 일부를 개정했다.

(3) 소방관서의 증설

1975년 정부조직법의 개정 후 내무부 직제 개정으로 동년 민방위본부가 발족된 후에는 소방서가 없는 시의 소방서 설치에 주력해 1976년 3개 시(안양, 부천, 진해)에, 1977년 2개 시(의정부, 속초)에 소방서를 설치해 소방서가 없는 시를 일소했다. 그 후에도 계속적으로 신설되는 시에는 소방서를 설치해 나가는 한편 대도시의 기존 소방서의 관할구역을 분리·증설해 소방력을 증강시켰다.

(4) 구조·구급 업무의 도입

경제 성장과 더불어 삶의 질에 대한 관심이 증가하면서 안전에 대한 국민의 요구가 크게 높아졌으며, 복잡한 사회구조만큼이나 각종 사고가 빈발하고 사고 유형도 다양해 높은 수준의 전문성과 고도로 훈련된 구조대원이 필요하게 되었다. 인명구조 분야에 대한 투자가 한 국가의 복지후생 수준을 평가할 만큼 소방구조 분야의 수요가 급증했다. 특히, 제24회 서울올림픽대회의 완벽한 개최를 위해 우발사태, 교통사고, 테러에 의한 화재 사고 등을 담당할 조직이 요구되었고 폭발, 풍·수해 등의 산업재해와 자연재해 등 각종 재해 발생 시 고도로 전문화된 구조기술과 장비를 갖춘 구조대 설치의 필요성이 절실히 요구되었다.

이러한 시대적 추세에 따라 1987년 이전에는 각 소방서에서 신체 건강하고 희생정신이 왕성한 직원을 선발, 소방서 단위로 1개 대 5~7명 기준으로 2개 대(갑·을반)를 편성, 인명구조 특공대를 조직해 고층건물 등 화재 현장에서의 인명구조에 주력했다. 1987년 119특별구조대 설치운영계획을 수립하고, 1988년 올림픽이 개최되는 7개 시에 119특별구조대 9개 대(서울 3, 부산, 대구, 인천, 광주, 대전, 수원)를 설치해 구조대원 114명과 구조 공작차 9대로 화재 및 각종 재해 시 인명구조 활동을 수행하게 되었다.

1989년 소방법 개정 시 구조 업무를 소방의 기본 업무로 법제화함과 동시에 서울, 부산과 기타 주요 도시에 11개 대(서울 3, 부산, 춘천, 청주, 전주, 목포, 포항, 울산, 마산)의 특별구조대를 설치해 구조대원 132명을 배치했고, 특별구조대가 설치되지 않은 소방서에는 서당 1개 대 10명으로 편성되는 일반구조대를 두고 화재 시 인명구조 활동을 수행하도록 했다. 이 때의 특별구조대원은 군 특수부대 출신자, 소방관으로 군 특수훈련 이수자, 소방왕 선발대회(1983년 이후 전국소방관기술경연대회) 입상자 중에서 선발 편성해, 내무부 및 서울시 소방학교의 특별구조반 교육 6주를 이수시킴으로써 인명구조 전문요원으로 양성했다.

2) 방재행정의 기능 강화

1970년대 들어서 종합개발계획이 완료된 4대강(한강, 낙동강, 금강, 영산강) 유역의 개발과 남강, 안동, 대청 다목적댐의 착공 등으로 농업·관광은 물론 재해 예방대책 분야에도 큰 기여를 하게 되었으며, 부족한 재원은 아시아 개발은행(ADB) 등에서 차관해 충당했다. 1972년부터 착수한 재해 예방대책 사업의 주요 목표는 수해 상습지 197개소 해소와 주요 하천 90% 개수로 홍수 범람을 사전에 예방하는 것이었다. 한편 중화학 정책의 강력한 추진을 위해 건설부에 산업입지국을 신설함과 동시에 한국수자원개발공사를 해체하고 수자원 개발과 중화학공업단지 건설을 전담할 산업기지개발공사로 확대 개편했다. 1975년 내무부 주관으로 민방위기본법이 제정되어 재해대책 업무가 내무부 민방위의 한 분야에 흡수되면서 방재에 관한 계획과 방재조직에 관한 사항을 민방위 체계에 맞추어 정비하게 되었다(건교부, 2003).

1980년대 이후 급속한 산업화에 따른 무분별한 각종 개발 사업이 가속화되면서 재해 규모가 점차 대형화되어 가는 추세에 이르렀다. 특히 1984년 대홍수, 1987년 태풍 셀마 및 중부지방 대홍수 등으로 어느 해보다 많은 재해가 발생해 방재행정 기능의 확대 개편이 요구되었으며, 급기야는 1987년 수자원 방재과를 방재계획과로 개편하고 방재시설과를 신설, 방재 행정 기능을 강화했다.

1981년 풍수해대책법을 개정, 재해대책위원회 등의 방재조직을 국무총리 소속하에서 건설부 소속으로 변경했으며, 방재계획의 작성 절차와 시기를 민방위기본법에 맞추어 시행했다. 또한, 1980년대의 재해예방대책사업은 5개소의 다목적댐 건설, 4대강 유역 하천개수사업과 농업기반 개발, 사방사업 등 1970년대 추진해 오던 계속사업과 제2차 국토종합개발계획의 수립 및 추진과 더불어 낙동강 연안 개발 1단계 및 2단계 사업, 수해 상습지 개선사업 등의 실시로 예방 대책사업도 추진하게 되었다.

3 발전기(1991~2003)

1) 소방행정의 발전

(1) 소방 기능의 강화

1995년 소방공무원법을 개정해 소방총감 직위를 신설했고, 1996년 내무부 직제를 개정해 소방국장 직급을 소방정감에서 소방총감으로 조정했다. 1998년 작지만 경쟁력 있는 정부를 구현하고 새로운 행정환경에 적합한 국정 운영 시스템을 마련하기 위해 중앙과 지방정부에 대한 관리·조정 기능을 통합(내무부+총무처)했으며, 민방위제도의 연구·개선은 물론 각종 재난관리 및 소방행정 기능을 수행하기 위해 '민방위재난통제본부'를 설치해 민방위국과 재난관리국을 통합한 민방위재난관리국, 방재국, 소방국을 두었다. 대형 및 특수 재난사고 시의 긴급구조 구급활동 능력을 강화하기 위해 소방국에 구조구급과와 장비통신과를 신설했으며, 중앙 차원의 긴급구조 활동을 강화하기 위해 중앙소방학교에 중앙119구조대를 설치하도록 했다.

지방소방조직은 1991년 소방사무 체계를 시·군 사무에서 시·도광역사무로 변경했고, 1992년 도에도 소방본부를 설치할 수 있게 되면서 9개 도에서 점차적으로 소방본부를 설치했다. 이에 따라 국가직과 지방직으로 이원화되어 있던 소방공무원의 신분 체제를 시·도소방본부에 근무하는 소방공무원 중 소방본부장과 지방소방학교장을 제외한 나머지 소방공무원의 신분을 지방직화하고 이와 더불어 소방사무도 완전 지방사무화했다. 1994년 지방자치단체의 국가직 소방공무원 1,087명중 시·도소방본부장 15명과 지방소방학교장 5명을 제외한 1,064를 지방직화함으로써 국가직 소방공무원이 1,142명에서 78명으로 줄었다가 1995년에 중앙119구조대가 발족됨으로써 국가직 소방공무원의 수가 늘어 1997년 말에는 158명이 되었다. 재난 현장에서의 긴급구조 구급활동 능력 제고를 위해 1994년 전후로 각 시·도 직제규칙을 개정해 전국 50만 이상 시·군·구소방서에서는 구조구급과를 설치해 운영하도록 했다.

이후 구조・구급 수요가 급증함에 따라 일상생활의 안정 및 안전을 바라는 국민들의 요구는 크게 늘어 이에 부응하기 위한 신속하고도 전문적인 구조구급 활동을 할 수 있는 인명구조 체계 구축의 필요성이 절실하게 요구되었다. 이에 따라 1994년 소방긴급구조・구급체계 확충계획을 시달해 50만 이상 시・군・구 소방서는 구조구급 전담부서 설치를 위해 시・도 직제 및 정원 관리부서와 협의 후, 내무부로 구조구급과 설치에 따른 직제 승인 및 증원 요구를 하도록 했다. 이 계획 시달 시에는 그동안 대부분 지역에 특별구조대가 설치되었고 일반구조대가 거의 없어지게 되어 기존의 일반구조대, 특별구조대 구분이 사실상 무색하게 되었다. 이에 따라 기존의 '119특별구조대'를 '119구조대'로 명칭을 바꾸게 한 뒤 내무부에서는 국고보조금을 확보해 전국 주요 재난 발생 우려 지역에 지역별 특수성에 따라 특별구조대를 설치하게 했다.[1)]

이 계획이 시달됨에 따라 서울시는 1995년 구조구급과를 설치했으며, 이를 전후해 각 시・도에서도 소방본부에 구조구급과를 설치했고 구조대 및 구급대를 대폭 확충했다. 1997년 「구급대 및 구조대의 편성・운영 등에 관한 규칙」을 제정했다. 이에 따라서 구조대의 편성과 구조대원의 자격 기준, 구조대의 장비 보유 기준, 구조대의 출동 구역, 구조대원의 교육훈련, 소방항공기의 운항・통제・비행 시간 제한・소방항공훈련・사고의 수습 등과 구급・구조대원 및 소방항공대원에 대한 복제 등을 보완해 규정했다.

1998년 '행정자치부와 그 소속기관의 직제 개편과 정원 감축'이 있었는데, 이 때 소방국은 장비통신과가 폐지되고 정원 4명이 감축되어 4과 51명이 되었다. 이에 따라 각 지방자치단체에서는 자체 직제규칙과 정원 규정을 개정해 직제 개편과 정원을 감축했는데, 개편 전 16소방본부 47과 124계, 23,579명이었던 것이 개편 후에는 16소방본부 40과 131계(담당, 팀), 22,148명으로 감축되었다. 개편된 조직의 주요 내용을 살펴보면 소방본부의 경우 대개 구조구급과가 축소되거나 민방위재난관리국(과) 등과 통합됨에 따라 서울・경기・충남・제주소방본부의 경우 기존의 소방본부 명칭을 개칭했는데, 서울은 민방위재난관리국을 흡수해 소방방재본부로,

---

1) ① 수난구조대: 3개 대(한강, 남이섬, 충주호), ② 산악구조대: 5개 대(설악산, 지리산, 한라산, 내장산, 소요산), ③ 화학구조대: 5개 대(여천, 울산, 인천, 대산, 거제)

경기도는 재난관리과를 흡수해 소방재난본부로, 충청남도는 재난관리과를 흡수해 소방안전본부로, 제주도는 민방위재난관리과를 흡수해 소방재난관리본부로 각각 개칭했다.

서울·부산·대구·인천·광주·울산지역을 제외하고는 기존의 3과(소방·방호·구조구급과)의 소방본부나 소방서 직제를 2과(소방·방호(구조)과) 체제의 직제로 변경하고 계(係) 직제를 담당 또는 팀으로 개칭한 곳도 많았다. 지방소방학교의 경우 서울·광주·경기·경북소방학교는 직제를 변동했으며, 충남소방학교만 충청권 3개 시·도(대전·충북·충남)가 공동협의체를 구성해 운영(정원 29명→5명으로 감축)하기로 했다.

(2) 소방제도의 개선

1991년 제12차 소방법의 개정으로 인해 전문이 개정되어, 소방법이 한글화되어 국민이 쉽게 이해할 수 있도록 되었고, 국가와 지방자치단체의 사무로 이원화되어 있던 소방사무가 광역지방자치단체의 사무로 일원화되었다. 주요 개정 내용은 소방용 기계·기구 등에 대한 검정기술의 조사·연구 등의 업무를 수행하기 위해 한국소방검정공사를 설립했고, 지방자치 시대에 부응해 소방사무 체계를 정비하고 내무부 장관의 권한으로 되어 있던 사항을 대폭적으로 시·도지사에게 이관했다. 시·도지사는 매년 11월 9일을 '소방의 날'로 정해 당해 시·도의 조례가 정하는 바에 따라 불조심에 관한 기념 행사를 지방자치단체별로 실시하도록 했다. 소방용 기계·기구 등의 제조업 및 소방설비공사업의 허가 또는 면허 등에 관한 내무부 장관의 권한을 시·도지사에게 이관했다.

이어 1993년 제14차 개정 시에는 소방관서에서 실시하던 위험물 제조소 등에 대한 안전 점검을 그 시설주가 실시하도록 원칙적으로 자율화하고, 소방시설의 적합한 설치를 위해 소방공사감리제도를 신설하는 한편, 운영상의 일부 미비점을 개선·보완했다. 1994년 제15차 개정 시에는 위험물시설에 대한 안전 성능 시험 업무를 한국소방검정공사에서도 실시하도록 하고, 소방설비공사업자에 대한 하자보수책임제를 도입하며, 소방설비공사의 하자 여부에 대한 공정한 해결을 위해 소방안전기술위원회를 신설하도록 했다. 1995년 제16차 개정에서는 학교시설사업촉진법과 건축법이 개정됨에 따라 관계 조문을 정비했다.

1997년 제17차 개정 시에는 다중이용업소의 영업 허가 신청 시 미리 소방·방화 시설 등을 갖추도록 하고, 방염처리업의 면허제를 폐지했다. 1997년 제18차 개정은 행정절차법이 1998년부터 시행됨에 따라 행정절차법과 개별 법률에 중복 규정되어 있는 행정절차 관련 규정을 삭제하고, 개별 법률의 다양한 의견 청취 유형을 행정절차법에 맞도록 정비했다.

2) 재난관리 행정의 발전

(1) 방재조직의 독립

1990년대에는 1990년 한강 대홍수와 1991년 태풍 글래디스 등으로 대형 재해가 많았음은 물론 방재기구의 대변환기라 할 수 있다. 우선 전 국토가 산업화·도시화됨에 따라 갈수록 재해의 양상이 다양화·대형화하는 추세에 있어 이를 효과적으로 대처하기 위해 1987년에 방재조직(방재계획과, 방재시설과)을 확대 개편했으나 그 후 2년 동안 피해가 없다는 이유로 1990년 다시 방재과로 통합했다. 그러나 1991년 재해 대책 업무의 효율적인 추진을 위해 지방조직과 민방위조직을 운영하고 있는 내무부로 방재 업무가 이관되었다.

1990년 방재 업무가 건설부에서 내무부로 이관됨에 따라 내무부 장관 소속하에 재해대책위원회를 두어 위원장은 내무부 장관, 부위원장은 내무부 차관이 되고, 경제기획원 차관 등 16개 부처 차관과 각계 전문가 8명의 위원으로 구성되었다. 이 위원회에서는 재해 대책 업무를 좀 더 효율적으로 추진하고 방재기본계획의 심의 및 각급 방재계획의 보완 조정 등의 업무를 담당했다.

1991년 내무부 직제기 개정되어 민방위본부 내 민방위국에 방재계획관이 설치되어 건설부로부터 재해 대책 업무를 이관받았으며, 1992년 국가의 재난 예방 기능을 강화하기 위해 방재계획관을 방재국 체제로 확대 개편하고 방재국 내에 방재계획과, 재해대책과, 재해복구과를 두어 국가적 또는 지역적 재난에 신속히 대응할 준비 태세를 갖추기 시작했다.

내무부로 방재 업무가 이관된 후 날로 수요가 증가하고 있는 재해 대책 업무에 능동적으로 대처하기 위해 1994년 민방위국 산하의 독립된 방재계획관실로 확대 개편했다. 1994년 작은 정부를 추구하는 상황에서도 재해의 중요성을 인식하고 자연재난을 총괄하는 방재계획관실을 신설함으로써 명실공히 방재의 독립기구가 창설되었다.

(2) 국가재난관리계획의 수립

1990년대 들어 인위적인 사고가 빈발함에 따라 이러한 인위적인 재난에 대처할 수 있는 종합적이고 체계적인 재난관리 체계를 강화하기 위해 정부에서는 1995년 7월 18일 재난관리법을 제정하고 중앙부처는 물론 지방자치단체에 재난관리 전담기구와 인력 확보를 서두르게 되었고, 공공 및 민간시설물 등 제반 시설물에 대한 일제 안전점검 실시와 위험시설물의 보수 · 재건축 추진과 동시에 60여 개의 재난 관련 법령 재정비를 통해 재난 예방 장치를 강화했다. 또한 1995년 내무부 직제를 개정해 내무부 내의 '민방위본부'를 '민방위재난통제본부'로 개칭하고 하부에 재난관리국을 신설했다. 재난관리국 내에는 재난총괄과, 재난관리과, 안전지도과를 두도록 했다. 중앙 및 지방정부에 재난안전 심의기구를 설치해 국무총리를 위원장으로 하는 '중앙안전대책위원회'를 중심으로 각 부처 장관이 소관 분야별로 예방 · 수습 대책을 마련하는 한편, 각 분야별 재난관리계획을 종합화한 '국가재난관리계획'을 수립해 집행해 나가게 되었다. 광역 및 기초자치단체에서는 단체장을 중심으로 관내 유관기관 · 단체가 참여한 '지역안전대책위원회'를 구성 운영하고, 지역 실정에 맞는 재난관리계획을 수립했다.

2001년부터는 국무총리 소속하에 발족한 '안전관리개선기획단'을 중심으로 그간 정부의 많은 기관에서 각각 관리하는 재난관리 기능을 종합 · 조정함은 물론 점검 · 평가함으로써 안전관리 업무의 실효성을 확보하는 한편 관계 행정기관 간 역할 분담으로 안전관리 개선 업무에 관해 원활한 추진 체계가 구축되었다. 하지만 2003년 2월 18일 발생한 '대구지하철 방화 사고'로 인해 국가적 재난관리상 총체적인 문제가 제기되었다. 이와 관련, 국가재난 관리 체계를 획기적으로 개선하기 위해 '소방방재청 개청준비단'(3. 11)과, '국가재난관리시스템 기획단'(3. 17)을 설치해 '국가재난관리 종합대책'을 수립함으로써 범정부적인 재난관리 기반 체계를 구축했다. 이에 따라 그동안 '재난'과 '재해'로 이원화된 개념을 '재난'으로 통합 일원화했고, 재난관리 시스템 개선을 통해 국가 최초의 재난관리 전담기구인 '소방방재청'을 설치하게 되었다.

4 통합기(2004년 이후 참여정부 기간)

1) 소방방재청의 신설

범지구적 기후 변화의 영향으로 강풍, 집중호우, 해일 등 기상이변 현상이 속출하고 있으며, 지각 변동에 의한 지진 및 지진해일 규모 및 피해가 증가하고 있고, 각종 시설물의 노후화와 건축물의 초고층화 · 지하화 · 복합화, 에너지 집약적 산업구조화 등으로 대형 재난 발생이 우려되고 있다.

한편 사회구조와 생활양식의 변화, 주5일 근무제 등 여가 증대로 인한 안전에 대한 수요가 증가하고 있으며, 과거에 경험하지 못했던 기술 발전과 환경 변화로 인한 사스(SARS) · 조류독감 · 광우병 등 생물학적 재난과 물류 파업 등 사회적 요인에 의한 재난, 9 · 11테러 등으로 촉발된 테러 가능성 확산 등 새로운 유형의 재난도 증가하고 있는 추세이다. 특히 2002년 태풍 루사 피해와 2003년 대구지하철 참사, 태풍 매미 피해를 계기로 매번 되풀이되는 각종 재난으로부터 국민의 생명과 재산을 보호하기 위한 근본적이고 종합적인 범정부적 재난관리 대책 수립과 국가 재난관리 시스템의 일대 혁신이 필요하다는 사회 각계각층의 국민들의 요구가 증대되는 상황에 이르렀다.

국회에서도 정부는 재해 · 재난 취약시설에 대한 종합적이고 체계적인 안전 점검을 실시한 후 총체적인 방재 대책에 대한 종합보고서를 국회에 제출하도록 촉구했으며, 노무현 대통령도 국가 재난관리 시스템을 효율적으로 개선할 것을 주문했다. 이에 따라 참여정부에서는 1인당 국민소득 2만 달러 시대에서는 '재난 없는 안전한국 건설'을 국정의 최우선 과제로 설정하고, 국가와 사회 시스템이 외부로부터의 충격에 유연하고 신속하게 대응할 수 있도록 안정적인 기반을 마련하고자 2004년 정부 역사상 처음으로 종합적인 국가 재난관리 전담기구로서 '소방방재청'을 발족시키게 되었다.

본청의 조직은 4본부 2관 1실 22팀과 네 개의 소속기관으로 구성되었으며 「재난 및 안전관리 기본법」 등 12개 법률의 집행을 통해 각종 재난으로부터 국민의 생명과 재산을 보호하는 국가 재난관리 업무를 중추적으로 수행했다. 산하기관으로는 중앙소방학교, 국립방재교육연구원, 중앙119구조대가 있으며, 산하 민간소방종사자교육기관인 한국소방안전협회와 한국소방검정공사 등이 있다.

5 재난과 안보 부문의 통합 노력: 이명박 정부*

이명박 정부에서는 효율성과 통합성을 강조하는 '대부처주의'를 표방하면서 위기관리 체계의 통합을 더욱 강조했다. 이는 9·11 테러와 국토안보부 설립 등 국제적 동향에 영향받은 바도 크다. 이명박 정부는 최초 대통령 인수위원회에서 안전한 사회를 구현하기 위한 '통합적 재난·안전관리 체계 구축'을 국정과제로 확정했다.

이후 2008년 3월 20일, 국무총리실장 주재로 통합적 재난·안전관리 체계 구축기획단을 설치해 관련 법령 정비 및 현장 실태조사, 광범위한 전문가 자문회의 등을 거쳐 12월에 '통합적 재난·안전관리 종합대책'을 발표했다(행정안전부, 2008). 이전 정부의 통합적 재난관리 체계에 비해 이명박 정부의 그것은 비상 대비와 생활 안전 부문을 포함해 관리의 대상을 확대하고 통합을 강조했다는 데 차별성을 갖는다.

1) 행정안전부의 신설

2008년 2월 이명박 정부가 출범하면서 재난 및 위기관리 조직에서의 큰 변화가 있었다. 종래 전시 비상대비 자원을 관리해 오던 국가비상기획위원회를 행정자치부로 흡수 통합하면서 종래 행정자치부 명칭을 '행정안전부'로 개칭했다. 이로 인해 종래 전평시 비상 및 재난관리의 분산이 일단 기구상으로는 통합된 셈이다. 비상기획위원회는 군사작전 지원, 국민생활 안정과 관련한 비상대비 계획의 수립, 국가 비상사태시 병력, 인적 자원과 물적 자원의 동원 업무, 물자 비축·시설 확보·동원훈련·자원조사 등의 비상 대비 능력 제고를 주요 업무로 하는 군사적 부문의 위기관리 기구였다. 기존에 비군사적 부문(자연재해, 인위재난 등)에만 통합을 강

* 이 내용은 정지범(2012), 범정부적 국가 위기·재난 관리시스템 연구의 일부를 발췌, 재정리한 것이다.

조했던 반면 행정안전부의 설립은 위기관리에서 군사적 부문과 비군사적 부문 간의 통합을 확대한 차별성이 있다. 재난 안전에 관한 업무는 재난안전실에서 담당하며 그 밑에 재난위기종합상황실을 두고 있다. 종래 국가비상기획위원회에서 담당했던 비상대비 자원관리는 비상대비기획관 내 비상대비정책과, 자원관리과, 비상대비훈련과 등에서 담당하고 있다.

또한 행정안전부의 설립과 더불어 중앙안전관리위원회의 간사 역할이 소방방재청장에서 행정안전부 장관으로 변경되었다(재난 및 안전관리기본법 제9조). 이에 재난관리기구의 총괄 및 조정 역할은 행정안전부가 담당하고, 소방방재청은 행정안전부의 외청으로 위기관리 전담기구로서 그 역할이 축소됨을 의미한다고 볼 수 있다.

안전관리 및 안전문화 분야는 이전 정부에 비해 이명박 정부에서 강화된 분야로 볼 수 있다. 안전관리의 경우, 전기 안전, 가스 안전, 교통 안전 등 각 분야의 특화된 전문성 때문에 해당 부처들이 안전관리의 주체로 활동해 왔고, 이명박 정부 역시 마찬가지이다. 안전문화의 경우에는 이전 정부에서 총괄적인 업무 및 조정 기능이 없었던 것에 비해 이명박 정부에서는 행정안전부 재난안전실에 팀을 구성해 운영했다.

이명박 정부의 재난관리 체제는 재난관리의 총괄·조정의 경우, 자연재난과 인적재난은 소방방재청이, 사회적 재난은 행정안전부가 담당했다. 이는 참여정부 때부터 유지된 형태이지만 사회적 재난이 자연·인적재난과 밀접하게 관련되어 있다는 점을 고려할 때 사회적 재난의 정의가 모호하며, 행정안전부의 전문성 부족으로 실질적 관리가 어렵다는 비판이 끊임없이 제기되어 왔다. 이와 함께 국무총리실에 재난 분야에 대한 총리 권한 보좌, 재난 분야 정부 업무 조정 기능을 담당하는 부서로서의 사회통합정책실의 총괄 및 조정 기능이 행정안전부와 중복된다는 의견도 존재했다.

「재난 및 안전관리 기본법」에 의하면 우리나라의 재난·안전관리 정책을 총괄·조정하는 기능은 '중앙안전관리위원'(제9조)가 가지고 있다. 또한 효과적인 조정 업무의 수행을 위해 행정안전부 장관을 위원장으로 하는 '조정위원회'를 두도록 되어 있다. 그러나 실제로는 중앙안전관리위원회가 실질적인 총괄·조정 기능을 수행한다기보다는 형식적이고 의례적인 운영에만 그치고 있는 상황이었다. 또한 조정위원회 및 8개 분과위원회의 경우에도 실질적인 운영이 매우 미흡했다(행정안전부, 2008). 이러한 중앙안전관리위원회 실효성의 한계는 우리나라 재난·안전관리 계획의 근간이라고 할 수 있는 '국가안전관리 기본계획'의 실효성 문제로 이어지고 있는 실정이다.[2)]

2) 재난관리와 비상대비 주체의 통합

참여정부 시절 비상기획위원회(이하 비기위)는 국무총리 산하의 독립기관으로서 전담 공무원으로 구성된 업무 체계를 갖추었다. 비상기획위원회는 비상자원대비법에 의거해 인력·물자를 동원해 전시 국민을 동원할 수 있는 기관으로, 군이 실제 전쟁을 담당한다면 비기위는 민간과 함께 전쟁 준비를 담당하게 된다. 문민정부 이후 평화 체제가 지속되면서 비기위의 기능이 약화되기 시작했고, 비기위는 지속적으로 통폐합의 대상이 되어 왔다.[3)] 이러한 흐름에 따라 이명박 정부에서는 2008년 2월 29일 행정자치부의 '안전정책관실'과 '비상기획위원회'를 통합해 행정안전부 '재난안전실'로 통합했다. 이로 인해 고위공무원 5명을 비롯해 총 47명의 인원이 감소되었고 독립기관으로서의 신속한 의사 결정 능력이 훼손되었다. 반면 행정안전부에 흡수되면서 비기위의 지방자치단체에 대한 통제 기능은 강화된 측면이 있다.[4)]

민방위 분야는 정부조직법에 의거 제도와 운영이 분리되어 있다. 이에 따라 민방위 제도는 행정안전부가 담당하며, 운영은 소방방재청이 책임진다. 이는 참여정부와 이명박 정부 간에 차이가 없었다. 그러나 민방위의 총리 보좌 기능의 경우 참여정부에서는 소방방재청장이 담당했으나 이명박 정부에서는 행정안전부 장관이 담당하게 되었다. 이는 군사적 성격의 민방위·비상대비 기능을 행정안전부의 재난 안전 기능과 통합하려는 시도로 볼 수 있다. 다양한 부정적 비판이 존재하지만, 긍정적 측면에서 이러한 통합 작업은 '통합적 재난·안전관리 체계' 구축을 넘어 국가안보의 일부 영역을 포괄하는 '통합적 위기관리 체계'의 구축으로 이해할 수

---

2) 국가안전관리 기본계획은 법률상으로 최상위의 기본계획이며 이 계획에 의거해 재난관리책임기관들이 세부대책을 수립·운영할 수 있는 지침을 제공해야 한다. 그러나 이 계획의 실효성이 매우 부족해 각각의 기관이 별도의 계획을 수립하고 운영하는 경우가 많다.

3) 국무총리실 이전 담당자 인터뷰(2012.2.23.).

4) 2012년 4월 20일 비상대비기획관실 담당자 인터뷰 및 내부 자료.

있다.

3) 외교 · 안보 위기관리 주체의 변화

외교안보 분야까지 포함된 국가 위기 상황에 대한 총괄 조정의 경우 참여정부에서는 국가안전보장회의(NSC) 사무처를 중심으로 이루어졌다. 반면에 이명박 정부에서는 위기관리 측면에서 대통령을 전문적으로 보좌하고, 제도적 권한을 가지고 국가 위기관리 체계 전반에 관한 총괄 및 조정 기능을 상시 수행하는 전담조직을 설치하지 않았다.

이명박 정부에서는 NSC가 법률상 자문기구라는 점을 명확히 하고 위기 각 분야별 총괄 조정 기능을 분산시켰다. 이에 따라 외교안보 분야의 위기관리는 외교안보수석실 산하 위기정보상황팀(이후 국가위기관리실[수석급]로 확대 개편)에서 이루어졌고, 재난 · 안전관리 전 분야는 행정안전부가 총괄적 조정 기능을 행사했다고 볼 수 있다. 한편 대형 재난의 발생 등으로 국가적 문제가 발생했을 경우에는 국무총리실이 중심이 되어 조정 업무을 수행하는 경우도 있었다. 예를 들어 2011년 우면산 산사태가 발생했을 때는 총리실 안전환경정책관이 중심이 되어 '재난관리 개선 민관합동 태스크포스(T/F)'를 구성해 전 부처적인 조정 작업을 수행하기도 했다.

이명박 정부는 NSC 대신 대통령실을 위기관리의 실질적 보좌 기관으로 활용했다. 이명박 정부는 참여정부에서 위기관리 체계 구축 · 위기 상황 관리 기능을 수행해 오던 NSC 사무처와 실질적인 위기관리 의사 결정 보좌기구였던 통일외교안보정책실(전략비서관, 정책비서관, 정보비서관)을 폐지했나. 대신 대통령 비서조직인 외교안보수석실(수석: 차관급)로 하여금 NSC 사무처가 수행하던 위기관리 기능을 제외한 안보분야 전략 · 정책 업무들을 담당하되 그 수행 형태는 상이하게 개편했다. 이에 따라 외교안보수석실은 종전의 기능별 편제가 아닌, 부처 업무형 편제로 이루어져 업무 수행의 신속성은 강화된 데 비해 전략적 조정과 융합적 처리에 취약한 구조가 되었다.

이상의 내용을 바탕으로 참여정부와 이명박 정부의 위기관리 주체의 변화를 정리하면 <표 2-1>과 같다.

표 2-1 이명박 정부 위기관리 주체 및 관심 이슈의 변화

하위 부문	구분	정부기관	관심 이슈
인적 · 자연 재난관리	노무현 정부	소방방재청	인적재난, 자연재난
	이명박 정부	소방방재청	인적재난, 자연재난
사회적 재난관리	노무현 정부	행정자치부 총괄 (각 부처가 분야별 담당)	국가기반시설, 보건재난
	이명박 정부	행정안전부 총괄 (각 부처가 분야별 담당)	사회적 재난 (국가기반시설 + 전염병)
안전관리 · 안전문화	노무현 정부	각 부처가 분야별 담당 안전문화: 산업안전공단	분야별 안전관리 산업안전
	이명박 정부	각 부처가 분야별 담당 안전문화 총괄: 행정안전부	분야별 안전관리 안전문화 총괄
비상대비 · 민방위	노무현 정부	민방위: 소방방재청(운영) 전시 대비: 비기위(국무총리실)	비상 대비, 재난 대비 전시 대비
	이명박 정부	민방위: 소방방재청(운영) 전시 대비: 비상대비기획관 * 비기위 행정안전부 재난안전실로 축소 이동	비상 대비, 재난 대비 전시 대비
외교안보 · 총괄조정	노무현 정부	NSC 사무처 - 산하 위기관리센터 * 참여정부 후반부 분야별 위기관리팀으로 축소	외교안보 위기 상황 안보 · 재난 위기 총괄 조정
	이명박 정부	외교안보수석실 - 산하 위기정보상황팀(임시) * 금강산 피격 사태 후 위기상황센터로 확대 개편 * 천안함 사고 후 국가위기관리실(수석급)로 확대 개편	외교안보 위기 상황에 한정

6 최고 국정과제로서의 안전: 박근혜 정부

2013년 2월 21일 대통령직 인수위원회는 박근혜 정부의 국정 목표와 과제를 발표했다. 최상위 국정 목표로 제시된 것은 일자리 중심의 창조경제, 맞춤형 고용 · 복지, 창의교육과 문화가 있는 삶, 안전과 통합의 사회, 행복한 통일 시대의 기반 구축이었는데, 안전을 5대 국정 목표 중 하나로 제시한 것은 매우 의미 있는 변화라고 볼 수 있다. 이명박 정부에서는 안전이 5대 국정지표 중 하나인 능동적 복지의 하위 과제에 불과했다는 것을 고려하면 더욱 그렇다(정지범, 2013c).

국정 목표에서 강조한 바와 같이 박근혜 정부는 이명박 정부의 행정안전부를 안전행정부로 개칭하면서 안전관리의 중요성을 강조했다. 이에 따라 2013년 3월 기존의 2관 1실 6과(재난안전관리관, 비상대비기획관, 위기관리상황실)의 재난안전관리 부서를 안전관리본부로 확대 개편해, 3국 1실 9과(안전정책국, 재난관리국, 비상대비기획국) 체계로 강화했다. 안전관리본부의 조직도를 보면 [그림 2-1]과 같다.

그림 2-1 안전행정부 안전관리본부 조직도(2014년 4월)

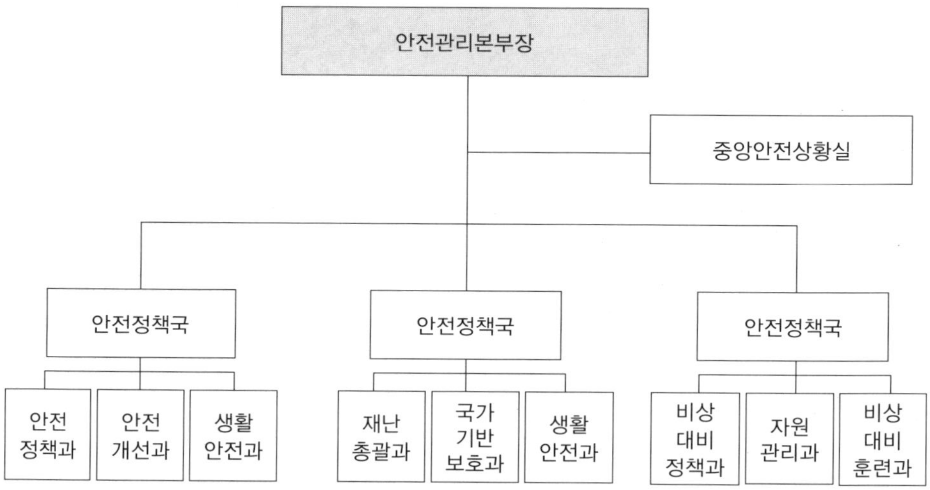

출처: 안전행정부 홈페이지.

안전관리본부 조직 개편의 가장 두드러진 특징은 기존 재난관리 중심의 재난안전관리관 체계에서 안전정책국을 독립시키면서, '안전정책'과 '재난관리'를 병행시키는 형태로 전반적 안전정책을 강화했다는 것이다. 이는 박근혜 대통령이 후보자 시절부터 강조했던 4대악 근절(성폭력, 학교폭력, 불량식품, 가정파괴범) 정책의 일환이라 해석할 수 있을 것이다. [그림 2-2]는 행정안전부 안전관리본부의 연혁이다.

그림 2-2 안전관리본부 연혁

안전관리본부 연혁

재난 안전

- 1991.4 재해 대책 업무 이관(건설부 → 내무부), 민방위국 방재과 신설
  ※ 1990.9. 한강 하류 일산 제방 붕괴 계기, 지자체 지도 감독 강화 차원
- 1995.10 내무부 민방위재난통제본부 재난관리국 설치
- 2004.6 자연 인적재난 전담관리 기구로 소방방재청 개청(345명)

※ 행정자치부에는 안전정책과 신설

–기능: 국가 기반 체계 등 사회적 재난

\+

비상 대비

- 1969.3 비상기획위원회 설치 (국가안전보장회의 하부조직)
- 1984.8 국무총리 보좌기구로 소속 변경
- 1998.2 국가안전보장회의 회의 지원 기능 청와대 이관

↓

- 2008.2 안전행정부 안전관리본부(행자부 안전정책관 + 비상기획위원회) 설치
  –3관(재난총괄관리관, 안전기획관, 비상대비기획관) 10과 1팀
- 2008.5 대국 대과제 도입으로 직제 개편(2관 8과)
  –2관(재난안전관리과, 비상대비기획관)
- 2009.5 직제 개편
  –2관 1실 6과(재난안전관리관, 비상대비기획관, 위기관리상활실)
  * 민간협력 기능 지방행정국으로 이관, 위기관리상황과를 실로 개편
- 2013.3 안전관리본부 확대 개편
  –3국 1실 9과(안전정책국, 재난관리국, 비상대비기획국)

출처: 안전행정부 홈페이지.

국가적 차원에서 재난안전관리에 대한 관심이 증가했다는 것은 '안전정책조정회의' 신설에서도 확인이 가능하다. 재난안전정책은 주관 부처인 행정안전부와 소방방재청 외에도 다양한 부처와 유관기관들의 적극적인 협조가 반드시 필요하다. 따라서 노무현, 이명박 정부에서도 중앙안전관리위원회 산하에 '조정위원회'를 두고 관계 부처 간의 협의·조정에 활용할 수 있도록 했다. 그러나 조정위원회는 상시적 협의체가 아니었고, 실제로 개최된 사례도 거의 없어 실효성이 없었다고 볼 수 있다.

'안전정책조정회의'는 「정부조직법」 제34조와 「재난 및 안전관리 기본법」 제10

조에 따라, 안전행정부가 정부의 안전정책을 총괄·조정하기 위해 2013년 5월에 신설한 회의체이다. 안전정책조정회의는 안전행정부 장관을 위원장으로, 관계 부처 차관과 차장을 위원으로 하여 월 1회 정례적으로 운영하고 있다. 조정회의에서는 4대악 감축 실적 점검, 시기별 안전 현안 논의, 안전정책 발전 방안 토론 등을 진행한다.

이전 이명박 정부와 비교할 때 또 하나의 두드러진 변화는 국가안전보장회의(NSC) 사무처의 부활이다. 이명박 정부는 NSC 사무처를 폐지하고 관련 기능을 축소해 외교안보수석실에 이관했다. 이후 금강산 피격 사태, 천안함 사태 등을 겪으면서 국가위기관리실로 확대했지만, 여전히 참여정부의 NSC 사무처가 가진 전문성과 위기 대응 능력을 갖추지 못했다는 비판을 받았다.

박근혜 정부는 2013년 12월 12일 북한 장성택 처형 이후, 급변하는 북한 정세에 대응하고 종합적 국가위기 대응 능력 고양을 위해 NSC 상임위원회와 사무처를 부활시켰다. 참여정부 때는 NSC 상임위원회와 사무처가 대통령 직속 조직이었지만, 박근혜 정부에서는 이들을 국가안보실 산하에 배치했다는 것이 차이점이라고 볼 수 있다. 청와대는 이러한 개편을 통해 안보 관련 회의 체계를 일원화하고, 안보정책의 결정 과정을 체계적으로 정립해 외교안보 컨트롤 타워 역할을 강화했다고 볼 수 있다.

그러나 박근혜 정부의 국가 재난안전 관리 체계의 개편은 2014년 4월 16일 발생한 세월호 사고로 인해 많은 비판을 받았고, 이로 인한 전면적 재개편을 요구받았다. 비판의 핵심은 안전에 대한 선언적 강조를 했으나 실질적 개선은 없었고, 갑작스러운 대형 재난에 대한 현장 대응 능력, 전문성 등이 너무도 부족했다는 것이다.

이러한 비판에 대해 박근혜 대통령은 2014년 5월 19일에 세월호 관련 대국민 담화문을 발표했다. 이는 세월호 사건에서 드러난 수많은 문제를 지적하고 각각에 대한 대안을 제시하기 위함이었다. 대통령의 담화문은 향후 우리나라 재난안전관리 체계 변화의 방향을 제시했다고 볼 수 있는데, 그 내용은 재난안전관리 강화를 위한 정부조직 재설계, 공직자 취업 제한 강화, 공무원 전문성 강화, 사고 책임자 처벌 강화, 국가안전처 설치, 국민 안전의 날 지정 등의 강조 등이다.

---

* 이 내용은 정지범(2012), 범정부적 국가 위기·재난 관리시스템 연구의 일부를 발췌, 재정리한 것이다.

제 2 절 재난관리의 변화*

1 재난관리 대상의 변화

1) 소방방재청 설립(2004년) 이전의 대상

전통적으로 우리나라는 위기관리의 대상으로서 외적(북한)의 침공과 자연·인적재난을 상정해 왔다. 6·25 전쟁 이후, 우리나라도 서방 국가들과 마찬가지로 외적의 침공에 대응한 민방위가 중심이 되었고, 점차 국민 보호의 개념으로서 방재에 대한 관심도 높아졌다.

2004년 「재난 및 안전관리 기본법」 제정과 소방방재청 개청 이전까지는 위기관리의 대상으로서, 인위재난, 자연재해, 민방위 사태가 구분되어 3원적으로 운영되었다고 볼 수 있다. 「구재난관리법」은 재난을 "화재·붕괴·폭발·교통사고·화생방사고·환경오염사고 등 국민의 생명과 재산에 줄 수 있는 사고로서 자연재해가 아닌 것"으로 정의해(「구재난관리법」 제2조 1항) 인적재난만을 대상으로 했다. 「자연재해대책법」은 재해를 "자연 현상으로 인해 발생하는 피해"로 정의해(「자연재해대책법」 제2조) 자연재해만을 대상으로 했다. 그리고 「민방위기본법」은 민방위 사태를 "적의 침공이나 전국 또는 일부 지방의 안녕 질서를 위태롭게 할 재난"으로 정의(「민방위기본법」 제2조)해, 가장 포괄적인 법률로서 인위재난과 자연재해의 관리가 민방위 체계 속에서 이루어지도록 했다. 그러나 각 개별법과 민방위기본법 간에 체계적인 관련성 없이 개별법이 정하는 바에 따라 위기관리가 이루어

표 2-2 2004년 이전 위기관리 대상별 법령 체계

구분	인위재난 -화재, 붕괴, 폭발 등	자연재해 -태풍, 홍수, 호우 등	민방위 사태
근거법	재난관리법 및 개별법	자연재해대책법 및 개별법	민방위기본법

* 이 내용은 정지범(2012), 범정부적 국가 위기·재난 관리시스템 연구의 일부를 발췌, 재정리한 것이다.

졌기 때문에 실제로는 다원적이고 분화된 체계로 운영되었다고 볼 수 있다.

2) 소방방재청 설립 이후(참여정부) 관리의 대상

참여정부는 2003년 2월 발생한 대구지하철 화재사고를 계기로 재난관리 체계에 대한 대대적인 정비에 나섰고, 이를 통해 기본법 제정 및 소방방재청을 설립하게 된다. 「재난 및 안전관리 기본법」은 기존에 재난관리에 관한 포괄적이고 종합적인 기본법이 부재하다는 문제 의식에서 위기관리에 관한 기본법으로 2004년 3월 제정되었다. 「재난 및 안전관리 기본법」은 재난을 국민의 생명, 신체 및 재산과 국가에 피해를 주거나 줄 수 있는 것으로 정의해(「재난 및 안전관리 기본법」 제3조) 기존에 인위재난과 자연재해로 이원화된 재난 개념을 통합[5]하고 국가 기반 체계 마비 등 새로운 형태의 재난을 포함해 확대 일원화된 재난을 대상으로 했다.

국가기반 및 보건재난[6]은 「재난 및 안전관리 기본법」이 제정되면서 처음으로 국가 차원의 재난(동법 제3조 다목의 정의) 범주에 포함되었다. 국가 기반 분야를 재난 영역에 포함해 체계적으로 관리하게 된 배경은 2003년 5월 발생한 화물연대의 파업에 기인한다. 특히 국가기반 재난은 테러, 대규모 시위·파업, 폭동, 재난, 해킹 또는 컴퓨터 바이러스 등의 원인에 의해 국가경제 및 국민생활, 정부 기능 유지에 중대한 영향을 미칠 수 있는 인적·물적·기능 체계 등이 마비되는 상황으로서, 이 분야로는 에너지, 식용수, 보건의료, 정보통신, 금융전산, 교통, 수송, 원자력, 주요 산업단지 및 정부 중요 시설 등이 있다. 당시 정부가 관리할 유형으로 선정해 매뉴얼 체계를 통해 관리에 나선 유형은 사이버, 전력, 원유 수급, 원전 안전, 금융전산, 정보통신, 식용수, 육상 화물 운송, 보건의료 등 9개 분야였다.

기본법에서 제시한 재난들은 각각 자연재난, 인적재난, 사회적 재난으로 구분할 수 있다. 이와 함께 적의 침공 및 재난을 포괄적으로 정의하는 '민방위 사태'도 위기관리의 주요 대상이 되었다. 결국 2004년 이후 위기관리의 주요 대상과 관련법은 <표 2-3>과 같이 정리할 수 있다.

이와 함께 참여정부에서는 대통령 훈령(124호, 「국가위기 관리지침」)과 매뉴얼(「위기관리 표준매뉴얼」)을 활용해 정부가 국가적으로 관리해야 할 위기 유형을

---

5) 그간 재해 및 재난으로 혼용하던 것을 '재난'으로 통일했다.
6) 예: 신종플루 등의 감염병, 구제역 등 가축 질병.

표 2-3 2004년 소방방재청 출범 이후 위기관리 대상 및 법령 체계

구분	대상	관련 법령
인적재난	화재, 붕괴, 폭발, 교통사고, 화생방사고, 환경오염사고 등	기본법: 재난 및 안전관리 기본법 개별법: 소방기본법, 도시가스사업법, 해양환경관리법 등
자연재난	태풍, 홍수, 호우, 강풍, 풍랑, 해일, 대설, 낙뢰, 가뭄, 지진, 황사, 적조, 조수 등	기본법: 재난 및 안전관리 기본법 개별법: 자연재해대책법, 하천법, 소하천정비법, 지진재해대책법 등
사회적 재난	국가 기반 체계의 마비 및 전염병	기본법: 재난 및 안전관리 기본법 개별법: 송유관안전관리법, 원자력시설 방호 관련 법, 가축전염병예방법 등
민방위 사태	적의 침공 및 재난	기본법: 민방위기본법

선정했다. 수없이 많은 위험 요인을 전부 관리한다는 것은 국가적으로 곤란한데다 자원의 효율적 배분과 사용이란 측면에서도 한계가 있다. 따라서 수많은 위험 요인 중에서 이미 발생했거나 자주 발생하는 유형 중 피해 규모가 큰 유형,[7] 아직 발생은 하지 않았지만 발생하면 대규모 피해가 우려되는 유형,[8] 환경 변화로 인한 위기의 대비가 필요한 유형[9] 등의 기준을 통해 국가적으로 관리할 위기 유형을 선정했는데, 당시 선정한 국가 위기 유형은 <표 2-4>와 같다.

표 2-4 국가 위기 33개 유형

구분	유형
자연재난(2)	풍수해, 지진
인적재난(8)	산불, 고속철도 대형사고, 대규모 환경오염(해양, 수질), 유해물질 유출사고, 공동구 재난, 댐 붕괴, 지하철 대형 화재사고, 다중밀집시설 대형사고
국가기반 재난(9)	사이버안전, 전력, 원유 수급, 원전 안전, 정보통신, 금융전산, 육상 화물 운송, 식용수, 보건의료
보건재난(2)	감염병, 가축 질병
전통적 안보(12)	북핵 우발사태, 서해 NLL우발사태, 독도 우발사태, 북한 내 아국민 물자 억류, 개성공단 돌발사태, 대통령 권한 공백, 테러, 재외국민 보호, 소요 폭동, 북측 방문단 집단망명, 파병부대 우발사태, 비군사적 해상분쟁

7) 예: 강력한 태풍으로 인한 피해 등.
8) 예: 대규모 방사능 누출사고 등.
9) 예: 고속철도 개통에 따른 대형사고 등.

3) 이명박 정부 출범 이후 위기관리 대상의 변화

이명박 정부는 위기관리의 대상 측면에서, 참여정부의 위기관리 대상을 대부분 동일하게 유지했다. 그러나 미국의 국토안보부 설립 등 전 세계적 위기관리 기능의 통합화 추세에 따라 우리나라 위기관리 분야에서도 다양한 통폐합 시도가 나타났다. 대표적으로 기존에는 비군사적 부문(자연재난, 인적재난 등)의 통합을 강조했던 반면, 이명박 정부는 행정안전부의 설립을 통해 위기관리에서 군사적 부문(비상 대비 부문)과 비군사적 부문(재난안전 부문) 간의 통합을 확대하려 시도했다.

전 세계적 패러다임으로 볼 때 이러한 현상은 미국이나 영국과 마찬가지로 위기관리의 대상적 범위가 확장되는 국민 보호의 관점에서 이해할 수 있다. 그러나 변화의 방향 측면에서 볼 때, 우리나라는 미국과 달리 재난안전 분야가 중심이 되어 안보의 영역을 포괄하려는 노력이 있었다고 볼 수 있다.

이와 함께 이명박 정부에서 대상적 영역으로 새롭게 추가된 분야는 국가적 차원의 총괄적 안전관리 및 안전문화 부분이다. 국가적 차원의 안전관리 및 안전문화는 원래 산업 안전 업무 분야로 인식되었다. 따라서 이전 정부에서는 노동부 산하의 산업안전공단에서 주로 업무를 담당했었다. 그러나 업무의 특성상 전반적 안전관리 및 문화보다는 작업장 중심의 산업 안전에 집중된 성격에 머물렀다는 한계가 있었다. 행정안전부는 재난안전실 내에 보행환경 등 교통안전사업, 어린이 안전, 승강기 안전관리 등 생활 안전 관련 업무를 수행하는 안전개선과가 있고, 재난안전정책과 내에 안전문화를 담당하는 안전문화팀을 운영하고 있다. 그러나 대부분의 세부적 안전 부문에 대해 각 부처 및 산하기관에 전문적 안전관리 기구(예: 교통안전공단, 가스안전공난 등)들이 존재한다는 점을 고려하면 행정안전부의 업무는 다른 부처 업무 영역과 충돌할 가능성이 높다는 한계를 지니고 있었다.

2 재난관리 과정의 변화

1) 소방방재청 설립(2004년) 이전 국가 재난관리 과정

우리나라에서 방재 업무는 1963년 건설부 수자원국에 방재과를 설치하면서 본

격화되었다고 볼 수 있다(이종열 외, 2008). 최초 재난에 대한 예방 노력은 주로 풍수해에 대한 방재계획으로서 국토계획과 같이 고려되었다.

1967년 「풍수해대책법」이 제정되면서 우리나라 최초의 국가재난관리 계획인 방재기본계획제도가 확립되었고, 이에 따라 중앙 단위의 방재업무계획 및 지방자치단체의 지역별 계획까지 수립해 활용되었다(이종열 외, 2008). 방재기본계획 수립은 1968년부터 시작되었으나, 형식적 계획으로 머무르다가 1977년 대통령령 제8793호로 "국토와 국민의 생명 및 재산을 재해로부터 보호하기 위한 방재기본계획의 수립 및 조사 연구"를 전담하는 방재계획관실을 신설해 업무를 강화하기 시작했다. 이 당시 방재기본계획은 중장기적으로 국가방재정책의 나아갈 기본 방향을 제시하고 하부 집행계획과 지역방재계획 수립의 지침을 제공했다(이종열 외, 2008: 178). 제1차 방재기본계획(1977~1981)은 제4차 경제사회발전 5개년계획과 주기를 같이했고, 주로 풍수해 가뭄 등 자연재난을 대상으로 수립되었다.

1990년대에 들어와서 각종 대형 인적재난이 발생하면서[10] 정부는 1995년에 「재난관리법」을 제정했고, 내무부 민방위본부를 민방위재난통제본부로 확대 개편하는 등 중앙정부와 지방자치단체에 재난관리 전담 인력과 기구, 종합적 계획의 수립을 강조했다. 특히 삼풍백화점 사고 이후 공공 및 민간시설물 등 제반 시설물에 대한 일제 안전점검 실시와 위험시설의 보수를 추진함과 동시에 당시 60여 개로 난립되었던 재난관리 법령의 재정비를 추진했다(이종열 외, 2008). 그리고 이전 방재기본계획을 '국가재난관리계획'으로 확대·개편하면서 체계화를 시도했다. 국가재난관리계획은 「재난관리법」에 의거해 국무총리를 위원장으로 하는 '중앙안전대책위원회'를 중심으로 각 부처 장관들이 소관 분야별로 예방·수습 대책을 마련하고, 이를 종합화하는 형태로 마련되었다. 그리고 광역 및 기초자치단체에서는 단체장을 중심으로 관내 유관기관과 단체가 참여하는 '지역안전관리위원회'를 구성하고 지역의 재난관리계획을 수립하는 것도 이 무렵부터 시작되었다(이종열 외, 2008). 최초의 국가재난관리 계획(1996~2004)은 화재, 폭발, 붕괴 등 인적재난 중심의 계획으로 자연재난 대응을 위한 방재계획과 분리되어 수립되었다(중앙안전관리위원회·행정안전부, 2009).

10) 1995년 4월에는 '대구지하철 공사장 도시가스 폭발사고'가 발생했고, 그 해 6월에는 '삼풍백화점 붕괴사고'가 발생해 인적재난 대비의 중요성이 강조되었다.

그림 2-3 국가 재난안전 기본계획의 발전 단계

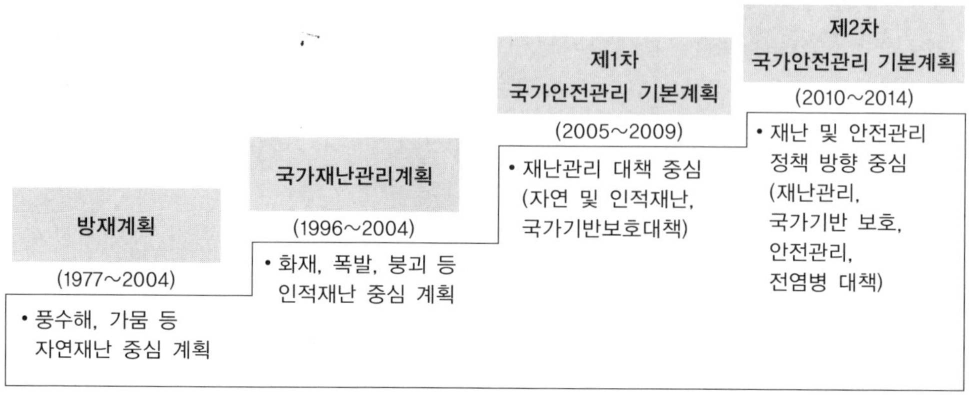

출처: 중앙안전관리위원회 · 행정안전부(2009). 제2차 국가안전관리 기본계획.

[그림 2-3]은 2008년 중앙안전관리위원회에서 정리한 것으로, 우리나라의 국가적 차원의 방재 기본계획의 흐름을 보여 준다.

2) 소방방재청 설립(2004년) 이후 국가 위기관리 과정

우리나라에서 예방 - 대비 - 대응 - 복구의 재난관리 전 과정이 체계적으로 논의되기 시작한 것은 2004년 「재난 및 안전관리 기본법」의 입법 및 소방방재청의 출범에서 비롯되었다고 볼 수 있다. 2002년 태풍 루사, 2003년 대구지하철 사고 등 초대형 재난이 발생하면서 참여정부는 기존 재난관리 체계를 획기적으로 개혁하고 관련 주무부처로 '재난관리청'의 설치를 계획했다. 이에 따라 2003년 3월 17일 행정자치부에 '국가재난관리시스템기획단'을 설치하고 국가 재난관리 전담부처의 설립과 재난관리 종합대책 수립 작업을 진행했다. 재난관리 과정의 측면에서 기획단은 인적재난과 자연재난의 통합적 관리를 제안했고, 선진화된 재난관리 과정으로서 예방-대비-대응-복구의 단계를 체계화했다.

이에 따라 2004년 6월 「재난 및 안전관리 기본법」 제정 이후 종전의 방재계획과 재난관리계획을 '안전관리계획'으로 통합해 중앙부처의 기본계획과 집행계획, 시 · 도 및 시 · 군 · 구 안전관리계획, 재난관리 책임기관의 세부 집행계획으로 구분해 수립하게 되었다. 국가 재난안전 기본계획으로서의 '국가안전관리 기본계획'은 2005

년부터 2009년까지 1차 계획이 수립되어 유지되었고, 이명박 정부 들어서 2010년부터 2014년까지의 2차 계획이 수립되어 운영 중이다.

국가안전관리 기본계획은 5년을 주기로 중앙안전관리위원회에 의해 마련되는 우리나라 재난안전관리 분야의 법정계획(「재난 및 안전관리 기본법」 제22조)으로서 각 중앙부처 및 지방자치단체의 각종 안전계획의 기본이 되는 최상위 계획이다. 이 기본계획에 따라 관계 중앙행정기관의 장은 기본계획과 집행계획을 수립하게 되며, 지방자치단체들은 시·도 및 시·군·구 안전관리계획을 수립하게 된다. 우리나라 최초의 기본계획인 제1차 국가안전관리 기본계획은 참여정부 때인 2004년도에 작성되었다. 당시의 계획은 '국민이 편안하고 안전한 사회 구현'을 위해 예방-대비-대응-복구의 단계를 뚜렷하게 정립했다는 데 의의가 있다. 즉, 1차 계획에서는 국가안전관리계획의 기본 방향을 '종합적 예방대책 수립', '통합적 대비대책 구축', '신속한 대응대책 강화', '항구적 복구대책 강구'로 정했고, 각각에 필요한 구체적인 정책을 제시했다.

제1차 국가안전관리 기본계획은 국가의 자연·인적재난 및 국가기반 체계 보호를 위한 체계적인 대책을 마련하는 데 기여했으며, 이에 따른 중앙행정기관의 집행계획 및 지방자치단체의 안전관리계획이 수립될 수 있는 토대를 제공했다. 제2차 계획에서는 제1차 계획의 세부 성과를 다음과 같이 명시했다(중앙안전관리위원회, 2009).

- 재난 및 안전 관련 인프라 구축을 위한 계획의 토대를 제공했으며, 국가 안전관리를 위한 정보망 구축, R&D 사업 추진을 활성화하는 계기 마련
- 개별 안전관리계획을 효율적으로 추진하기 위한 교육 및 모의 훈련을 실시할 수 있는 근거 마련
- 재난 및 안전관리 유형별 실무 매뉴얼 개발을 위한 근거를 제공했으며, 이에 따라 분야별 실무 매뉴얼을 작성해 중앙 및 지자체 등 재난관리 책임기관에서 적극 활용

그러나 1차 기본계획은 다른 안전관리 계획과의 연계성이 부족하고 실질적인 실효성이 부족하다는 비판도 많았다. 2차 계획에서 제시한 1차 계획의 문제점은 다

음과 같이 정리할 수 있다(중앙안전관리위원회, 2009).

첫째, 국가안전관리계획 간의 연계성이 부족했다. 기본계획과 집행계획, 그리고 지역안전관리계획의 내용이 방대하고 상호 연계성이 부족해, 평상시 및 재난 발생 시 계획의 활용도가 낮았다. 둘째, 재난 및 안전관리 정책 방향 제시 등 계획의 전문성 제시가 미흡했다. 기본계획의 경우 집행계획 등 하위계획 또는 행동 매뉴얼을 작성하기 위한, 상위계획으로서의 방향 설정을 해야 하는데 이 기능이 미흡했다. 셋째, 재난 발생 시 실행력이 부족해 실효성이 떨어졌다. 「재난 및 안전관리 기본법」에 의한 기본계획, 집행계획 등 국가안전관리계획은 법적 사무로서 계획을 수립하는 데만 의미를 부여하는 경향이 있었으며, 평상시 및 재난 현장에서의 실제 활용도는 낮았다. 넷째, 실효성 있는 재정투자계획 수립이 미흡했다. 국가재정법에 의한 국가재정 운용계획과의 상호 연계를 통한 계획의 실효성 및 예산 집행 여부를 확인·평가하는 후속 조치가 부족했다. 다섯째, 평가를 통한 개선 노력이 부족했다. 따라서 국가재난 및 안전에 대한 기본계획으로서 지속적 평가와 집행계획 등 하위계획에 대한 외부·자체 평가를 통한 개선 노력과 평가 결과에 대한 환류 강화가 필요하다는 지적이 있었다.

3) 이명박 정부 출범 이후 위기관리 과정의 변화

이명박 정부의 거시적 재난안전관리 정책은 제2차 국가안전관리 기본계획(중앙안전관리위원회·행정안전부, 2009)을 통해 확인할 수 있다. 이 계획은 2010년부터 2014년까지의 5년간 우리나라의 전반적 재난안전관리의 지침을 제공하는 계획으로서 지난 1차 기본계획의 성과와 한계를 진단하고, 최근의 국내외 상황을 반영해 수립된 것이다.

제2차 국가안전관리 기본계획은 'OECD 수준의 안전 선진국 실현'을 비전으로 설정했다. 이는 이명박 정부가 국가 비전으로 제시한 '선진화를 통한 세계 일류국가'와 밀접한 관계를 가지고 있다. 이명박 정부는 국가 비전 수립에 관해 선진화 및 일류와 같은 상대적인 비교 개념을 채용했고, 국가안전관리계획 역시 OECD의 평균 정도인 안전 수준을 이룩하는 것으로 구체적인 정책 목표를 수립했다고 볼 수 있다. 이는 물론 우리나라의 각종 안전지표가 선진국에 비해 매우 미흡한 현실을 반영했다고 해석할 수도 있다.

이러한 비전에 기초해 제2차 국가안전관리 기본계획은 그 목표로서 ① 선진 안전문화 정착, ② 안전한 국민 생활환경 보장, ③ 재해로부터 기업 안전 확보, ④ 안정적 국가기반 체계 유지, ⑤ 효율적인 재난관리 체계 운영 등을 제시했다. 이를 달성하기 위한 추진 전략으로서 ① 국민의 안전 의식 제고, ② 안전 디자인 개념의 전 영역 확산, ③ 예방 중심의 국가 재난안전 관리정책 추진, ④ 자치단체 중심의 자율적 안전관리 체계 마련, ⑤ 기업의 안전관리 참여와 활동 영역 확대, ⑥ 능동적인 국가기반 체계 관리, ⑦ 신속 정확한 재난 상황 보고 체계 정립, ⑧ 즉각 대응 및 긴급 복구 체계 확립, ⑨ 미래 재난 환경 변화에 적극 대응 등을 제시했다.

이명박 정부는 '국민이 안심하고 살 수 있는 안전한 사회 건설'을 재난안전 관리 분야의 목표로 정하고, 이러한 목표를 5대 국정지표 중의 하나인 '능동적 복지' 영역에 포함시켰으며, 이를 구체적으로 구현하기 위한 과제로 재난관리 체계의 통합, 환경 및 식품안전 보장, 산업재해 줄이기, 여성 및 아동 보호, 교통사고 줄이기 등을 제시했다. 이러한 국가 정책기조에 의거해 제2차 국가안전관리 기본계획 역시 구체적인 정책으로 총 15개를 제시했다(중앙안전관리위원회, 2009).

제2차 계획의 전반적 기조를 살펴보면, 기존 1차 계획이 가지고 있는 자연·인적재난 대응 중심의 관리의 범위가 '전반적 안전 분야'로 확장되었음을 쉽게 알 수 있다. 그리고 1차 계획이 '통합적 재난 대비 대책의 구축' 및 '신속한 재난 대응 대

그림 2-4 제1, 2차 국가안전관리 기본계획 기조의 변화

1차 기본계획
2005~2009

- 자연재난·인적재난 대응 중심
- 효율적인 하향식, 명령과 통제 시스템의 구축
  - 통합적 재난 대비 대책의 구축
  - 신속한 재난 대응 대책 강화
- 계층제 형태의 명령과 통제 시스템 강화

→

2차 기본계획
2010~2014

- 전재해 접근(안전한 국민 생활 환경 포함)
- 다양한 부문의 참여 증진
  - 지방자치단체 중심
  - 국민 및 기업 참여 강조
  - 안전문화 강조
- 계층제 강화 + 네트워크의 활용

책 강화' 등을 통해 정부 조직의 일사불란한 명령과 통제 시스템(계층제)의 강화를 강조한 반면, 2차 계획은 '자치단체 중심의 자율적 안전관리 체계 마련', '국민의 안전 의식 제고', '기업의 안전관리 참여와 활동 영역 확대' 등의 전략을 천명하면서, 재난안전관리에서 다양한 이해당사자의 '참여'(네트워크)를 강조한 측면이 크다.

결국 이러한 변화는 우리나라 역시 서구의 국민 방위의 관점에서 국민 보호의 관점으로 패러다임이 전환되었다는 것을 의미하며, 과도한 계층제의 강화에서 네트워크의 강화로 기본 방향이 전환되고 있다고 볼 수 있다. [그림 2-4]는 1차와 2차 계획의 주요 기조 변화를 나타내고 있다.

제3절 외국의 재난관리 변화*

국가 재난관리 역시 하나의 정책 분야로서 그 대상이 무엇이고 누가 담당하고 있으며, 어떻게 관리되고 있는지를 확인하는 것은 전체적인 재난관리의 흐름을 이해하는 데 매우 중요하다. 여기에서는 국제적으로 받아들여지고 있는 국가 재난관리의 대상, 주체, 과정을 확인하고, 특히 미국의 사례를 집중적으로 제시할 것이다. 여기에서 미국의 사례에 주목하는 이유는 9·11 테러 이후 국토안보부의 설립 과정과 이후의 전개 과정이 현재 우리나라에서 강조되고 있는 '통합적 재난관리 체계' 설계 논의에 많은 시사점을 주기 때문이다.

1 재난관리 대상의 변화

알렉산더(D. Alexander)는 유럽의 국가들은 전통적으로 국민 보호(civil protection)라는 개념을 많이 사용한 반면, 미국의 경우에는 일반적으로 '비상관리(emergency management)'의 개념을 더 많이 사용하고 있다고 주장한다. 특히 미국과 영국의 위기관리 체계를 민방위 및 국민 보호의 개념과 비교하면서 [그림

* 이 내용은 정지범(2012), 범정부적 국가 위기·재난 관리시스템 연구의 일부를 발췌, 재정리한 것이다.

그림 2-5 주요국 위기관리의 대상적 범위

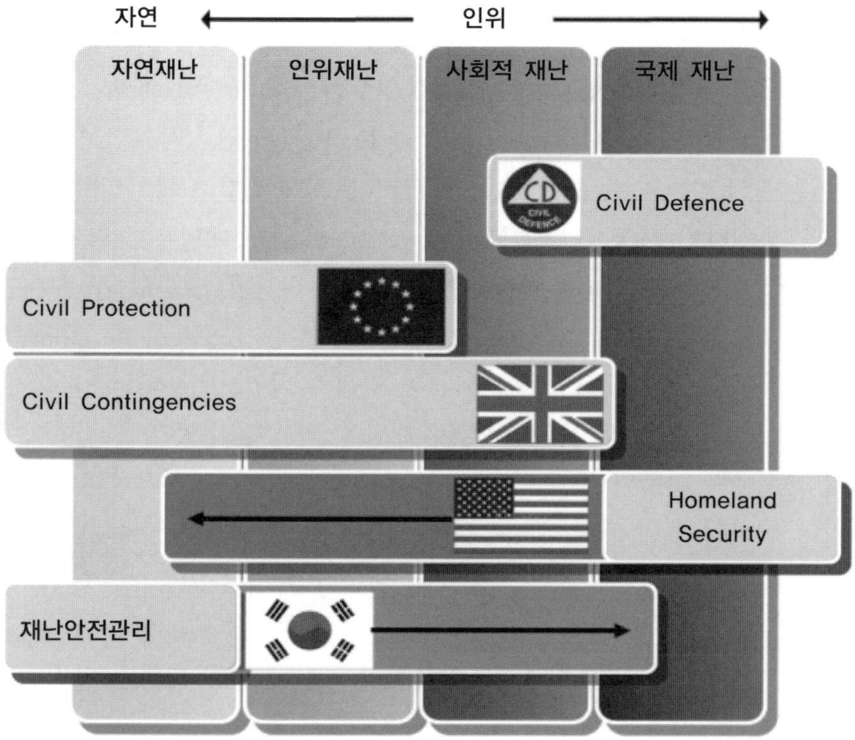

출처: Alexander(2007), 정지범(2009a).

2-5]와 같은 구분을 제시했다(Alexander, 2007; 정지범, 2010).

위 그림에서 확인이 가능하지만, 고전적 민방위(civil defence)의 개념은 주로 외적의 침입, 그리고 일부의 사회적 소요(social disaster) 현상에 대응한 개념이라는 것을 확인할 수 있다. 반면, 유럽에서 발전한 국민 보호의 개념은 주로 자연재난과 인위재난으로부터 자국민을 보호하기 위한 개념이라는 것을 알 수 있다.

영국의 경우에는 국민 보호를 확장한 개념으로서 'civil contingencies'라는 개념을 사용하고 있다. 1986년 영국에서 광우병이 최초 확인된 이후, 약 440만 마리의 소가 살처분되었으며, 축산 산업을 비롯한 관련 산업에 미친 경제적 손실이 수십억 달러에 이르렀다. 당시 노동당 정부는 광우병 사태를 경험하면서 국가위기관리 시스템을 개혁해야 한다는 필요성을 느끼기 시작했다. 또한 1990년대 말 Y2K 문제(millenium bug)는 세기말의 불안감과 함께 상승 효과를 나타내면서 국가적 차원의 대비 체제의 중요성을 강조했다.

21세기에 들어서면서 영국 정부는 시민 보호 부문의 개혁을 위한 촉매로 작용한 두 가지의 사건을 더 경험했는데, 이는 2000년 가을 발생했던 대형 홍수[11]와 석유값 상승에 따른 대형 시위 사태인 연료 봉쇄(Fuel Blockade) 사건[12]이었다. 그리고 2001년에는 광범위한 수족구 전염병의 확산[13]을 경험하면서 국가위기관리 시스템의 개혁을 추진하기 시작했다. 결국 civil contingencies 개념은 유럽의 국민 보호 개념이 영국이 경험했던 연료 봉쇄 사태, 수족구 전염병, 그리고 7·7 런던 테러 등 사회적 소요 사태까지 포괄하는 개념으로 확장된 것으로 볼 수 있다.

미국은 2001년 9·11 테러 이후, 테러 등 외적의 침입으로부터의 안전을 강조하면서 국토안보(Homeland Security)라는 개념을 만들어 내었다. 그림에서 화살표가 의미하는 바는 미국의 위기관리의 대상적 영역이 9·11 테러 이후 테러 등 안보 영역이 중심이 되어 기타 재난관리의 영역까지 확장되었음을 의미한다.

국토안보의 개념은 냉전 시기 핵공격에 대응하기 위한 민방위법(Civil Defense Act of 1950, P. L. 81-920)에서 그 근원을 확인할 수 있다. 이후 민방위의 개념은 자연재해를 비롯해, 식품 안전, 응급, 정보보안 등을 포함한 다양한 안전 영역으로

---

11) 2000년 가을, 영국은 기록적인 홍수를 경험했다. 강우량은 270년 만의 최대를 기록했고, 광범위한 지역에 장기적인 피해를 주었다. 7백이 넘는 지역에서 1만 개가 넘는 시설물이 물에 잠겼고, 도로 및 철도 서비스도 중단되었다. 이로 인한 총 피해는 약 10억 파운드로 추정되었다. 이 홍수는 영국이 기후 변화 적응에 준비가 부족했다는 사실을 보여 주었다. 비록 많은 지방자치단체가 이 홍수로 인한 위기 상황 시 대비계획(major incidents plan)을 실행했지만 주요 설비 및 관련 기관과의 협조가 부족했고, 이는 행정구역을 넘어선 다른 기관과의 통합된 계획이 필요함을 보여 주었다. 결국 이 사건은 미래 기후 변화에 대비한 홍수 방재를 위한 지속적인 투자와 계획이 필요함을 보여 주었다고 볼 수 있다.

12) 영국의 연료 봉쇄 사건은 2000년 9월 초 원유가격의 급격한 상승으로 인해 촉발되었다. 9월 7일 시위대는 스탠로(Stanlow) 정유공장을 봉쇄했고, 9월 12일 시위대에 의해 영국 정제공장 8개 중 6개가 봉쇄되어 영국 내 절반이 넘는 주유소가 문을 닫는 결과를 초래했다. 이후 영국 정부는 연료 봉쇄 사건의 정책적 함의를 분석할 태스크포스를 구성했고, 관련 이해당사자들과 연료 비축 위치 및 수준, 유통 계약 및 위기관리 시스템, 분배의 범위에 대해 합의를 도출했다. 이 사건은 영국의 연료 인프라, 핵심 리소스(resource) 및 시스템 등이 각종 사회 소요 사태에 취약할 수 있음을 보여 주었다.

13) 2001년 2월 20일, 수족구 전염병(Foot and Mouth Disease)이 최초로 확인되었다. 영국 감사실(National Audit Office) 보고서에 따르면, 2001년 9월 최종 근절 시기까지, 수족구병에 의해 약 600만 마리 이상의 동물이 도살되었다. 이로 인한 공공 부문의 직접 피해는 30억 파운드 이상으로 평가되었고, 민간의 경우에는 50억 파운드 이상의 피해가 추산되었다. 이 사건은 전염병에 대한 관리 책임이 있는 영국 정부의 비상계획이 이러한 대규모의 위기 상황을 다루기에는 불충분했다는 것을 보여 주었다.

확장되면서 서방의 국민 보호 개념으로 확대되었다. 그러나 다양한 안전관리 분야가 통합된 형태로 관리되기보다는 각 분야가 분야별 규제와 대응 방안을 마련하는 형태로 독자적인 정책 영역을 발전시켜 왔다. 국토안보부 설립 이전 미국의 국토안보 업무는 총 40여 개 이상의 연방정부 부서와 2,000여 개의 개별 예산 프로젝트로 폭넓게 분산되어 있는 실정이었다(최상옥, 2009).

9·11 테러 이전에도 미국의 위기관리 및 재난관리 분야를 통합해야 한다는 의견이 있었다. 2001년 2월 '미국 국가안보 및 21세기 위원회(Hart-Rudman Commission)'는 효과적 국가안보 태세 확립을 위해 통합적 위기관리 체계의 구축을 촉구했다. 그중 하나의 내용은 새로운 국가안보 부서를 만들어 종래의 국토안보 기능을 수행하는 부서들을 통합하는 안이었다(최상옥, 2009).

9·11 테러 이후 이러한 통합안은 급물살을 타게 된다. 2001-2002년의 논의에서 중요한 것은 다양한 위험 중에서 과연 '국토안보(Homeland Security)'를 구성하는 것이 무엇인가 하는 것이었다. 비슷한 용어로서 미 국방부(Defense Department)는 1997년 '국토방위(Homeland Defense)'라는 용어를 의회 보고서에 활용했다. 부시 행정부가 국토안보를 선택한 이유에 대해 「뉴욕타임스」의 칼럼리스트 사파이어(William Safire)는 다음과 같은 두 가지 이유를 들었다. 첫째, 안보(security)라는 단어가 방위(defense)라는 단어보다 포괄적이기 때문에 다른 안전 분야를 포괄할 수 있다. 둘째, 국방부에서 새로운 부서가 방위라는 단어를 사용해 불필요한 혼란을 유발하는 것을 바라지 않았다(May, Jochim, & Sapotichne, 2011).

백악관의 2002년 보고서(White House OHS, 2002: 2)는 국토안보를 "테러리스트의 공격을 예방할 수 있는 공동의 노력"[14]으로 명시했다. 이는 미국 정부가 다양한 위험 요인 중에서도 테러를 가장 중요한 대상으로 삼고 있다는 의미였다. 하지만 국토안보의 개념이 발전하면서 이 대상 범위는 확장되었다. 테러를 중심에 놓고 있지만 대형 재난 및 다른 비상사태(major disasters and other emergencies)를 포괄하는 '전 재해 대비(all-hazards preparedness)'의 중요성을 강조했고, 다양한 연방기관과 주정부 및 지방정부의 참여를 요구하게 된다(White House OHS, 2003; May, Jochim, & Sapotichne, 2011).

---

14) "a concerted national effort to prevent terrorist attacks"

이후 국토안보의 개념은 2010년 국토안보부 평가 보고서(U.S. DHS, 2010: 12)를 통해 좀 더 포괄적으로 확장된다. 이 보고서에서는 국토안보를 "미국의 이익, 목표, 삶의 방식에 대한 테러나 기타 위해로부터 미국의 국토를 안전하고, 확실하며, 복원력 있게 보호할 수 있는 공동의 국가적 노력"[15]이라고 정의했다. 이는 결국 위기관리의 전통적 책임(traditional responsibilities)이 테러, 전염병, 자연재해 등 새로운 위협 요인(new threats and evolving hazards)과 결합하면서 국토안보의 개념으로 진화했다는 해석이 가능하다(May, Jochim, & Sapotichne, 2011).

결국 전통적 위협 요인과 새로운 위협 요인이 결합하면서 미국 국토안보부가 포괄하는 위기관리 분야는 폭넓게 확장되었다. 물론 테러에 대한 대응이 가장 중요하지만, 이와 함께 식품 안전(food safety), 방재(emergency preparedness), 응급의료(public health emergency), 사이버 안전(information security), 교통 안전(transportation safety), 국경 보호(border protection), 기술 재난(technological accident) 등을 포괄하게 되었다.

메이, 요힘과 사포티크네(May, Jochim, & Sapotichne, 2011)는 미국 국토안보 정책의 대상적 실체 확인을 위해 정책레짐(policy regime) 개념[16]을 도입했다. 미국의 국토안보부와 같이 정책 대상의 경계가 확대되고(boundary-spanning policy regimes), 불분명한(messy) 경우에는 식품안전이나 국경 보호와 같은 정책 하위 체제(policy subsystem)를 통한 개념화는 쉽지 않다(Jochim & May, 2010). 따라서 메이, 요힘과 사포티크네(May, Jochim, & Sapotichne, 2011)는 미국의 국토안보 정책의 대상적 실체 분석을 위해 정책레짐 개념의 활용을 제안했다.

[그림 2-6]은 현재 미국의 국토안보 정책레짐에서 각각의 정책 영역들이 차지하고 있는 범위와 중첩된 영역의 상황을 보여 주고 있다.

그림에서 확인할 수 있듯이 미 국토안보부는 테러 등 국내 안보의 문제와 자연

---

15) "a concerted national effort to ensure a homeland that is safe, secure, and resilient against terrorism and other hazards where American interests, aspirations, and way of life can thrive."

16) 정책레짐의 개념은 제도주의적 시각에서 정책 결정을 이해하기 위해 제시된 개념이다. 정책레짐은 "어떤 주어진 정책의제 영역(policy issue-area)에서 정책 결정을 둘러싼 참여자들 간에 근사적으로 공유되고 있는 암묵적 혹은 명시적인 원리, 규범, 규칙, 그리고 의사 결정 절차들의 집합"을 의미한다(김정수, 1996). "정책이 사회문제에 대한 해결책이라면, 정책레짐은 개별적인 정책 하나하나와는 구별되는, 정책과정 전체의 반향과 특징을 규정하는 거시적 틀"이라고 할 수 있다(김정수, 1999: 84).

그림 2-6 미 국토안보 정책의 정책레짐

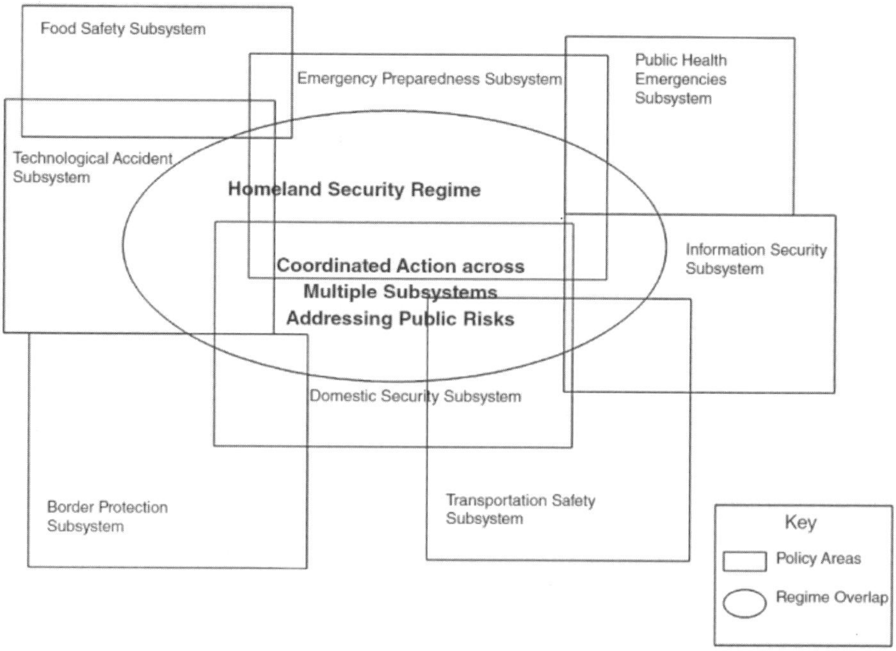

출처: May, Jochim, & Sapotichne(2011: 289).

재난 등에 대응하는 방재를 위기관리 대상의 중심으로 보고 있다. 또한 국경 보호, 교통 안전, 사이버 안전, 기술적 사고, 식품 안전, 응급의료 등도 역시 일부 대상으로 포함했다. 그러나 국방부의 영역이라고 볼 수 있는 전쟁, 핵공격 등은 제외했고, 테러와 직접적 연관이 없는 기후 변화, 가뭄, 기아(poverty)의 문제도 제외되었다(May, Jochim, & Sapotichne, 2011).

알렉산더(Alexander, 2007)는 미국의 경우, 명목상 국민 방위 및 국민 보호의 개념을 포괄하는 넓은 의미로서의 국토 방위의 개념을 사용하고 있지만, 이는 어디까지나 이전의 민방위 개념의 재생(reincarnation)이라고 폄하하고 있다.[17] 이러한

17) 이러한 관점은 알렉산더(D. Alexander)가 이탈리아에서 활동하면서 미국의 위기관리 체제에 비판적인 관점을 견지하고 있는 유럽 전통의 국민 보호 개념을 대표하는 학자이기 때문이라는 해석도 가능하다. 그는 특히 자원봉사단체 등 민간의 참여를 강조하는 관점을 가지고 있다.

알렉산더의 판단은 9·11 테러 이후 미국 국토 안보의 중심이 자연재해에서 대테러 전쟁으로 이동했고, 이로 인해 카트리나 사태와 같은 문제가 발생했다는 의심에 기인한다.

2 재난관리 주체의 변화

알렉산더(Alexander, 2007)는 위기관리, 특히 '재난관리(disaster management)'의 측면에서 각 주체, 즉 군, 유사 군 조직(민방위 등), 행정, 소방, 경찰, 자원봉사 조직의 힘의 균형 문제에 대해 미국, 영국, 이탈리아의 경우를 비교했다. 이러한 방법은 위기관리의 협력적 거버넌스라는 관점에서, 주요 주체의 역할과 힘의 배분을 통해 위기관리의 중심이 어디에 있는지를 파악할 수 있는 장점이 있다.

그는 미국의 경우 대테러 전쟁 중심의 국토방위 패러다임에 따라 군 조직 및 유사 군 조직, 그리고 경찰력의 역할이 매우 중요시된다고 주장했다. 반면 자원봉사 조직으로서의 시민사회와 행정부의 역할이 부족하다고 주장하면서 협력적 거버넌스의 부재 현상을 비판하고 있다. 영국의 경우에도 런던 테러 이후, 군 조직, 경찰, 소방의 역할이 두드러지고 있으며, 행정부의 역할 역시 중요한 반면, 시민사회의 협력이 부족하다는 진단을 제시했다(Alexander, 2007; 정지범, 2010).

[그림 2-7]은 알렉산더(Alexander, 2007)가 제시한 주요 국가의 위기관리 주체들 사이의 힘의 균형을 나타내고 있다. 한국의 경우에는 김은성·정지범·안혁근(2009)의 연구 결과를 활용해 추가했다.

원래 미국의 재난관리 체계는 연방보다는 주정부와 지방정부 위주이다. 연방정부의 역할은 주정부와 지방정부가 침략당하거나, 시민들에게 필요한 서비스를 제공할 수 없는 경우, 직접 개입보다는 지원하는 형태를 띤다. 그러나 1950년대 이후 연방기관과 관련 프로그램에 대한 기대가 높아짐에 따라, 이러한 원칙은 점차 연방의 정기적 개입이란 형태로 변화했다.[18] 미국 연방정부는 1950년 이후 연방재난

18) 초기 미국 재난복구사업에서 개인 및 기업에 대한 구제사업은 적십자사가, 지방정부시설에 대한 복구사업은 연방정부가 맡는 이원 체제가 발전되었다. 그런데 1960년대 후반 이후 1970년대를 거치면서 의회는 재난 시 개인 및 기업에 대한 피해 복구에서 연방정부의 지원을 지속적으로 확대하게 된다(김은

그림 2-7 **위기관리 주체들 사이의 힘의 균형**

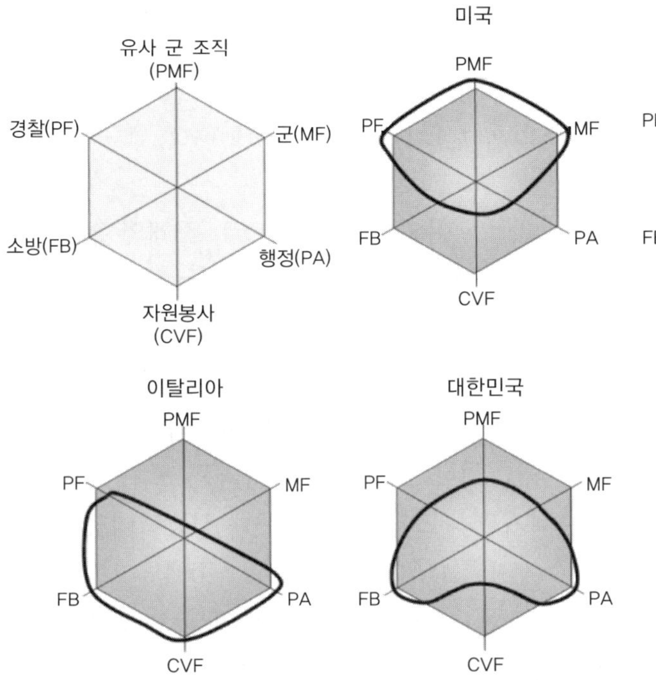

자료: Alexander(2007), 김은성 · 정지범 · 안혁근(2009)에서 한국 부분을 추가 · 수정했음.

방지법(Federal Disaster Act)을 제정하면서 정규적인 재해기금을 마련했고, 연방 정부의 지원이 필요한 재난을 지정할 수 있는 재량권을 대통령에게 부여했다. 1961년에는 국가 재난을 다루기 위해 OEP(Office of Emergency Preparedness)가 창설되었다(Schwab, Eschelbach, & Brower, 2007).

이후 연방정부의 재난구조에 대한 역할이 지속적으로 확대되어 왔다. 1969년 248명의 인명 피해를 낸 카밀(Camille) 허리케인 사태에 대응해, 1970년 의회는 새로운 재난구호법(Disaster Relief Act) 제정을 통해 공공기관의 손실뿐만 아니라 민간의 손실에 대한 연방 지원을 제도화했다. 이 시기에는 주로 토목과 방위 관련 부서를 비롯한 100개 이상의 연방기관들에 위험과 재난에 대한 책임이 나뉘어 있

성 · 정지범 · 안혁근, 2009; 김근세, 2009).

었다. 이 기관들은 각자의 안건을 가지고 그들 고유 업무를 수행하고 있었지만, 어떠한 기관도 심각한 위기를 감소시킬 수 있는 효과적 예방 대책에 대해서는 신경을 쓰지 않고 있었다. 이러한 문제점을 개선하고자 1979년에 카터 대통령은 연방재난관리청(FEMA)을 창설했다. FEMA는 분산된 재난 및 안전관리의 책임을 단일한 하나의 조직으로 통합했다(Schwab, Eschelbach, & Brower, 2007; 김은성 · 정지범 · 안혁근, 2009: 72-73).

2001년 미국은 9 · 11 테러를 경험한다. 이 테러의 영향으로, 22개의 흩어져 있던 국가조직을 하나의 조직으로 통합한 국토안보부(The Department of Homeland Security: DHS)가 창설된다. 국토안보부는 9 · 11 테러의 영향으로 테러에 대한 대응에 집중했고, 이를 위해 테러가 발생할 수 있는 모든 위험관리 부문의 위기관리 주체들을 모으고자 노력했다. 그 결과 재난관리 및 현장 대응의 중심기관이었던 FEMA도 국토안보부에 흡수되었다. 그러나 2001년 테러 공격의 크기와 규모가 엄청났던 것에 비해, 경찰, 소방 등 위기관리 조직의 대응은 꽤 성공적이었다는 평가가 많았다(Haddow, Bullock, & Coppola, 2007; Dawes et al., 2004). 그럼에도 불구하고 9 · 11테러를 효과적으로 예방(prevent)하지 못했다는 이유로,[19] FEMA를 국토안보부로 흡수했던 것은 적합하지 않았다는 비판이 존재한다(Birkland, 2009).

관리의 주체라는 입장에서 국토안보부는 특히 테러와 관련된 모든 국가 기능을 통합하려는 시도의 결과물이었다. 이를 위해 테러 관련 국가 위기 상황을 담당하는 각 부처의 다양한 인력들을 국토안보부에 소속시켰다. 예를 들어, 불법이민자 및 외국으로부터의 마약 반입을 담당했던 미국 국무부 영사국(Bureau of Consular Affairs) 및 재무부 관세청(U.S. Customs Service)의 해당 기능을 국도안보부로 통합한 것을 들 수 있다. 이러한 조직적 통합은 다양한 부분에서 일어났으며, 구체적인 내용은 <표 2-5>와 같이 정리할 수 있다.

국토안보부는 미국 연방정부 내의 모든 위기관리 기능 중 특히 테러와 관련된 분야에 집중해 조직을 통합한 것이다. 그러나 테러 예방을 위해 핵심적인 조직이라고 볼 수 있는 FBI와 CIA, 그리고 다른 국방부 산하의 조직들은 국토안보부에 통합되지 않았다. 벤더(Bender, 2008)는 이들이 통합을 피할 수 있었던 이유는 이

19) 예를 들어 Birkland(2009: 424)는 poor intelligence gathering; poor national security, military planning, and doctrine; poor immigration controls 등을 문제점으로 제시했다.

표 2-5 국토안보부 참여 기관과 테러 중심의 관심 이슈 변화

하위 부문	구분	위험	정부기관	관심 이슈
국경 경비 (border security)	일반 위험	마약밀수범	미국 국무부 영사국 및 관세청	국경 보호 (protection)
	테러 위험	테러리스트 입국	국토안보부(DHS)에 흡수	국경 경비 (border security)
국내 보안 (domestic security)	일반 위험	대량살상무기 및 시민 소요	연방재난관리청 국내비상대응국	민방위 (civil defense)
	테러 위험	테러로 인한 시민 혼란	국토안보부에 흡수	국내 보안
식품 안전 (food safety)	일반 위험	식중독	농무부: 식품안전 및 검역 서비스, 동식물검역소	식품 안전
	테러 위험	식품 테러	국토안보부에 부분 흡수	농업 안전 포함 (agro security)
정보 보안 (information security)	일반 위험	사이버 시스템 및 Y2K로 인한 혼란	상무부: 통신정보관리청	사이버 보안(cyber security)
	테러 위험	사이버 테러 혹은 통신망 공격	국토안보부에 흡수	정보 보안
자연재해 대비 (natural disaster preparedness)	일반 위험	자연재해	연방재난관리청 대비, 대응, 완화	재난(인적, 자연)
	테러 위험	모든 재해에 대한 사후 대응관리	국토안보부에 흡수	모든 재해 (all-hazards)
응급 (public health emergencies)	일반 위험	공중보건 위험	질병대응센터(CDC)(보건사회복지부(HHS))	응급
	테러 위험	바이오 테러		바이오 테러
기술적 위험 (technological hazard)	일반 위험	대규모 기술 사고	에너지부 산하 환경보호국(EPA), 원자력규제위원회, 교통부	기술적 사고 및 오류
	테러 위험	핵발전소 및 관로, 다른 시설에 대한 테러 공격	국토안보부에 흡수	기반시설 보호
교통 안전 (transportation safety)	일반 위험	교통 체계 오류 및 사고	교통부 산하 다수국	교통 안전(safety)
	테러 위험	항공, 대중교통, 철도 및 항구에 대한 테러 공격	국토안보부에 흡수	교통 안보(security)

출처: May, Jochim, & Sapotichne(2011: 307).

들 조직이 FEMA 등 여타 통합된 조직들과는 달리 정치적으로 막강한 힘을 가지고 있었기 때문이었다고 주장했다. 결국 국토안보부는 테러 예방을 가장 중요한 목적으로 했으나 정작 핵심 기능을 제외한 형태로 만들어진 불완전한 형태였다. 이는 국토안보부 설립이 9·11 테러 이후 너무 서둘러 이루어졌기 때문이며, 아직까지도 문어발식의, 비효율적인(sprawling and ineffective) 운영 행태의 한계를 극복하지 못하고 있다는 비판을 받고 있다(Birkland, 2009).

한편, 재난관리 측면에서 이러한 연방을 중심으로 한 명령과 통제 시스템의 강화, 그리고 관리의 중심을 테러에 두는 전략은 FEMA의 기능을 약화시키는 계기가 되었다는 비판이 많았다(Birkland, 2009).

3 재난관리 과정의 변화

초기 행정학 분야에서 재난관리 과정에 대한 체계적 정리는 페탁(Petak, 1985)의 연구에서 찾을 수 있다. 그는 1985년 미국 「행정학보(*Public Administration Review*)」의 재난관리에 대한 특별호를 통해 현재 미국 FEMA와 한국 소방방재청 등에서 정형화된 재난관리 과정을 제시했다. 그는 재난관리 과정을 재난의 진행과정과 대응 활동에 따라서 재난 이전과 이후로 구분하고, 이에 따른 과정을 시계열적으로 배치해 재난에 대한 완화 단계(mitigation), 대비 단계(preparedness, planning and warning), 대응 단계(response), 복구 단계(recovery)를 제시했다.

일반적으로 예방-대비-대응-복구의 모든 과정은 모든 조직이 수행해야 하는 조직적 임무이지만, 기관의 전문성에 따라 집중하는 재난관리의 과정은 매우 다른 것이 현실이다. 따라서 미국의 FEMA나 우리나라의 소방방재청 등은 비상 대응 전문기관으로서 자연재난이나 화재와 같은 인적재난 상황에서 대응 업무가 가장 두드러지게 나타난다. 그러나 만일 조류 인플루엔자와 같은 전염병이 확산된다면 질병관리본부가 직접적 대응자로서 역할을 감당할 수밖에 없다.

위기관리의 사이클로서 예방-대비-대응-복구가 분절된 과정이 아닌 순환적 성격이라는 점을 고려한다면 위기관리 과정에서 대응 과정에만 집중하는 것은 향후 더 큰 위기를 불러올 가능성이 있다. 실제로 미국 FEMA의 경우 위기관리 과정 중

'대응'에만 집중하면서 예방을 위한 노력이 훼손되었고, 이로 인해 카트리나 등 대형재난을 경험했다는 비판을 받았다(Birkland, 2009).

초기 미국 재난 복구사업에서 개인 및 기업에 대한 구제 사업은 적십자사가, 지방정부시설에 대한 복구사업은 연방정부가 맡는 이원 체제가 발전했다. 그런데 1960년대 후반 이후 1970년대를 거치면서 미 의회는 재난 시 개인 및 기업에 대한 피해 복구에서 연방정부의 지원을 지속적으로 확대했고, 연방정부는 1988년 재난 구호 및 비상지원법(스태퍼드법, Robert T. Stafford Disaster Relief and Emergency Assistance Act)의 제정을 통해 재난 원조에 많은 자원을 확보했다. 그리고 1980년대와 1990년대, 대형 재난의 급증에 따라 재난 원조에 대한 연방정부의 지출이 급격히 늘어나게 된다(김은성 · 정지범 · 안혁근, 2009).

스태퍼드법은 주로 대응 및 복구 과정 지원을 위한 법이었으나, 재난예방기금(Hazard Mitigation Grant Program: HMGP)의 설립을 통해 예방 정책에 대한 기반을 구축하기도 했다. HMGP는 재난 선포에 따라 주정부 및 지방정부에서 받게 되는 재난 원조 패키지의 일부분으로서, 그 목적은 예방 활동에 필요한 자금을 지원하고 자연재해로 인한 생명과 재산의 손실을 줄이는 데 있었다(Schwab, Eschelbach, & Brower, 2007).

1993년 클린턴 행정부의 집권 이후, FEMA는 위트(James Lee Witt)의 지휘 아래 과감한 개혁을 시도한다. 그는 FEMA 내의 예방이사회(Mitigation Directorate)를 창설하는 것을 포함해, 재난의 복구와 함께 예방에 위한 여러 프로그램을 실시했다. 대표적으로 위험한 지역에 거주하는 주민을 이동시키는 '재산 인수(Property Acquisition)'[20] 프로그램과 지역사회의 다양한 이해당사자들의 참여를 통한 예방 작업으로서의 '프로젝트 임팩트(Project Impact)'[21]를 예로 들 수 있다. 그리고

---

20) 재산 인수 프로그램은 위험지구에 거주하고 있는 주민들의 재산을 FEMA의 지원을 통해 지역공동체가 인수하고, 거주민들의 이주를 돕는 프로그램이다. 이 프로그램은 여타 정책들에 비해 위험을 회피하는 가장 효과적이면서 영구적인 방법이다. 지역공동체는 인수된 지역을 개발 이전의 개활지 상태로 되돌리거나, 공원, 야생동물 피난처 등으로 활용하며, 인수된 지역은 다시는 개인 소유자에게 양도하거나 다른 목적으로 개발될 수 없다(정지범 · 김은성, 2009).

21) 1993년 클린턴 행정부의 집권 이후, FEMA는 위트(James Lee Witt)의 지휘 아래, 연방정부, 주정부, 지방정부, 및 지역의 다양한 이해집단과 시민사회단체의 포괄적 협력을 지향하는 협력적 재난관리를 위한 프로그램, PI(Project Impact) 계획을 시작했다.
이 계획은 ① 커뮤니티 내 모든 종류의 이해당사자들(정부관료, 민간 부문, non-profit, 학계, 시민연대,

1995년에 FEMA는 재난에 대한 공공의 인식 제고와 생명의 손실과 손상의 최소화라는 목표와 함께, 예방을 재난관리의 '초석'으로 선언하고 있는 국가예방전략(National Mitigation Strategy)을 처음으로 발간했다(김은성 · 정지범 · 안혁근, 2009).

당시 FEMA의 노력은 현재 한국에서도 잘 알려진 "예방에 투자한 1달러가 복구에 필요한 2달러를 아낄 수 있다"는 구호를 통해서도 잘 나타난다. 이는 FEMA의 중심이 대응에서 예방으로 바뀐 것이며, 일종의 패러다임 변화로 해석할 수 있다(Waugh & Streib, 2006: 135). 이러한 변화에 따라 FEMA는 다양한 예방 및 대비 활동에 노력을 기울였고, 이를 통해 비상시 자원 보급고(National Stockpile) 등을 구축했다. 이와 함께 민간 파트너십의 구현에도 노력을 기울여서 홈디포(Home Depot)와 같은 민간기업도 FEMA와 협력 관계를 구축할 수 있었다.

클린턴 행정부에서 예방에 노력을 기울였던 FEMA는 부시 행정부에서 큰 변화를 맞게 된다. 부시 행정부는 FEMA가 기울였던 예방-대비-대응-복구의 전주기적 재난 과정을 평가절하했고, 대신 재난 시 응급 대응의 중요성을 더 강조했다(Birkland, 2009). 대표적으로 부시 행정부는 프로젝트 임팩트(PI) 사업을 폐지했다. PI는 그 의의에 비해 너무 쉽게 종료되었는데, 이는 PI의 성과를 쉽게 확인할 수 없다는 점에 기인한다(Bullock et al., 2008). 다른 한편으로 PI가 FEMA의 전 청장인 위트에 의해 주도되었고, 의회에 의해 강제되지 않았던 탓도 있다. 전반적으로 부시 행정부 시기 FEMA는 미국 행정부 내에서 각료로서의 지위를 상실했고, 비전문가가 청장으로 임명되었으며, 요구한 예산의 1/3이 삭감되는 등 쇠락했다(McGuire & Schneck, 2010).

그 이후 9 · 11 테러는 미국 전체의 위기관리 역량을 예방에서 대응으로 바꾸는 결정적 계기가 되었다. 9 · 11 이후 소방, 경찰 등 1차 대응기관의 신속한 대응 능력은 그 어느 때보다 더 강조되었고, FEMA는 국토안보부 내에서 '대응(response)' 중심의 기관으로 인식되었다. 이와 함께 FEMA가 총괄했던 연방대응계획(Federal Response Plan: FRP)[22]은 9 · 11 이후 국가대응계획(National Response Plan;

종교기관, 시민 등)로 구성된 파트너십을 구성할 것, ② 커뮤니티의 위험 요소들과 취약점을 파악할 것, ③ 커뮤니티 내 위험을 줄이기 위한 행동양식을 파악하고 우선 순위를 정할 것, ④ 커뮤니티 안에서 위기를 대비하기 위해 어떠한 일들을 진행하고 있는지 서로 의사소통할 것 등을 요구하면서 개별 지역 단위의 재난에 강한 마을 만들기(disaster resistant communities) 사업으로 볼 수 있다(Bullock et al. 2008).

NRP)[23]과 국가사고 관리 체계(National Incident Management System: NIMS)[24]로 바뀌었다. 허리케인 카트리나 재난 발생 당시, 미국에서 NRP는 매우 초기적 단계로서, 소규모 재난에 활용되기는 했으나 대규모 재난에는 거의 검증되지 않은 상태였다(McGuire & Schneck, 2010). 이러한 상황은 카트리나를 대재난으로 발전시킨 토양이 되었다.

카트리나를 경험하면서 미국 재난관리 단계의 문제점을 인식한 미국 정부는 2006년 10월 4일, 「포스트 카트리나 재난개혁법(Post Katrina Emergency Reform Act)」을 통해 FEMA의 권한을 다시금 강화했다. 이 법에 따라 FEMA의 청장은 차관급으로 격상되었고, 대통령, 국토안전위원회, 그리고 재난 관련 부서의 정책자문관 역할을 수행하도록 했다(김은성 · 정지범 · 안혁근, 2009). 재난 '대응' 역량의 강화뿐만 아니라 재난 '대비(preparedness)'에서 이전에 FEMA가 가졌던 기능을 회복시켰다(Birkland, 2009). 또한 국토안보부는 NRP를 대폭 개정해, 다양한 이해당사자들이 위기관리 과정에 참여할 수 있도록 문호를 개방했다(McGuire & Schneck, 2010).

결론적으로 미국은 9 · 11 테러 이후 위기관리 과정 중 '대응'에만 역량을 집중했으나, 카트리나 재난 이후 큰 폭의 변화를 경험하고 있다. 위기관리 과정에서의 그 변화의 방향은 대응에만 치중하는 것이 아니라 예방, 대비, 복구 등 모든 과정에 대한 관심과 역량의 배분이다. 맥과이어와 쉬네크(McGuire & Schneck, 2010)는 미국에서 카트리나 이후 바람직한 개혁이 이루어지고 있으나 아직까지 성과가 부족하며, 향후에도 지속적인 노력이 필요하다고 주장한다.

---

22) 위기 상황시 각 개별 조직들의 행동계획을 제시한 연방 단위의 위기대응계획.

23) 모든 재해에 대응하기 위한(all-hazards approach) 연방대응계획은 9 · 11 이후 테러리즘 중심의 국가대응계획으로 대체되었다. 국가대응계획(NRP)은 국가사고 관리 체계에 근거하고 있으며, 여러 관계기관의 법령과 정책 및 협업 체계 등을 포괄해, 국가 위기 상황에 대응하기 위한 국토안보 관계 기관들의 책임과 의무, 활동 개요, 비상 시 행동, 계획 수립 등의 요건들을 포괄하고 있다(김은성 · 정지범 · 안혁근, 2009: 81).

24) 국가사고 관리 체계는 재난 등 비상사태에 대응하여 공공기관들이 어떻게 대응할지에 대한 국가적 표준의 역할을 한다. 이는 비상사태에 대한 이해와 대응을 위한 전반적인 체계로서, 국토안보부는 국가사고 관리 체계를 "모든 단계에서 효과적이고, 능률적이며, 협력적인 재난 대응을 위한 공식 원칙(doctrine and principles), 용어(terminology), 조직 프로세스(organizational processes)의 중심(core set)"이라고 정의하고 있다(DHS, 2004, ix; Monyhan, 2007). 국가사고 관리 체계는 협력적 재난 대응을 위한 표준으로서 국가대응체계(NRF)에 포함된다(김은성 · 정지범 · 안혁근, 2009: 81).

2

재난관리 과정

Chapter 03 재난의 예방

제1절 재난 예방의 의의

재난 예방(disaster prevention)은 재해나 그 영향으로 인해 인명과 재산에 미칠 위험을 사전에 저감하거나 제거하기 위한 지속적인 노력으로 정의된다.[1] 따라서 재난 예방 단계에서의 정책들은 재난의 영향을 사전에 감소시키기 위한 다양한 수단으로 구성된다. 특히 예방정책들은 주로 자연재해 위험 저감에 초점을 맞추고 있으며, 이를 위한 다양한 과학기술적인 기법이 아직도 계속 개발되고 있는 중에 있다. 물론 자연재해 예방 기법들 가운데 건축규정(building codes) 등은 기술재해 예방에도 적용 가능하다(Haddow, Bullock, & Coppola, 2011).

여기서 주의해야 할 점은 예방 단계의 기능은 재난관리 과정에서 사전(pre-disaster) 단계로서 사후(post-disaster) 단계인 대응 및 복구 단계와 다르다는 점이다. 또한 같은 사전 단계로서 대비 단계가 재해에 대한 즉각적 반응이나 재해 발생으로 인한 피해의 단기적 복구 준비에 초점을 두는 반면, 예방 단계는 위험 저감을 위한 장기적 관점에서의 해결책을 모색하는 데 중점을 둔다는 측면에서 차이가 있다. 이러한 점에서 예방 단계에서의 활동들은 일반적으로 재난관리 단계에서의

---

1) 엄격한 의미에서 재난(disaster) 그 자체를 예방하는 것이 아니라 재난이 발생할 위험성(risk), 즉 위해의 정도와 가능성을 저감시키기 위한 활동이라는 점에서 재난 예방을 위험 완화(risk mitigation) 또는 위험 경감(risk reduction)이라고 부르기도 한다(Coppola, 2011: 209).

대응이나 재난계획으로서의 대비보다는 오히려 복구 단계에 더 가깝다. 따라서 예방 전략을 적용하는 것은 재난 복구의 일부분으로 간주되기도 한다. 재난관리의 복구 기능은 장래에 닥칠지도 모르는 유사 재난에 대한 예방을 위한 최적의 기회를 제공하며, 최근까지 미국을 비롯한 OECD 선진국에서는 재난 복구를 위한 재난계획에서 예방 활동을 위해 가장 많은 재원이 투입되어 왔다.

재난관리 단계에서 예방 단계가 다른 단계와 차이가 나는 또 다른 점은 예방 프로그램과 활동을 집행할 때 전통적 재난관리 순환 과정을 벗어난 외부의 광범위한 행위자들의 참여와 지지가 요구된다는 점이다. 예방 단계 활동에서는 재난관리 전문가뿐만 아니라 특히 토지이용 계획기관, 건축 및 건물 관계자, 공공 및 민간 기업 소유자, 보험회사, 지역사회 지도자, 정치인들이 주요 행위자가 된다. 또한 예방 단계에서 목표를 달성하기 위한 기술과 기법들(예를 들면 계획 전문성, 정치적 통찰력, 마케팅 및 홍보, 합의 형성 등)은 흔히 재난관리 전문가들을 특징짓는 운영 및 응급 기법과는 상이하다.

종래에는 재난관리 전문가들이 예방 단계에서의 활동보다는 대응 또는 복구 단계에서의 활동을 더 중요시한 나머지, 예방 활동에는 소극적이었다. 다만, 소방 분야에서는 건축규정, 소방 관련 규정이나 규제의 시행, 시민교육 등의 지원을 통해 화재 위험을 예방하려는 노력을 일찍부터 주도해 왔으며, 이러한 노력들이 다른 재난관리 분야에도 확산되어 왔다. 최근 재난관리에서 중앙정부의 역할이 커지고 있고, 재난이 대규모화되고 있으며, 재원도 급속히 증가하고 있을 뿐만 아니라 나아가 재난관리에 대한 더 많은 가치와 전문성이 요구되면서 예방 단계의 중요성이 점차 더 강조되고 있다(Philips, Neal, & Webb, 2012).

우리의 경우에도 현행 「재난 및 안전관리 기본법」에서 재난을 예방하는 것은 국가와 지자체의 기본적 의무임을 명시하고 있으며(제2조), 제4장에서 제25조의 2(재난관리 책임기관의 장의 재난 예방 조치)부터 제33조의 3(재난관리 실태 공시 등)까지 '재난의 예방'을 규정하고 있다. 또한 재난관리 책임기관이 소관 관리 대상 업무의 분야에서 재난 발생을 사전에 방지하기 위하여 취하여야 하는 조치로서 다음을 제시하고 있다. ① 재난에 대응할 조직의 구성 및 정비, ② 재난의 예측과 정보전달 체계의 구축, ③ 재난 발생에 대비한 교육 · 훈련과 재난관리 예방에 관한 홍보, ④ 재난이 발생할 위험이 높은 분야에 대한 안전관리 체계의 구축 및 안전관리 규정의 제정, ⑤ 국가기반시설의 관리, ⑥ 특정 관리대상시설 등의 지정·관리 및 정비, ⑦ 재난방지시설의 점검·관리, ⑧ 재난관리자원의 비축 및 장비·인력의 지정, ⑨ 그 밖에 재난을 예방하기 위하여 필요하다고 인정되는 사항 등이 이에 해당한다. 재난관리 책임기관의 장은 이러한 재난 예방 조치를 효율적으로 시행하기 위하여 필요한 사업비를 확보하여야 하며, 다른 재난관리 책임기관의 장에게 재난을 예방하기 위하여 필요한 협조를 요청할 수 있다. 이 경우 요청을 받은 다른 재난관리 책임기관의 장은 특별한 사유가 없으면 요청에 따라야 한다(동법 제25조의 2).

제2절 재난 예방 전략

재난 예방의 주된 목표는 재난으로부터 입게 되는 지역사회의 피해 또는 개인적 희생을 줄이기 위한 것이다. 즉, 재난으로부터 벗어나 경제적으로 안전하고 사회적으로 안정되며 환경적으로 견고한 지역사회를 구축하기 위한 것이다. 최근 재난 예방 전략의 지속적인 발전에 힘입어 과거에 비해 전 세계적으로 자연재해 발생으로 인한 사망자 수가 상당히 감소했다. 특히 건축규정, 경고 시스템, 시민교육 등을 통해 자연재해로부터의 사상자 수가 많이 줄어들었다.

반면 이러한 인명 손실 감소 추세와는 달리 경제적 영향과 재산 손실은 오히려 증가하고 있다. 그러나 이러한 재난 손실 역시 인명 피해와 마찬가지로 예방 가능하며, 이러한 손실을 줄일 수 있는 수단이 존재한다는 점이 예방 전략 논의의 출발점이다. 또한 자연재해뿐만 아니라 대형 화재나 사고로 인한 기술적 재난의 경우에도 예방 수단은 효력을 발휘한다. 다양한 예방 수단의 적용은 기술적 재난의 발생 시 인명 피해를 줄이는 데도 어느 정도 기여할 뿐만 아니라 특히 재산상의 손실을 줄이는 데는 상당한 효과가 있다. 예를 들어 건축 규제를 엄격히 적용하거나 구조적 통제를 가함으로써 재난 발생으로 인해 입게 되는 재산상의 피해를 상당히 줄일 수 있게 된다(Haddow, Bullock, & Coppola, 2011).

흔히 이러한 재난 예방 전략은 구조적 예방과 비구조적 예방으로 구분된다. 첫째, 구조적 예방(structural mitigation)은 기술공학적 해법을 적용해서 물리적 환경의 개선 또는 건축을 통해 위험을 사전에 저감하기 위한 수단을 의미한다. 이에는 안전설계 및 건축 규제 적용, 구조적 통제 등이 대표적 기법이다. 둘째, 비구조적 예방(nonstructural mitigation)은 공학적 해법을 적용하지 않고 인간의 행태 또는 자연 과정에서의 수정을 통해 위험을 저감하기 위한 수단을 의미한다. 이에는 재해 식별과 도식화, 재정적 유인, 보험, 예방교육, 재난 및 안전관리 실태 점검 등이 해당한다(Coppola, 2011).

1 구조적 예방

구조적 예방은 건축, 공학기술, 기타 기계적 성질 변화(mechanical change)를 통해 위해의 가능성과 피해의 정도를 경감시키기 위한 전략을 말한다. 이러한 구조적 예방을 통해 자연재해의 위험성을 경감시키는 것은 "인간이 자연을 통제하려는" 노력의 일환이라고 볼 수 있다. 다만, 구조적 통제는 많은 비용을 요구하며, 관련 규제·순응·점검·유지·갱신 등의 복잡한 절차를 수반하는 단점이 있다. 이러한 구조적 예방의 대표적 기법으로는 안전설계 및 건축 규제 적용, 구조적 통제 등을 들 수 있다(Coppola, 2011).

1) 안전설계 및 건축 규제 적용

안전설계 및 건축 규제 적용은 위험을 예방하기 위한 가장 비용 효과적인 수단으로 간주되어 왔다. 안전설계 및 건축 규제는 주로 건축규정, 건축 및 디자인 기준, 토양 및 자연경관의 고려 등을 통해 재난 예방에 적용된다. 첫째, 위험 저감을 위한 안전설계 및 건축 규제에 기초한 건축규정은 주로 새로운 건축물이나 재건축, 리모델링 건축물에 적용된다. 비용 부담 문제로 인해 노후 건축물에까지 이러한 건축규정을 적용하기에는 현실적으로 어려운 경우가 많아 정부 또는 지자체의 지원이 요구된다. 둘째, 안전설계 및 건축 규제를 적용한 건축 및 디자인 기준은 특히 지진이나 태풍 또는 홍수지역에서 재난 예방을 위해 중요하다. 또한 건축 재료도 재난 예방을 위해 매우 중요한데, 목재 지붕보다는 슬레이트 같은 내화(耐火) 재료를 사용하는 것이 특정 지역에서의 재난 예방에 도움이 되는 경우가 많다. 셋째, 산불 지역에서는 토양 및 자연경관도 중요한데 건물과 인접한 식물은 화재 연료가 될 수 있기 때문이다(Haddow, Bullock & Coppola, 2011).

현행 「재난 및 안전관리 기본법」에서는 이러한 안전설계 및 건축 규제 적용을 통한 재난 예방에 대해서는 직접적인 규정을 가지고 있지 않다. 다만, 국가기반시설 및 특정 관리대상시설 등의 지정 및 관리와 안전 점검 및 조치를 통해 재해에 취약한 건축구조물에 대한 예방 전략을 간접적으로 규정하고 있다.

(1) 국가기반시설의 지정 및 관리

관계 중앙행정기관의 장은 소관 분야의 기반시설 중 에너지 · 통신 · 교통 · 금융 · 의료 · 수도 등 국가기반 체계를 보호하기 위해 계속적으로 관리할 필요가 있다고 인정되는 시설을 소관 재난관리 책임기관의 장이나 해당 시설 관리자의 의견을 들어 다음의 기준에 해당되는 경우 안전행정부 장관과의 협의와 조정위원회의 심의를 거쳐 '국가기반시설'로 지정하여야 한다. 국가기반시설 지정 기준은 ① 다른 기반시설이나 체계 등에 미치는 연쇄 효과, ② 둘 이상의 중앙행정기관의 공동대응 필요성, ③ 재난이 발생하는 경우 국가안전 보장과 경제 · 사회에 미치는 피해 규모 및 범위, ④ 재난의 발생 가능성 또는 그 복구의 용이성 등이다. 관계 중앙행정기관의 장은 국가기반시설 지정 여부를 결정하기 위하여 필요한 자료의 제출을 소관 재난관리 책임기관의 장에게 요청할 수 있으며, 소관 재난관리 책임기관이 해당 업무를 폐지 · 정지 또는 변경하는 경우에는 조정위원회의 심의를 거쳐 국가기반시설의 지정을 취소할 수 있다.[2] 안전행정부 장관은 국가기반시설에 대한 데이터베이스를 구축 · 운영하고, 국무총리 및 관계 중앙행정기관의 장이 재난관리 정책의 수립 등에 이용할 수 있도록 통합 · 지원할 수 있다(동법 제26조).

(2) 특정 관리대상시설 등의 지정 및 관리

재난관리 책임기관의 장은 재난이 발생할 위험이 높거나 재난 예방을 위하여 계속적으로 관리할 필요가 있다고 인정되는 시설 및 지역을 '특정 관리대상시설 등'

2) 국가기반시설 지정 취소의 경우에도 관계 중앙행정기관의 장과 안전행정부 장관과의 협의 및 조정위원회의 심의를 필요로 한다. 그뿐만 아니라 관계 중앙행정기관의 장은 국가기반시설을 지정하거나 취소하는 경우에는 ① 국가기반시설의 명칭, ② 관리 기관 또는 업체 및 그 장의 명칭, ③ 지정 또는 취소 시유 등을 관보에 공고하여야 한다. 다만, 관계 중앙행정기관의 장이 국가의 안전 보장을 위하여 필요하다고 인정하는 경우에는 공고를 생략할 수 있다(동법 시행령 제30조).

으로 지정하고 관리·정비하여야 한다(동법 제27조 제1항). 특정 관리대상시설 및 지역으로 지정되어야 하는 대상에는 ① 자연재난으로 인한 피해의 위험이 높거나 피해가 우려되는 시설 및 지역, ② 주요 구조부 또는 보조기자재의 노후화 또는 결함으로 보수·보강 등의 정비가 필요한 시설 또는 재난 예방을 위해 관리할 필요가 있다고 인정되는 지역, ③ 그 밖에 재난관리 책임기관의 장이 재난의 예방을 위해 특별히 관리할 필요가 있다고 인정하는 시설 및 지역 등이 해당된다.

재난관리 책임기관의 장이 특별관리 대상시설 등을 지정·관리하거나 그 지정을 해제할 때에는 관계 중앙행정기관의 장이 제정한 '특정 관리대상시설 등의 지정·관리 등에 관한 지침'에서 정하는 세부 지정 기준에 따라야 하며(동 시행령 제31조 제2항),[3] 그 사실을 해당 시설의 관계인(소유자·관리자 또는 점유자)에게 지정통보, 해제통보, 공보 또는 게시판에의 고시 등의 방법으로 알려 주어야 한다(동 시행령 제31조 제3항 및 시행규칙 제6조).

또한 재난관리 책임기관의 장은 특정 관리대상시설 등의 지정·관리 및 정비를 위하여 소관 시설 및 지역의 현황을 매년 정기적으로 또는 수시로 조사하여야 한다(동 시행령 제31조 제1항). 특정 관리대상시설 지정 후 재난관리 책임기관의 장이 수행하여야 하는 조치에는 ① 특정 관리대상시설에 의한 재난 발생의 위험성을 제거하기 위한 장기·단기 계획의 수립·시행, ② 특정 관리대상시설에 대한 안전점검 또는 정밀 안전진단 등이 있다(동법 제27조 제2항).

첫째, 재난관리 책임기관의 장은 특정 관리대상시설 등으로부터 재난 발생의 위험성을 제거하기 위한 ① 정비·관리에 관한 기본 방침, ② 연도별 정비·관리계획에 관한 사항, ③ 개별 시설의 세부 정비·관리계획에 관한 사항, ④ 그 밖의 재원 대책 등 필요한 사항이 포함된 장기·단기 계획을 수립하여 관계 중앙행정기관의 장에게 제출하여야 하며, 이에 필요한 세부 사항은 관계 중앙행정기관의 장이 정한다(동 시행령 제33조).

둘째, 재난관리 책임기관의 장은 특정 관리대상시설을 안전 등급의 평가 기준에

---

3) 관계 중앙행정기관의 장이 제정하여 관계 재난관리 책임기관의 장에게 통보하여야 하는 '특정 관리대상시설 등의 지정·관리 등에 관한 지침'에는 특정 관리대상시설 등의 ① 지정을 위한 세부 기준에 관한 사항, ② 조사 방법 및 지정·해제 절차 등에 관한 사항, ③ 안전 등급의 평가 기준에 관한 사항, ④ 안전점검과 유지·관리의 방법에 관한 사항, ⑤ 그 밖에 관계 중앙행정기관의 장의 지정·관리 등에 필요하다고 인정하는 사항이 포함되어야 한다(동 시행령 제32조).

따라 A등급(안전도가 우수한 경우), B등급(안전도가 양호한 경우), C등급(안전도가 보통인 경우), D등급(안전도가 미흡한 경우), E등급(안전도가 불량한 경우) 등 5개의 안전 등급으로 구분하여 관리하여야 한다. 이 때 D등급 또는 E등급에 해당하거나 D등급 또는 E등급에서 상위 등급으로 조정되는 특정 관리대상시설에 관해서는 ① 명칭 및 위치, ② 관계인의 인적 사항, ③ 해당 등급의 평가 사유(D등급 또는 E등급의 지정해제 시에는 그 사유) 등을 해당 기관에서 발행하거나 관리하는 공보 또는 홈페이지 등에 공고하고, 이를 소방방재청장에게 통보하여야 한다.

이러한 안전 등급 관리 외에 재난관리 책임기관의 장은 특정 관리대상시설에 대한 안전 점검(정기 안전 점검 및 수시 안전 점검)을 실시하여야 한다. A등급, B등급 또는 C등급에 해당하는 경우에는 반기별 1회 이상, D등급에 해당하는 경우에는 월 1회 이상, E등급에 해당하는 경우에는 월 2회 이상의 정기 안전 점검을 실시하여야 하며, 재난관리 책임기관의 장이 필요하다고 인정하는 경우에는 수시 안전 점검을 실시하여야 한다. 소방방재청장은 특정 관리대상시설을 체계적으로 관리하기 위하여 정보화 시스템을 구축·운영할 수 있으며, 재난관리 책임기관의 장은 이러한 정보화 시스템을 이용하여 특정 관리대상시설을 관리하여야 한다(동 시행령 제34조의 2).

재난관리 책임기관의 장은 이상과 같은 특정 관리대상시설 관련 지정·관리 및 정비 조치 결과에 관한 사항(지정 현황, 정기 및 수시 점검과 정비·보수)을 소방방재청장에게 정기와 수시로 보고하거나 통보하여야 한다. 소방방재청장은 보고받거나 통보받은 사항을 정기적으로 또는 수시로 매년 1회 이상 국무총리에게 보고하여야 하며, 국무총리는 보고받은 사항 중 재난을 예방하기 위하여 필요하다고 인정하는 사항에 대해서는 관계 재난관리 책임기관의 장에게 시정 조치나 보완을 요구할 수 있다. 재난관리 책임기관의 장은 시정 조치나 보완 조치 결과를 관계 중앙행정기관의 장 및 소방방재청장을 거쳐 중앙위원회의 위원장에게 제출할 수 있다. 다만, 재난관리 책임기관인 중앙행정기관의 장은 직접 중앙위원회의 위원장에게 제출하여야 한다(동법 제27조 제3항~제5항 및 동 시행령 제34조의 4~제36조).

(3) 안전 점검 및 조치

안전행정부 장관, 소방방재청장 또는 재난관리 책임기관의 장은 특정 관리대상시설 및 그 밖에 안전행정부 장관, 소방방재청장, 시·도지사 또는 시장·군수·구청장이 긴급 안전 점검이 필요하다고 인정하는 시설 및 지역에 재난이 발생할 우려가 있는 등 다음과 같은 긴급한 사유가 있으면 소속 공무원으로 하여금 긴급 안전 점검을 하게 할 수 있다. 긴급 안전 점검을 필요로 하는 사유에는 ① 사회적으로 피해가 큰 재난이 발생하여 피해시설의 긴급한 안전 점검이 필요하거나 이와 유사한 시설의 재난 예방을 위하여 점검이 필요한 경우, ② 계절적으로 재난 발생이 우려되는 취약시설에 대한 안전 대책이 필요한 경우 등이 해당된다. 이러한 경우 안전행정부 장관 또는 소방방재청장은 다른 재난관리 책임기관의 장에게 긴급 안전 점검을 하도록 요구할 수 있다. 이 경우 요구를 받은 재난관리 책임기관의 장은 특별한 사유가 없으면 요구에 따라야 한다(동법 제30조 제1항 및 동시행령 제38조 제1항~제2항).

안전행정부 장관, 소방방재청장과 재난관리 책임기관의 장은 긴급 안전 점검을 실시할 때에는 미리 긴급 안전 점검 대상 시설 및 지역의 관계인에게 긴급 안전 점검의 목적·날짜 등을 서면으로 통지하여야 한다. 다만, 서면 통지로는 긴급 안전 점검의 목적을 달성할 수 없는 경우에는 말로 통지할 수 있다. 긴급 안전 점검을 하는 공무원은 그 권한을 표시하는 증표를 지니고 이를 관계인에게 보여 주어야 하며, 관계인에게 필요한 질문을 하거나 관계 서류 등을 열람할 수 있다. 긴급 안전 점검을 실시했을 때에는 긴급 안전 점검 대상 시설 및 지역의 관리에 관한 카드에 긴급 안전 점검 결과 및 안전 조치 사항 등을 기록·유지하여야 한다. 또한 안전행정부 장관 또는 소방방재청장은 긴급 안전 점검을 하면 그 결과를 해당 재난관리 책임기관의 장에게 통보하여야 한다(동법 제30조 제2항~제5항 및 동시행령 제38조 제3항~제4항).

안전행정부 장관, 소방방재청장 또는 재난관리 책임기관의 장은 긴급 안전 점검 결과 재난 발생의 위험이 높다고 인정되는 시설 또는 지역에 대하여는 그 소유자·관리자 또는 점유자에게 정밀 안전진단, 보수(補修) 또는 보강 등 정비, 재난을 발생시킬 위험 요인의 제거 등의 안전 조치를 할 것을 명할 수 있다. 이 경우 ① 안전 점검의 결과, ② 안전 조치를 명하는 이유, ③ 안전 조치의 이행 기한, ④ 안전 조치를 하여야 하는 사항, ⑤ 안전 조치 방법, ⑥ 안전 조치를 한 후 관계 재난관리 책임기관의 장에게 통보해야 하는 사항 등이 포함된 '안전조치명령서'를 해당 시설 및 지역의 관계인에게 통지하여야 한다.

안전조치명령을 받은 소유자·관리자 또는 점유자는 안전 조치를 이행하는 관계인의 인적 사항, 이행할 안전 조치의 내용 및 방법, 안전 조치의 이행 기한 등이 포함된 '이행계획서'를 작성하여 안전행정부 장관, 소방방재청장 또는 재난관리 책임기관의 장에게 제출한 후 안전 조치를 하고, 그 결과를 증명할 수 있는 서류·사진 등을 첨부하여 안전행정부 장관, 소방방재청장 또는 재난관리 책임기관의 장에게 통보하여야 한다. 안전행정부 장관, 소방방재청장 또는 재난관리 책임기관의 장은 안전 조치 결과를 통보받은 경우에는 안전 조치 이행 여부를 확인하여야 한다(동법 제31조 제1항~제2항, 동 시행령 제39조, 및 동 시행규칙 제10조).

안전행정부 장관, 소방방재청장 또는 재난관리 책임기관의 장은 안전 조치 명령을 받은 자가 그 명령을 이행하지 않거나 이행할 수 없는 상태에 있고, 안전 조치를 이행하지 않을 경우 공중의 안전에 위해를 끼칠 수 있어 재난의 예방을 위하여 긴급하다고 판단하면 그 시설 또는 지역에 대하여 사용을 제한하거나 금지시킬 수 있다. 이 경우 그 제한하거나 금지하는 내용[4]을 보기 쉬운 곳에 게시하여야 한다. 이러한 안전 조치를 할 때에는 미리 해당 소유자·관리자 또는 점유자에게 서면으로 이를 알려 주어야 한다. 다만, 긴급한 경우에는 구두로 알리되, 미리 구두로 알리는 것이 불가능하거나 상당한 시간이 걸려 공중의 안전에 위해를 끼칠 수 있는 경우에는 안전 조치를 한 후 그 결과를 통보할 수 있다. 특히 보수(補修) 또는 보강 등 정비 및 재난을 발생시킬 위험 요인의 제거 명령을 받아 이를 이행하여야 하는 자가 그 명령을 이행하지 않거나 이행할 수 없는 상태에 있고, 재난 예방을 위하여 긴급하다고 판단하면 「행정대집행법」을 준용하여 그 명령을 받아 이를 이행하여야 할 자를 갈음하여 필요한 안전 조치를 할 수 있다(동법 제31조 제3항~제5항).

2) 구조적 통제

일반적으로 구조적 통제(structural controls)는 제방, 호안(sea walls), 차단벽, 방파제, 부두 등과 같이 자연재해로부터 기존의 개발 구조물을 보호하는 데 사용

---

4) 안전행정부 장관, 소방방재청장 또는 재난관리 책임기관의 장이 게시하여야 하는 제한 또는 금지 사항에 관한 내용은 ① 시설명, ② 소유자·관리자 또는 점유자, ③ 지정 연월일 및 지정 등급, ④ 제한 또는 금지 사항, ⑤ 그 밖에 재난 예방을 위하여 필요한 사항 등이다(동 시행규칙 제11조).

된다. 즉, 이 전략은 재해를 줄이는 것이 아니라 통제하는 데, 즉 재해로부터 입게 되는 피해를 일시적으로 지연시켜 안전하게 대피할 시간적 여유를 확보하는 데 도움을 줄 뿐이다. 따라서 구조적 통제를 예방 전략에 포함시킬 수 있는지와 관련해서 논쟁이 있어 왔다. 그러나 이러한 구조적 통제가 실제로 재해의 피해를 저감하는 데는 그다지 도움을 줄 수 없음에도 불구하고 주민들은 구조적 통제가 재해를 예방해 줄 것이라는 그릇된 기대 속에서 안심하고 구조물 건축 등의 개발행위를 증가시켜 왔다. 그뿐만 아니라 구조적 통제를 받지 않는 지역에서는 재해로부터의 부정적 영향이 증가되는 부작용이 초래되어 왔다.

현행 「재난 및 안전관리 기본법」 및 시행령에서는 구조적 통제를 '재난방지시설'로 규정하면서, 재난 예방 조치 중의 하나로 제시하고 있다. 이러한 재난방지시설의 범위에는 ① 소하천 부속물 중 제방·호안·보 및 수문, ② 하천시설 중 댐·하구둑·제방·호안·수제·보·갑문·수문·수로터널·운하 및 수문조사시설 중 홍수 발생의 예보를 위한 시설, ③ 방재시설, ④ 하수도 중 하수관거 및 공공하수처리시설, ⑤ 농업 생산 기반시설 중 저수지, 양수장, 우물 등 지하수 이용시설, 배수장, 취입보(取入洑), 용수로, 배수로, 웅덩이, 방조제, 제방, ⑥ 사방시설, ⑦ 댐, ⑧ 유람선·낚시어선·모터보트·요트 또는 윈드서핑 등의 수용을 위한 레저용 기반시설, ⑨ 터널·교량 및 도로의 부속물 중 방설·제설시설, 토사 유출·낙석 방지시설, 공동구, 지하도 및 육교, ⑩ 재난 예보·경보시설, ⑪ 항만시설, ⑫ 그 밖에 안전행정부 장관 또는 소방방재청장이 정하여 고시하는 재난을 예방하기 위하여 설치한 시설 등이 포함된다(동 시행령 제37조). 재난관리 책임기관의 장은 이러한 재난방지시설을 점검·관리하여야 하며, 안전행정부 장관 또는 소방방재청장은 재난방지시설의 관리 실태를 점검하고 필요한 경우 보수·보강 등의 조치를 재난관리 책임기관의 장에게 요청할 수 있다. 이 경우 요청을 받은 재난관리 책임기관의 장은 신속하게 조치를 이행하여야 한다(동법 제29조).

2 비구조적 예방

비구조적 예방은 공학적 구조 변화 없이 인간 행태 또는 자연 과정에서의 수정을 통해 위험의 정도와 가능성을 저감시키기 위한 전략을 말한다. 이러한 비구조적 예방을 통해 자연재해의 위험성을 저감하는 전략은 “인간이 자연에 적응하려는” 노력의 일환이라고 할 수 있다. 구조적 예방에 비해 비용이 저렴하며, 지역 공동체가 실행하기에 좀 더 용이한 장점이 있다. 재해 식별과 도식화, 재정적 유인, 보험, 예방교육, 재난 및 안전관리 실태 점검 등이 비구조적 예방 전략의 대표적 기법이다(Coppola, 2011).

1) 재해 식별과 도식화

재난 예방을 위해 가장 핵심적이고 우선적인 전략은 특정 지역에서의 재난이 무엇인지에 대해 분석하는 것이다. 재해에 대해 그리고 그 재해로부터 누가, 언제, 얼마만큼 영향을 받을 것인지에 대해 알지 못한다면 그러한 재해를 예방할 수 없기 때문이다. 따라서 재해 식별과 도식화(hazard identification and mapping)는 재해 예방을 위해 필요한 기초 자료를 제공한다는 점에서 가장 분명한 재난 예방 수단이라고 할 수 있다. 미국을 비롯한 대부분의 OECD 선진국의 중앙정부(또는 연방정부)는 거의 모든 재해에 대해 광범위한 도식화 프로그램을 가지고 있다.

그간 지역공동체에 거주하는 주민들의 인구 분포와 재해에 취약한 물리적·환경적 속성 간의 공간적 관계를 추정하는 과학적 기법이 개발되지 못해 지역별 위험에 대한 계량적·과학적 정보를 제공하는 데 한계가 있어 왔다. 그러나 최근에는 지리 정보 시스템(Geological Information System: GIS)을 활용한 재해 예측 시스템이 개발되어 중앙정부뿐만 아니라 지방정부 수준에서도 재난으로 인한 물리적·환경적·경제적 손실을 손쉽게 예측할 수 있게 되었다. 예를 들어 미국 연방재난관리청(Federal Emergency Management Agency: FEMA)은 GIS 기법을 활용해 재난으로 인한 잠재적 손실을 추정하기 위한 표준화된 소프트웨어 패키지인 ‘HAZUS 프로그램’을 개발해 지역 차원에서 지진, 허리케인, 홍수 등으로 인한 손실 및 고위험군 장소(high-risk location)를 그래픽으로 시각화할 수 있게 되었다. FEMA의 HAZUS 프로그램은 1997년에 미국 연방정부, 주정부, 지방정부에 도입된 이래로 싱가포르, 캐나다, 호주, 파키스탄 등 많은 국가에서 재난 예방 수단으로 널리 활용되어 왔다(http://www.fema.gov/hazus).

이와 같이 식별되고 도식화된 재해에 관한 정보를 바탕으로 수립된 토지이용계획은 효과적 재해 예방 전략이 될 수 있다. 특히 예방 전략은 대부분의 토지 및 주택 개발에 관한 인·허가 결정이 이루어지는 지방정부 수준에서 적용될 때 가장 효과적이다. 따라서 재해 식별 및 도식화 과정에서 도출된 정보를 바탕으로 토지 취득, 지역권 설정, 폭우 수량관리, 토지 합병, 환경성 검토, 범람원 관리계획 등 다양한 토지이용계획을 활용하는 것이 바람직할 것이다. 또한 인구밀도 통제지구, 특수 이용허가지구, 역사보존지구, 연안지구관리, 분할 통제 등의 다양한 지역지구제의 지역 맞춤형 적용도 재해 식별 및 도식화를 통한 재해정보에 기초한 토지이용계획을 활용한 예방 전략의 대표적인 예가 될 것이다(Haddow, Bullock, & Coppola, 2011).

우리의 경우 「재난 및 안전관리 기본법」 시행령을 통해 이와 관련된 제도를 명문화하고 있다. 안전행정부 장관 또는 소방방재청장은 재난 발생을 사전에 방지하기 위하여 '재난 징후 정보'를 수집·분석하여 관계 재난관리 책임기관의 장에게 미리 필요한 조치를 하도록 요청할 수 있다. 재난 징후 정보에는 ① 재난 발생 징후가 포착된 위치, ② 위험 요인 발생 원인 및 상황, ③ 위험 요인 제거 및 조치 사항, ④ 그 밖에 재난 발생의 사전 방지를 위하여 필요한 사항 등이 포함되어야 한다. 안전행정부 장관 또는 소방방재청장은 재난 징후 정보의 효율적 조사·분석 및 관리를 위하여 재난 징후 정보 관리 시스템을 운영할 수 있다(동 시행령 제29조의 2).

2) 재정적 유인

재정적 유인(financial incentivcs)은 재난 예방을 증진시키기 위한 새로운 전략 중의 하나이다. 대표적인 예로는 특별 과세, 예방 또는 재정착 지원기금 마련을 위한 세금 인상이나 채권 발행, 재해구호기금의 사용, 특별재난지역 선포 등이 있다. 특히 특별과세의 경우 평상시에는 주민들에게 그다지 많은 재정적 부담을 주는 것은 아니지만, 장래에 닥칠지도 모르는 재난의 경제적인 잠재적 손실을 경감시키는 데에는 상당한 영향을 미치게 된다(Haddow, Bullock, & Coppola, 2011).

우리의 경우, 재난 예방을 위한 재정적 유인에 관한 포괄적 명문 규정은 없으며, 단지 중앙정부의 지자체에 대한 지원을 규정하고 있는 수준에 그치고 있다. 현행 「재난 및 안전관리 기본법」 제28조 및 동 시행령 제34조에 의하면, 지자체의 장이 특정 관리대상시설(민간 소유 시설 제외한다)의 위험성을 제거하기 위한 장·단기 계획을 수립해 시행하는 경우 정부는 그 비용의 전부 또는 일부를 보조할 수 있다. 또한 소방방재청장은 이에 필요한 지원 및 지도를 할 수 있고, 관계 중앙행정기관의 장에게 협조를 요청할 수 있다.

3) 보험

보험(insurance)을 예방 전략에 포함시킬 수 있을 것인지에 대해 이견이 많다. 일반적으로 보험은 위험을 개인이나 집단에서 민간 보험회사로 이전하는 것에 불과하기 때문이다. 그러나 홍수와 같은 자연재해의 피해자는 대부분 저소득계층이 많으므로 이러한 저소득층 보험 가입자에게 정부가 어느 정도 보조금을 지원해 줌으로써 재해로 인해 받은 경제적 손실을 경감시킬 수 있다는 점에서 보험도 예방 전략 중의 하나로 간주하는 것이 타당할 것이다. 궁극적으로는 실제 재난 지원 과정에서 정부의 부담도 경감될 수 있는 장점이 있다.

미국에서는 1968년에 「국가홍수보험법(National Flood Insurance Act)」을 제정해 국가홍수보험 프로그램(National Flood Insurance Program: NFIP)을 도입·운영해 왔다. NFIP가 도입되던 초창기에는 주택 등 소유자들이 자발적으로 홍수 보험에 가입해 재난 발생으로 인한 지출을 경감할 수 있도록 유도했다. 그러나 허리케인 아그네스(Hurricane Agnes)가 플로리다 주를 강타해 많은 인명 및 재산 피해가 발생한 1972년 이후, 모든 주택 등 소유자는 NFIP에 의무적으로 가입하고, 가입한 지역에 한해 연방정부에서 재해 보조금을 지급한다는 규정을 「국가홍수보험법」에 신설했다. 또한 상습 범람지역 개발 제한을 조례로 제정할 것을 재해 보조금 지급의 조건으로 제시했다. 이러한 NFIP는 민-관 파트너십을 통한 재난 예방 전략의 대표적인 사례로 평가받아 왔으며, 최근 20,000개 이상의 지방정부가 NFIP에 가입했을 뿐만 아니라 지진, 태풍 등의 다양한 자연재해에도 적용되는 재해 보험이 널리 활용되고 있다(Haddow, Bullock, & Coppola, 2011).

4) 예방교육

재난 안전교육은 예방 및 대비 단계에서 중요한 정책 수단이 된다. 재난관리 책임기관에서 재난 및 안전관리 업무를 담당하는 공무원이나 직원은 안전행정부 장관 또는 소방방재청장이 실시하는 전문교육을 받아야 한다. 안전행정부 장관 또는 소방방재청장은 필요하다고 인정하면 ① 안전행정부, 소방방재청, 관계 중앙행정기관 또는 시·도 소속의 공무원 교육기관, ② 재난 및 안전관리 분야 교육 운영 실적이 있는 민간교육기관으로서 안전행정부 장관 또는 소방방재청장이 지정하는 교육기관 등 전문 인력 및 시설 기준을 갖춘 교육기관으로 하여금 전문교육을 대행하게 할 수 있다(동법 제29조의 2 제1항~제2항, 동시행령 제37조의 2).

재난안전 분야 종사자 전문교육은 관리자 전문교육과 실무자 전문교육으로 구분되며, 관리자 전문교육은 재난관리 책임기관에서 재난 및 안전관리 업무를 담당하는 부서의 장을 대상으로 하며, 실무자 전문교육은 재난관리 책임기관에서 재난 및 안전관리 업무를 담당하는 부서의 공무원 또는 직원으로서 관리자 전문교육 대상이 아닌 사람을 대상으로 한다(동 시행규칙 제6조의 2). 전문교육의 교육 기간은 3일 이내로 하고, 전문교육의 대상자는 해당 업무를 맡은 후 1년 이내에 신규교육을 받아야 하며, 신규교육을 받은 후 매 2년마다 정기교육을 받아야 한다. 이외에 전문교육의 교육과정 운영 등에 관해 필요한 사항은 안전행정부 장관이 소방방재청장과 협의해 정한다.

이러한 재난안전 분야 종사자 교육뿐만 아니라 일반주민 대상 교육도 예방 전략으로서 중요한 의의를 가진다. 재해에 대한 정보를 갖춘 주민은 스스로 해당 재해로부터 자신을 보호하기 위해 위해(危害)의 정도와 가능성을 저감시키기 위해 적극적인 역할을 수행하게 될 것이기 때문이다. 효과적인 예방교육을 위해 위험 소통(risk communication)에 포함되어야 하는 내용은 주로 ① 위해 위험성에 대한 정보, ② 예방, 대비, 대응, 복구를 위한 행태 수정, ③ 경고 시스템에 대한 정보 등이다(Coppola, 2011).

5) 재난 및 안전관리 실태 점검

(1) 정부합동 안전 점검

국무총리 또는 안전행정부 장관은 재난관리 책임기관의 재난 및 안전관리 실태를 점검하기 위해 정부합동안전점검단을 편성해 안전 점검을 실시할 수 있다. 또한 정부합동점검단을 편성하기 위해 필요하면 관계 재난관리 책임기관의 상에게 관련 공무원 또는 직원의 파견을 요청할 수 있다. 이 경우 요청을 받은 관계 재난관리 책임기관의 장은 특별한 사유가 없으면 요청에 따라야 한다.

정부합동안전점검단은 국무총리 또는 안전행정부 장관이 소속 공무원과 관계 재난관리 책임기관에서 파견된 공무원 또는 직원으로 구성되며, 단장은 국무총리 또는 안전행정부 장관이 지명한다. 정부합동 안전 점검은 정기점검 및 수시점검으로 구분되며, 정기점검은 계절적 요인 등을 고려해 정기적으로 실시하는 점검을 의미하며, 수시점검은 사회적 쟁점, 유사한 사고의 방지 등을 위해 수시로 실시하는 점검이다.

정부합동 안전 점검을 실시할 때에는 점검을 받는 재난관리 책임기관의 장에게 미리 점검계획을 통보해야 한다. 다만, 긴급한 수시점검의 경우에는 점검계획의 통보를 생략할 수 있다. 정부합동 안전 점검을 효율적으로 실시하기 위해 필요한 경우에는 재난관리 책임기관의 장에게 미리 점검에 필요한 자료를 제출하도록 요청하거나 점검 대상 시설 등의 관계인 또는 전문가의 의견을 들을 수 있다. 전문가의 의견을 들은 경우에는 예산의 범위에서 그 전문가에게 수당 등을 지급할 수 있다. 국무총리는 정부합동 안전 점검의 효율성 제고와 업무의 중복 등을 방지하기 위해 필요한 경우에는 관계 중앙행정기관으로부터 재난 및 안전관리 분야 점검계획을 제출받아 안전행정부 장관 등과 사전 협의를 거쳐 점검 시기, 대상 및 분야 등을 조정할 수 있다.

국무총리 또는 안전행정부 장관은 안전 점검을 실시하면 점검 결과를 관계 재난관리 책임기관의 장에게 통보하고, 보완이나 개선이 필요한 사항에 대한 조치를 관계 재난 관리책임기관의 장에게 요구할 수 있다. 점검 결과 및 조치 요구 사항을 통보받은 관계 재난관리 책임기관의 장은 조치계획을 수립하여 필요한 조치를 한 후 그 결과를 국무총리 또는 안전행정부 장관에게 통보하여야 한다(동법 제32조 및 동시행령 제39조의 2).

안전행정부 장관 또는 소방방재청장은 재난 예방을 효율적으로 추진하기 위하여 안전관리 전문기관[5]에 ① 안전관리 대상 시설물 현황 및 주요 시설물의 설계도

5) 안전관리 전문기관에는 한국소방산업기술원, 한국농어촌공사, 한국가스안전공사, 한국전기안전공사, 에너지관리공단, 한국산업안전보건공단, 한국시설안전공단, 교통안전공단, 도로교통공단, 한국방재협회, 한국소방안전협회, 한국승강기안전관리원, 그 밖에 안전행정부 장관 또는 소방방재청장이 안전관리에 관한 자료를 요구할 필요가 있다고 인정하여 고시하는 기관 등이 해당된다(동 시행령 제40조).

서, ② 안전관리점검 실시계획서, ③ 안전관리점검 결과 및 조치 의견, ④ 정밀안전진단 결과 및 조치 의견, ⑤ 그 밖에 안전 점검 위반자에 대한 처리 사항 등 안전관리에 관련된 사항 등 안전관리에 필요한 자료를 요구할 수 있다. 자료 요구를 받은 안전관리 전문기관의 장은 특별한 사유가 없으면 요구에 따라야 한다(동법 제33조 및 동시행령 제41조).

(2) 재난관리 체계에 대한 평가

안전행정부 장관이나 소방방재청장은 대규모 재난의 발생에 대비한 단계별 예방·대응 및 복구 과정, 재난에 대응할 조직의 구성 및 정비 실태, 안전관리 체계 및 안전관리규정 등을 정기적으로 평가할 수 있다. 대규모의 재난 발생에 대비한 단계별 예방·대응 및 복구 과정을 평가하는 경우에는 ① 집행계획, 세부집행계획, 시·도안전관리계획 및 시·군·구 안전관리계획의 평가, ② 재난 예방을 위한 교육·홍보 실태, ③ 재난 및 안전관리 분야 종사자의 전문교육 이수 실태, ④ 특정관리대상시설 및 국가기반시설의 관리 실태, ⑤ 응급 대책을 위한 자재·물자·장비·이재민 수용시설 등의 지정 및 관리 실태, ⑥ 재난 상황 관리의 운용 실태, ⑦ 재난 복구사업의 추진 사항 등을 평가할 수 있다.

또한 안전행정부 장관 또는 소방방재청장은 재난관리 체계 등의 평가를 위해 재난관리 체계 등의 평가에 관한 지침을 마련해 재난관리 책임기관의 장에게 알려야 하며, 서면조사 또는 현지조사의 방법으로 한다. 재난관리 체계 등의 평가를 위해 필요하다고 인정하는 경우에는 관계 중앙행정기관의 장과 소관 재난관리 책임기관의 장에게 각각 재난 및 안전관리 체계의 구축, 안전관리 규정의 제정 및 그 정비·보완에 관한 자료 제출을 요청할 수 있다.

또한 공공기관에 대하여는 관할 중앙행정기관의 장이 평가를 하고, 시·군·구에 대하여는 시·도지사가 평가를 한다. 안전행정부 장관은 이러한 평가 결과를 중앙위원회에 종합 보고한다. 안전행정부 장관 또는 소방방재청장은 필요하다고 인정하면 해당 재난관리 책임기관의 장에게 시정 조치나 보완을 요구할 수 있으며, 우수한 기관에 대하여는 예산 지원 및 포상 등 필요한 조치를 할 수 있다. 다만, 공공기관의 장 및 시장·군수·구청장에게 시정 조치나 보완 요구를 하려는 경우에는 관할 중앙행정기관의 장 및 시·도지사에게 한다. 반면 우수한 기관을 선정하기 위하여 필요한 경우에는 안전행정부 장관이나 소방방재청장이 확인평가를 할 수 있다(동법 제33조의 2 및 동시행령 제42조).

시장 · 군수 · 구청장은 ① 전년도 재난의 발생 및 수습 현황, ② 재난 예방 조치 실적, ③ 재난관리기금의 적립 현황, ④ 지역안전도 진단 결과, ⑤ 그 밖에 재난관리를 위하여 시장 · 군수 · 구청장이 지역주민에게 알릴 필요가 있다고 인정하는 사항 등이 포함된 재난관리 실태를 매년 1회 이상 관할 지역주민에게 공시하여야 한다. 시장 · 군수 · 구청장은 매년 3월 31일까지 재난관리 실태를 해당 지방자치단체의 공보에 공고하여야 한다. 안전행정부 장관, 소방방재청장 또는 시 · 도지사는 평가 결과(평가 시기 및 대상 기관, 평가 결과 우수기관으로 선정된 기관)를 공개할 수 있다(동법 제33조의 3 및 동 시행령 제42조의 2).

Chapter 04

재난의 대비

제1절 재난 대비의 의의

1 재난 대비의 개념

재난관리는 재난 발생의 사전 예방, 발생한 재난에 의한 피해 경감을 위한 대응, 재난 대응을 효과적·효율적으로 수행하기 위한 재난 대비 및 재난 상황이 종료된 이후에 효율적인 복구를 목적으로 한다. 즉, 재난관리의 체계는 사전 예방 단계, 대비 단계, 대응 단계, 그리고 복구 단계로 구성된다. 재난관리는 재난 예방·대비·대응·복구로 이어지는 각각의 단계 간 연계와 조정이 중요하다.

재난 대비(disaster preparedness)는 재난관리의 체계에서 대응과 밀접한 관련성을 가지는 조치에 해당한다. 재난 대비는 실제 재난이 발생했을 때 대응을 효율적·효과적·체계적으로 수행하기 위한 준비 활동이다. 그러므로 재난 대비는 재난이 발생해 급박한 재난 현장에서 재난의 확산을 저지하고, 재난 대응을 위해 필요한 사항을 준비하는 단계이다. 재난 대비는 재난 대응과 직접적인 관련성을 가지고 있기 때문에 최적(最適)의 대응을 할 수 있도록 체계화되어야 하는 특징이 있다.

2 재난 대비의 내용

대비 단계는 재난 발생을 사전에 예방하는 데에 목적을 두지 않고, 이미 발생한 재난으로 인한 피해를 최소화하기 위한 재난 대응 활동을 준비하는 데에 목적이 있다. 재난 대비는 실제 재난이 발생한 경우에 급박한 상황에서 재난의 피해를 받는 사람이 적절하게 피난할 수 있고, 피해 확산 방지를 위해 활동할 수 있도록 교육과 훈련을 사전에 하는 것을 내용으로 한다. 또한 재난이 발생한 경우에 피해의 최소화를 위한 활동에 필요한 장비나 설비를 마련하는 것도 재난 대비의 내용에 포함된다. 예를 들면, 세월호 침몰사건의 경우 선박의 침몰에 대비해 승객이나 선원의 탈출을 위해 구명복 또는 구명정을 비치하는 활동이 이에 해당한다. 재난 대비의 내용으로 재난관리의 책임기관이나 관할 행정청이 대응을 위한 장비를 준비하거나 대응을 위해 훈련하는 활동도 재난 대비에 포함된다.

재난 대비는 주로 재난 대응을 위한 조직 구성, 재난 발생에 대비해 대피시설 등의 마련과 필요 물자의 비축, 재난 대응에 필요한 매뉴얼 작성, 재난관리를 위한 조직 및 일반인에 대한 교육·훈련 등이 포함된다. 화재의 경우에 「소방시설 설치·유지 및 안전관리에 관한 법률」에서 소방 대상물에 소방시설을 설치하도록 소방 대상물 관계인에게 의무를 부여하고, 이를 관리하도록 하는 법률 규정도 화재 재난의 대비 활동에 포함된다.

3 재난 대비에 관한 법적 근거

재난 대비에 관한 법적 근거는 재난관리에 관한 일반법인 「재난 및 안전관리 기본법」 제5장이다. 그러나 재난의 대응을 위한 다양한 계획 수립이나 교육·훈련 등의 내용을 가지고 있는 재난 대비는 재난의 유형별로 내용이 동일하지 않다. 재난은 위에서 언급한 바와 같이 자연재난과 인적재난으로 분류될 수 있다. 자연재난은 인간의 능력으로 사전에 예방 조치를 할 수 있는 범위가 극히 제한적이다. 이에 반해 인적재난은 인간의 고의 또는 과실이나 인간의 활동에 기초해 발생하거나 원인 제공이 되기 때문에 사전 예방 조치가 특히 중요하다. 재난 대비도 재난의 특성에 따라서 적합한 대비 활동을 하도록 법률적 근거를 마련하고 있다.

「재난 및 안전관리 기본법」은 대부분의 재난 대비에 관한 사항을 규정하고 있다. 자연재해로 인한 피해 저감을 위한 적합한 조치 중 자연재해의 대비에 관해서는 「자연재해대책법」에서 인적재난과 다른 대비 사항을 규정하고 있다. 자연재해 중에서 특히 실질적인 대응이나 예방이 거의 불가능한 지진재해에 대해서는 「지진재해대책법」 제3장에서 특별한 규정을 두고 있다. 「수난구호법」은 물에 의해 발생하는 재난이 가지는 특성을 고려해 적합한 대비를 위한 사항을 규정하고 있다.

제 2 절 재난 대비 계획 및 매뉴얼 작성

1 국가 재난관리 기준의 제정

1) 재난관리 기준 마련 의무

국가는 재난관리를 효율적·효과적으로 신속히 수행해야 하는 임무가 있다. 이를 위해 국가는 재난관리 과정에서 필요한 여러 가지 재난관리에 관한 기준을 작성해 활용하고 있다. 국가 재난관리 기준을 제정·운용해야 하는 주체는 「재난 및 안전관리 기본법」에 따라 안전행정부 장관이고, 재난관리를 담당하는 재난관리 책임기관[1]은 안전행정부 장관이 제정한 국가 재난관리 기준을 준수해야 한다.

안전행정부 장관은 국가 재난관리 기준을 제·개정하는 경우 관계 중앙행정기관의 장의 의견을 들어야 한다. 이는 국가 재난관리 기준을 제정하는 이유가 효과적으로 재난 대응을 하기 위한 것이므로 재난관리 업무를 직접 수행하거나 재난관리 업무와 관계 있는 관계 중앙행정기관의 장의 의견을 들어 실효성 있는 재난관리 기준을 작성하기 위한 것이다.

---

1) 재난관리 책임기관은 재난관리 업무를 하는 중앙행정기관 및 지방자치단체, 지방행정기관·공공기관·공공단체 및 재난관리의 대상이 되는 중요시설의 관리기관 등이다.

2) 국가 재난관리 기준의 내용

국가 재난관리 기준은 효율적 재난관리에 기여할 수 있는 내용으로 구성되어야 제정 목적에 부합할 수 있다. 국가 재난관리 기준은 재난관리를 체계화하고 효율화하는 데 기여하게 되므로, 재난관리의 기반이 되는 중요한 사항은 재난관리 기준으로 작성될 필요가 있다.

재난관리 과정에서 사용되는 용어를 통일적으로 정의하고 재난관리 표준 체계를 확립하는 원칙, 국가재난 대응 체계를 구축하는 원칙은 국가의 전반적인 재난관리 기준을 확립하는 차원에서 국가 재난관리 기준에 포함되어야 하는 사항이다. 지휘 체계와 관련해 재난 발생 시 효과적으로 지휘·통제를 할 수 있는 체제는 재난관리 기준에 필요한 사항이다. 재난 대비 차원에서 이루어지는 비상대비 자원 등을 유지하고 관리하기 위한 일반적 기준도 국가 전체적으로 정하는 재난관리 기준에 두어야 한다. 재난을 경감하거나 재난 상황을 관리하기 위한 기준이라든지, 재난관리를 효과적으로 수행하기 위한 관계 기관 간 상호 협력 방안과 같은 사항은 재난 대응 활동과 관련해 국가 재난관리 기준으로 정할 필요가 있다. 재난 대응 활동과 관련해 재난에 관한 예보·경보의 발령 기준이나 재난 상황의 전파 기준 등 재난 발생의 우려가 있거나 재난이 발생한 것을 알릴 수 있도록 하는 기준도 재난관리에서 중요한 사항으로서 국가 재난관리 기준으로 정해야 한다. 재난관리 체계에 대한 평가 기준이나 방법 역시 재난관리 기준으로 정할 필요가 있다.

앞서 언급한 사항 외에도 재난관리를 효율적으로 수행하기 위해 안전행정부 장관이 필요하다고 인정하는 사항이면 국가 재난관리 기준으로 작성하는 것이 가능하다.

2 재난대응 활동계획의 작성·활용

1) 재난대응 활동계획의 의의

재난이 닥치면 개인뿐만 아니라 사회도 손실을 겪게 되고 이 때 재난 대비계획(또는 재난대응 활동계획)의 필요성을 절감하게 되는 것은 사후약방문 격이 된다.

따라서 종합재난대비계획이 필요하며 이것을 정기적으로 검증할 필요가 있다. 재난대비계획은 재난관리에서 사전재난 단계로서 재난이 발생하기 전 평상시에 발생 가능한 재난의 종류를 확인하고 이들의 발생가능성을 측정하고 각 재난 상황에 대처하기 위해 가능한 한 사전 준비를 하는 것이다. 재난대비계획의 일반적 목적은 가능한 한 많은 불확실성과 위험을 인식하고 식별해 관리자가 재난이 발생했을 때 이에 대한 통제력을 행사할 수 있도록 하는 것이다. 재난대비계획은 특별한 재난 상황에서 그 재난의 영향을 예측해 재난 준비를 기술함으로써 재난 발생 시 대응 능력을 향상시키기 위한 것이다. 즉, 재난대비계획은 재난 발생 시 모든 관련 조직이 신속하고 효과적으로 대응 및 복구 활동을 수행하기 위해 계획 실행의 권한과 책임, 자원 동원 체계, 현장지휘 체계 등을 기술하는 것으로 대응과 단기 복구 체계에 대한 목표 및 절차 기술서를 지칭한다(Coppola, 2011).

2) 재난대응 활동계획의 절차

재난대비계획(또는 재난대응 활동계획)은 어떤 일이 발생할지 예견하고, 예방과 준비 조치를 강구하며, 마지막으로 발생가능성이 가장 높은 재난 상황과 영향을 가장 많이 받게 되는 대상에 대한 적절한 대응을 기술하는 것이다. 특히 재난대비계획은 다음과 같은 계획의 목표를 구체화함으로써 시작한다.

- 대응 행동, 의사소통 절차, 책임 소재를 적시함으로써 위기 상황에서 모호성을 제거하고 책임 소재를 분명히 해야 한다.
- 주요 재난 상황을 관리하는 담당자에세 지침을 제공한다.
- 재난 시 언론과 주요 대상 집단을 담당하는 대변인에게 지침을 제공한다.
- 추가적으로 이용 가능한 인적·물적 재난관리 자원이 무엇인지 적시한다.

행정환경이 복잡하고 불확실성이 높은 상황에서 정부는 재난관리계획에서 다음 단계를 다루는 것이 필수적이다(Coppola, 2011).

(1) 모든 잠재적 재난 상황과 취약지의 규명

발생 가능한 재난 유형에서 특히 어디가 취약한지를 결정한다. 모든 발생 가능한 재난 상황을 규명하고, 재난 정의와 각 재난 유형의 목록, 재난 시 예상되는 주요 문제를 조사한다. 이를 위해 재난 유형의 목록 작성, 재난관리 자원의 조사, 재난 관련 현장 사람들과의 대화, 재난 목록에서 심각성의 정도에 따른 우선순위를 정한다.

(2) 재난 임계치의 설정과 재난경보 책임성의 부여

잠재적 재난이 규명되고 나면 각 재난 유형에 대한 재난 임계치를 설정해야 한다. 즉, 적절한 대응 조치가 취해지지 않으면 재난이 닥칠 구체적 신호나 일련의 지표들을 설정한다. 사망자를 발생시킨 비행기 충돌, 인적·물적 피해와 환경을 손상시키는 산업화재 등은 재난 신호가 명확해야 하므로, 중요한 것은 사전에 재난 신호를 미리 결정해 놓아야 한다.

재난 임계치에 대한 명확환 규정이 없게 되면 치명적 경고 지연을 초래할 수 있다. 예를 들면 재난 및 위기 상황을 사소한 사건(incident)으로 취급한다면 치명적 경고 지연을 초래한다. 많은 경우 재난은 단일의 분명한 신호 체계로 식별할 수 없고 재난을 촉발하기 전 일련의 약한 신호들이 점진적으로 발전해 왔다. 그러나 불행하게도 이러한 조기 신호는 식별하기 어려운 경우가 많다. 재난 유형이 어떠하든 재난 임계치에 도달하게 되면 재난관리팀에서 누가 책임을 져야 하는지가 구체적으로 지정되어 있어야 한다.

(3) 재난관리팀의 조직과 훈련 및 재난상황센터의 구성

중앙의 최고위 재난관리팀과 때로는 유사한 지방팀을 구성해야 하며, 재난통제센터를 구성하고 이를 전시작전실과 유사하게 운영한다. 때로는 독립의 재난관리 의사소통센터를 구성해 언론 담당을 맡는다. 다른 부처들도 재난관리팀의 기능과 이들과의 관계성을 이해하고 있어야 한다. 최근에는 사전 훈련을 위해 게임, 시뮬레이션, 연습 등이 개발되고 행해지고 있으며, 이러한 것은 많은 경우 매뉴얼에 따라 이루어진다.

(4) 재난계획 조치에 대한 사전 승인의 획득

재난상황 관리에서 필요한 경우 관련 기관과 개인들의 사전 승인을 획득해 놓아야 하며, 이들의 최근 주소와 연락처가 명기되어 있어야 한다.

(5) 홍보 대상의 목록과 우선순위의 확정

재난 관련 홍보팀은 이해관계인, 지역주민, 고객 등의 모든 홍보 대상자의 목록을 작성해 놓아야 한다. 이 목록은 재난 관점에서 검토되어야 하며, 인명과 재산을 보호하기 위해 목록을 알려야 하고, 재난 상황이 허용하는 한 긴급히 알려야 할 직원들을 포함하고 있어야 한다.

(6) 재난 언론 목록과 배경 언론 자료의 준비

모든 기관은 재난 관련 언론의 최신 목록을 구비하고 있어야 한다. 여기에는 모든 신문, TV, 라디오 방송국, 인터넷 언론매체 등이 포함된다. 접촉자명, 전화번호(회사, 집, 휴대폰 번호 등), 팩스 번호, 가능하다면 e-mail 주소 등도 적시해야 한다. 일반적 상황에 대한 질문에 대비해 사전에 배경 자료(주요 통계치, 물리적 시설, 핵심 인물, 규모, 관련 전문가 등의 최신 자료)를 준비해 둘 필요도 있고 재난 발생 즉시 배포가 가능하도록 한다.

(7) 대변인의 지정과 훈련

재난 발생 시 조직을 대표해 언론을 담당할 대변인을 사전에 정해 놓고 이들을 훈련시킬 필요가 있다. 재난의 정도에 따라 대변인의 직위가 결정될 필요가 있다. 예를 들면 전국적 규모의 재난에 지역 책임자를 대변인으로 지정하는 것은 부적절하다. 언론훈련에 포함되어야 할 기법은 언론인들의 민감한 질문에 어떻게 대답하는가와 텔레비전에서 대담하는 방법 등이 있다.

3) 재난대응 활동계획의 수립 주체

재난 발생 시 재난관리가 효율적으로 이루어지기 위해서는 사전에 기능별로 재난대응 활동계획을 작성하고 활용하는 것이 필요하다. 재난대응계획을 수립하는 경우 재난관리의 목표와 방법이 명확하게 되고, 대응 활동의 지휘 체계가 확립되어 책임 소재가 분명해지므로 체계적이고 효과적인 재난 대응 활동이 가능하다.

재난대응 활동계획은 재난관리 책임기관의 장이 작성하고 직접 활용하도록 하고 있다(동법 제34조의4). 안전행정부 장관이 직접 정하는 국가 재난관리 기준과는 다르게, 실질적으로 재난 대응 활동을 수행하는 재난관리 책임기관이 재난대응 활동계획을 수립하는 것이 적합하다. 재난관리 책임기관은 재난 대응 활동을 수행하는 주체이므로, 사전에 재난대응 활동계획을 수립하고 이를 바탕으로 교육·훈련을 거치면 재난 현장에서 신속하고 정확한 재난관리가 가능해지기 때문이다.

4) 기능별 재난대응 활동계획의 내용

기능별 재난대응 활동계획은 재난 발생 시 계획에 부합하게 적절히 재난에 대응할 수 있도록 수립한다. 그러므로 재난대응 활동계획은 실제 재난 대응 과정에서 필요한 사항이 포함되어야만 수립 목적에 맞게 제 기능을 할 수 있다.

기능별 재난대응 활동계획에 포함되어야 하는 사항은 여러 가지가 있다. 법령에서는 기능별 재난대응 활동계획에 반드시 포함되어야 하는 기능을 규정하고 있고, 이에 따라 재난관리 책임기관의 장은 이러한 기능이 포함되도록 재난대응 활동계획을 작성하여야 한다(동법 시행령 제43조의5). 이 내용은 2014년 2월 5일 신설되었고, 재난대응 활동계획에 포함해야 하는 사항을 구체화함으로써 기능별 재난대응 활동계획의 기능과 실질적인 효과를 담보할 수 있게 되었다.

이에 따르면 재난대응 활동계획에 포함되어야 하는 기능은 재난 상황 관리 기능, 긴급 생활 안정 지원 기능, 긴급 통신 지원 기능, 시설 피해의 응급 복구 기능, 에너지 공급 피해시설 복구 기능, 재난관리 자원 지원 기능, 교통 대책 기능, 의료 및 방역 서비스 지원 기능, 재난 현장 환경 정비 기능, 자원봉사 지원 및 관리 기능, 사회질서 유지 기능, 재난지역 수색, 구조·구급 지원 기능, 재난 수습 홍보 기능이다. 이러한 기능들을 각각 구분해 각 기능을 위해 필요한 사항을 재난대응 활동계획에 포함해야 한다.

5) 기능별 재난대응 활동계획 수립에 대한 감독

기능별 재난대응 활동계획은 재난 대응을 실시하는 재난관리 책임기관의 장이 정한다. 다만, 기능별 재난대응 활동계획이 충분하지 못할 것을 대비해 안전행정부장관은 재난대응 활동계획의 작성에 필요한 작성지침을 재난관리 책임기관의 장에게 통보할 수 있도록 하고 있다. 이에 따라 재난관리 책임기관의 장은 기능별 재난대응 활동계획을 작성·활용해야 한다.

실제 기능별 재난대응 활동계획을 작성하고 활용하도록 하는 목적을 달성하기 위해 평상시 재난 대응을 충분히 할 수 있는 수준으로 작성되었는지를 확인할 수 있어야 한다. 그래서 법률에서는 안전행정부 장관에게 재난관리 책임기관의 장이 작성한 재난대응 활동계획을 확인·점검할 수 있는 권한을 부여하고 있다. 또한 필요한 경우 재난관리 책임기관의 장에게 안전행정부 장관이 시정을 요청할 수 있도록 하고 있고, 시정 요청을 받은 재난관리 책임기관의 장은 특별한 사유가 없으면 요청에 따라야 한다.

3 긴급구조 대응계획의 수립·시행

1) 긴급구조 대응계획의 개념

국가 긴급구조 대응계획이란 재난 발생 시 대응 및 긴급복구 활동조직이 신속, 효과적인 대응과 긴급복구 활동 수행을 할 수 있도록 계획 가동 권한과 책임, 자원 동원 체계, 현장지휘 체계, 표준작전 절차(SOP) 등을 정해 놓은 체계기술서이고, 국가, 시·도, 시·군·구 단위의 수준별 계획으로 구성된다(소방방재청, 2013a). 긴급구조기관의 장은 재난 발생 시 긴급구조기관과 긴급구조 지원기관이 신속하고 효율적으로 긴급구조를 수행할 수 있도록 재난의 규모와 유형에 따른 긴급구조 대응계획을 수립·시행하여야 하고, 이에 따라 작성된 것이 국가 긴급구조 대응계획이다(동법 제54조).

긴급구조기관의 장은 긴급구조 대응계획을 수립하기 위해 필요한 경우에는 긴급구조 지원기관의 장에게 소관별 긴급구조 세부 대응계획을 수립해 제출하도록 요청할 수 있다. 이 경우 긴급구조기관의 장은 긴급 구조 세부 대응계획의 작성에 필요한 긴급구조 세부 대응계획의 수립에 관한 지침을 작성해 배포해야 한다.

2) 긴급구조 대응계획 수립 절차

긴급구조 대응계획의 수립 주체는 긴급구조기관의 장이나, 긴급구조기관의 장이 계획을 수립하는 데 참조해 작성하도록 소방방재청장은 매년 시·도 긴급구조 대응계획 수립에 관한 지침을 작성해 시·도 긴급구조기관의 장에게 전달해야 한다. 시·도 긴급구조기관의 장은 소방방재청장이 작성한 지침을 받으면 시·도 긴급구조 대응계획을 작성해 소방방재청장에게 보고해야 한다. 시·도 긴급구조기관의 장은 시·군·구 긴급구조 대응계획의 수립에 관한 지침을 작성해 시·군·구 긴급구조기관에 시달해야 한다. 이에 따라 시·군·구 긴급구조기관의 장은 시·군·구 긴급구조 대응계획을 작성해 시·도 긴급구조기관의 장에게 보고해야 한다. 이러한 절차는 이미 수립된 긴급구조 대응계획을 변경하는 경우에도 같다.

그림 4-1 긴급구조 대응계획 수립 절차

지침 작성·시달	계획 수립	집행 계획·시달
소방방재청 → 시·도	- 시·도 계획 수립 후 소방방재청에 보고 - 시·도 지침 → 시·군·구	시·군·구 계획 작성 후 시·도에 보고

3) 긴급구조 대응계획의 내용

긴급구조 대응계획은 기본계획, 기능별 긴급구조 대응계획, 재난 유형별 긴급구조 대응계획으로 구분해 수립·시행한다. 각각의 계획은 계획의 단계 혹은 재난 유형별로 포함되어야 하는 내용이 상이하다.

표 4-1 긴급구조 대응계획 내용

계획의 유형		계획에 포함되어야 하는 내용
기본계획		긴급구조 대응계획의 목적 및 적용 범위 긴급구조 대응계획의 기본 방침과 절차 긴급구조 대응계획의 운영 책임에 관한 사항
	지휘통제	긴급구조 체제 및 중앙통제단과 지역통제단의 운영 체계 등에 관한 사항 긴급구조통제단 지휘통제 체계와 각 부서별 배속기관 및 책임자 지정 재난 규모별·단계별 긴급구조통제단 지휘통제 체계 운영 방법 긴급구조통제단 긴급 대응 우선순위 각 반별 임무 수행 절차 및 지침 긴급구조통제단 지휘통제 체계에 관한 사항

기능별 긴급구조 대응계획	비상경고	긴급 대피, 상황 전파, 비상연락 등에 관한 사항 비상경고와 관련된 재난 대비 업무, 재난신고 접수, 비상경고 발령 기준 긴급구조 관련 기관 공무원 비상 소집, 인접 소방상황실 통지 특수 다중이용시설에 대한 재난 상황 통지 일반시민에 대한 비상경고, 외국인 · 청각장애인 등 특별한 대상자에 대한 비상경고 비상경고 시스템의 점검 등 재난 유형별 비상경고 메시지 예시
	대중정보	주민 보호를 위한 비상방송 시스템 가동 등 긴급 공공정보 제공에 관한 사항 및 재난 상황 등에 관한 정보 통제에 관한 사항 대중정보와 관련된 재난 대비 임무, 정보의 수집 · 분석 · 전파 대중정보센터 설치 · 운영, 보도자료 작성 및 제공 재난 현장 방문자(귀빈) 통제 및 관리, 자원봉사 참여 안내 및 자원봉사자 접수 유언비어 통제, 언론보도 사항 모니터링 등
	피해 상황분석	재난 현장 상황 및 피해 정보의 수집 · 분석 · 보고에 관한 사항 재난 발생 우려 시 사전위험성 분석 활동 및 재난 초기 조사 피해 상황 정보의 조사 · 수집 · 전파 상황 및 분석 보고, 정보의 표시, 기록 유지 등
	구조 · 진압	인명 수색 및 구조, 화재 진압 등에 관한 사항
	응급의료	대량 사상자 발생 시 응급의료 서비스 제공에 관한 사항 의료소 편성 및 설치, 중증도 분류, 응급 처치, 환자 이송, 의료자원 지원 사망자 신원 확인과 시신 보호를 위한 임시영안소 설치 등
	긴급오염 통제	오염 노출 통제, 긴급 감염병 방재 등 재난 현장 공중보건에 관한 사항 운영요원 소집 방안 및 팀별 업무의 조정 · 통제 등에 관한 사항 식수 및 음식물 오염 방지 대책, 청정 식수 및 음식물 공급 대책 등에 관한 사항 재난지역 수질조사, 동물 통제 등 긴급전염병 통제에 관한 사항 재난지역 유해화학물질 · 폐기물 · 오염물질 · 오폐수 처리 대책, 오엮구역 정화 및 방역 등 긴급 환경오염 통제에 관한 사항
	현장통제	재난 현장 접근 통제 및 치안 유지 등에 관한 사항 주요 대응자원 · 시설의 안전, 시민의 안전, 이재민 및 부상자의 안전, 임시영안소의 안전, 동물 통제, 분실물 교환소 운영 등에 관한 사항 재난지역 진입 통제, 교통 통제, 통행 금지, 방치 차량 등 장애물 제거 조치 등 현장 통제에 관한 사항
	긴급복구	긴급구조 활동을 원활하게 하기 위한 긴급구조 차량 접근 도로 복구 등에 관한 사항 긴급구조 활동 지원 조치, 자원 집결지 및 자원 대기소의 운영 지원 긴급대피소 및 급식소 등의 운영 구호물자 긴급 수송, 이재민 이송 지원 등 고립자, 이재민 등에 대한 긴급 의식주 제공 등

	긴급구호	긴급구조요원 및 긴급대피 수용 주민에 대한 위기 상담, 임시 의식주 제공 등에 관한 사항
	재난통신	긴급구조기관 및 긴급구조 지원기관 간 정보통신 체계 운영 등에 관한 사항 - 긴급구조상황실, 현장지휘소, 대중정보센터 등의 통신 시스템 - 대체긴급구조상황실 통신, 재난통신 보조 수단 - 대피소와의 통신, 통신 유지관리 대책, 정보 및 메시지의 흐름, 통신요원 등에 대한 지원 등 - 그 밖에 재난통신 기능의 효율적 작동을 위한 절차 등
재난 유형별 긴급구조 대응 계획	재난 발생 단계별 주요 긴급구조 대응활동 사항 주요 재난 유형별 대응 매뉴얼에 관한 사항 비상경고 방송 메시지 작성 등에 관한 사항	

출처: 동법 시행령 제63조 및 긴급구조 대응활동 및 현장지휘에 관한 규칙.

4 재난위기관리 매뉴얼의 작성 · 운용

1) 재난위기관리 매뉴얼의 개념

재난관리 책임기관의 장은 재난을 효율적으로 관리하기 위하여 재난 유형에 따라 위기관리 매뉴얼[2])을 작성 · 운용하여야 한다(동법 제34조의 5). 재난위기관리 매뉴얼이란 재난이 발생한 경우에 재난 대응을 어떻게 해야 하는지에 대한 지침서 내지 안내서라고 할 수 있다. 재난위기관리 매뉴얼은 재난관리 책임기관의 장이 작성하도록 되어 있으나, 재난관리 책임기관의 장에게 위기관리 매뉴얼을 자유롭게 작성하도록 하면, 각각의 재난위기관리 매뉴얼이 통일되지 못하는 문제가 있다. 그래서 안전행정부 장관 및 소방방재청장은 재난관리 업무를 효율적으로 하기 위해 위기관리에 필요한 표준화된 매뉴얼을 연구 · 개발해 보급하고 있다.

표준화된 매뉴얼에는 재난관리 단계에서 공통적으로 요구하는 사항이 포함되어야 한다. 그래서 표준화된 매뉴얼에는 재난 유형에 따른 국민행동요령, 재난 유형에 따른 예방 · 대비 · 대응 · 복구 단계별 조치 사항, 재난 현장에서의 대응 및 상호 협력 절차, 그 밖에 위기관리 매뉴얼의 개선 · 보완에 필요한 사항 등이 포함되

2) 일반적으로 매뉴얼은 적합성, 평이성, 정확성, 일관성, 검색 용이성, 해결법의 충분성 등을 요건으로 한다. 주로 서론, 과제 개요, 단계/기능별 점검 상황, 성공 및 실패요인 분석, 관련 법령, 유관 기관 연락처, 서식/템플릿, 기타 참고자료, Q&A 등으로 구성된다(National Disaster Education Coalition, 2004).

어 있다.

2) 재난위기관리 매뉴얼 유형 및 유형별 작성 절차

(1) 재난위기관리 매뉴얼의 유형

재난위기관리 매뉴얼의 유형은 위기관리 표준 매뉴얼, 위기대응 실무 매뉴얼, 현장 조치 행동 매뉴얼 세 가지로 구분된다. 재난관리 책임기관의 장은 재난 유형에 따라 각각의 매뉴얼을 작성하고 운용하여야 한다(동법 제34조의 5). 각각의 재난위기관리 매뉴얼은 상위 매뉴얼의 기준에 부합하게 작성되어야 한다.

첫째, 위기관리 표준 매뉴얼은 국가적 차원에서 관리가 필요한 재난에 대해 재난관리의 체계를 정하고 관계 기관의 임무나 역할을 규정하기 위한 매뉴얼이다. 위기관리 표준 매뉴얼은 재난관리 주관기관의 장이 작성하는 것으로서, 하위 단계인 위기 대응 실무 매뉴얼의 작성 기준이 된다. 그러므로 위기관리 표준 매뉴얼은 위기 대응 실무 매뉴얼과 연계해 운용해야 한다.

둘째, 위기 대응 실무 매뉴얼은 위기관리 표준 매뉴얼에서 규정하는 기능과 역할에 따라 실제 재난 대응에 필요한 조치 사항과 재난 대응 절차를 정하고 있는 매뉴얼이다. 위기 대응 실무 매뉴얼은 재난관리기관의 장과 관계 기관의 장이 작성한다.

셋째, 현장 조치 행동 매뉴얼은 재난 현장에서 임무를 직접 수행하는 기관의 행동 조치 절차를 구체적으로 수록한 행동 매뉴얼이다. 현장 조치 행동 매뉴얼은 위기 대응 실무 매뉴얼을 작성한 기관의 장이 지정한 기관의 장이 작성한다. 다만, 시장·군수·구청장은 재난 유형별 현장 조치 행동 매뉴얼을 통합해 작성할 수도 있다.

표 4-2 재난위기관리 매뉴얼의 유형

유형	작성 주체	매뉴얼의 내용
위기관리 표준 매뉴얼	재난관리 주관기관의 장	국가적 차원의 관리가 필요한 재난에 대한 재난관리 체계 및 관계 기관의 임무 및 역할 규정
위기 대응 실무 매뉴얼	재난관리기관의 장, 관계 기관의 장	표준 매뉴얼에서 정하는 임무 및 역할에 따라 실제 재난 대응에 필요한 조치 사항 및 절차를 규정
현장 조치 행동 매뉴얼	실무 매뉴얼을 작성한 기관의 장이 지정한 기관의 장	재난 현장에서의 임무를 수행하는 기관의 행동 조치 절차를 규정

(2) 작성 절차

재난위기관리 매뉴얼을 작성하는 절차는 각 매뉴얼별로 상이하다.[3]

위기관리 표준 매뉴얼은 재난관리 주관기관의 장이 작성하되, 재난관리 주관기관의 장은 안전행정부 장관과 협의·조정해 매뉴얼을 확정해야 한다. 위기 대응 실무 매뉴얼 및 현장 조치 행동 매뉴얼은 재난관리 주관기관의 장이 소관 분야 재난 유형에 대한 매뉴얼을 조정하고 승인하며 지도·관리해야 한다. 다만, 재난관리 주관기관의 장이 소관 분야의 위기 대응 실무 매뉴얼을 새로 작성하거나 변경하는 경우 이를 안전행정부 장관에게 통보해야 한다. 시장·군수·구청장이 현장 조치 행동 매뉴얼을 작성한 경우 시·도지사의 승인을 받아야 한다. 시·도지사는 현장 조치 행동 매뉴얼을 승인하는 경우 재난관리 주관기관의 장이 작성한 위기 대응 실무 매뉴얼과 연계되도록 해야 하며, 승인 결과를 재난관리 주관기관의 장 및 안전행정부 장관에게 보고해야 한다.

(3) 재난위기관리 매뉴얼 작성에 대한 감독

안전행정부 장관은 기능별 재난대응 활동계획의 작성에 대해 감독을 할 수 있는 것과 마찬가지로 재난위기관리 매뉴얼 작성에 대해서도 감독을 할 수 있다. 위기관리 표준 매뉴얼을 작성하는 재난관리 주관기관의 장은 안전행정부 장관과 협의·조정을 거치도록 하거나, 시도지사가 현장 조치 행동 매뉴얼을 승인하는 경우의 승인 결과를 안전행정부 장관에게 보고하도록 하는 것은 매뉴얼 작성에 대한 감독 차원에서 이루어지는 것이다.

안전행정부 장관은 재난 유형별 위기관리 매뉴얼의 작성 및 운용 기준을 정해 관계 중앙행정기관의 장 및 재난관리 책임기관의 장에게 통보할 수 있다. 안전행정부 장관은 재난 유형별 위기관리 매뉴얼의 표준화 및 실효성 제고를 위해 위기

---

3) 대부분의 매뉴얼은 다음의 7단계 과정을 거치면서 작성하게 된다(Coppola, 2011).
① 초점 단계: 매뉴얼 작성의 목적, 사용자, 수행 범위의 파악에 주력
② 구성 단계: 매뉴얼 작성-편집-검토-제작 등 전체 일정의 수립
③ 작성 단계: 명확하고 간결하게 작성하되 관련 전문가의 의견 반영
④ 편집 단계: 전체적인 일관성을 고려해 광범위한 편집과 재작성
⑤ 검토 단계: 공식적 및 비공식적으로 내·외부인을 이용한 초고의 검토
⑥ 제작 단계: 매뉴얼을 제작하기 전에 미리 배포할 곳의 명단 작성 및 매뉴얼 인쇄
⑦ 수정 단계: 매뉴얼의 배포 순간부터 작업주기 등을 고려, 개정 일정을 수립하며 최소한 6개월에 한 번씩의 개정

관리 매뉴얼협의회를 구성·운영할 수 있다(동법 제34조의5 제4항). 안전행정부 장관이 구성하는 위기관리 매뉴얼협의회는 위원장 1명을 포함한 10명 이내의 위원으로 구성한다. 위기관리 매뉴얼협의회는 그 심의 사항과 기능을 고려하여 재난관리 주관기관[4]에서 재난 및 안전관리 업무를 담당하는 부서의 과장급 이상 공무원,

---

4) 「재난 및 안전관리 기본법」에 따른 재난관리 주관기관

재난관리 주관기관	재난 및 사고의 유형
미래창조과학부	1. 우주 전파 재난, 2. 정보통신 사고, 3. 위성항법장치(GPS) 전파 혼신
교육부	학교 및 학교시설에서 발생한 사고
외교부	해외에서 발생한 재난
법무부	교정시설에서 발생한 사고
국방부	국방시설에서 발생한 사고
안전행정부	1. 공동구(共同溝) 재난(국토교통부가 관장하는 공동구 제외), 2. 정부 중요시설 사고
문화체육관광부	경기장 및 공연장에서 발생한 사고
농림축산식품부	1. 가축 질병, 2. 저수지 사고
산업통상자원부	1. 가스 수급 및 누출 사고, 2. 원유 수급 사고, 3. 원자력 안전 사고, 4. 전력 사고, 5. 전력 생산용 댐의 사고
보건복지부	1. 감염병 재난, 2. 보건의료 사고
환경부	1. 수질 분야 대규모 환경오염 사고, 2. 식용수(지방 상수도를 포함한다) 사고 3. 유해화학물질 유출 사고, 4. 조류(藻類) 대발생(녹조에 한정한다), 5. 황사
고용노동부	사업장에서 발생한 대규모 인적 사고
국토교통부	1. 국토교통부가 관장하는 공동구 재난, 2. 고속철도 사고, 3. 국토교통부가 관장하는 댐 사고, 4. 도로터널 사고, 5. 식용수(광역상수도에 한정한다) 사고, 6. 육상화물 운송 사고, 7. 지하철 사고, 8. 항공기 사고, 9. 항공 운송 마비 및 항행안전시설 장애
해양수산부	1. 조류 대발생(적조 한정), 2. 조수(潮水), 3. 해양 분야 환경오염 사고, 4. 해양선박사고
금융위원회	금융 전산 및 시설 사고
원자력안전위원회	1. 원자력 안전 사고, 2. 인접 국가 방사능 누출 사고
문화재청	문화재 시설 사고
산림청	1. 산불, 2. 산사태
해양경찰청	해양에서 발생한 유도선 등의 수난사고
소방방재청	1. 화재·위험물 사고, 내륙에서 발생한 유도선 등의 수난사고, 2. 다중 밀집시설 대형사고, 3. 풍수해(조수는 제외한다)·지진·화산·낙뢰·가뭄으로 인한 재난 및 사고로서 다른 재난관리 주관기관에 속하지 않는 재난 및 사고

재난관리 책임기관에서 위기관리 매뉴얼에 관한 업무를 담당하는 공무원 또는 직원, 재난 및 안전관리 또는 위기관리 매뉴얼에 관한 학식과 경험이 풍부한 사람 중에서 안전행정부 장관이 임명하거나 위촉하게 되어 있다. 위기관리 매뉴얼협의회는 위기관리 표준 매뉴얼의 검토, 위기관리 매뉴얼의 작성 방법 및 운용 기준, 위기관리 매뉴얼의 개선 사항, 그 밖에 안전행정부 장관이 위기관리 매뉴얼의 표준화 및 실효성 제고를 위해 필요하다고 인정하는 사항 등을 심의한다. 협의회는 매뉴얼 작성과 관련된 일반적인 내용을 심의하는 조직이다.

안전행정부 장관은 위기관리 매뉴얼의 체계적인 운용을 위해 관리 시스템을 구축·운영할 수 있다(동법 제34조의5 제7항). 이 때 안전행정부 장관은 시스템 구축·운영을 위해 재난관리 책임기관의 장에게 관련 자료의 제출을 요청하거나 관리 시스템을 통해 위기관리 매뉴얼을 관리하도록 요청할 수 있다.

3) 매뉴얼 평가와 보완

재난위기관리 매뉴얼은 재난관리 담당자의 역할과 절차를 정하는 것이므로, 재난 현장에서 대응 활동을 어떻게 해야 할지를 결정하는 과정에서 소요되는 시간을 단축할 수 있다. 급박한 재난 상황에서 대응 시간의 단축은 국민 보호에 크게 기여할 수 있다. 그렇지만 한편으로 매뉴얼은 재난 현장에서 무조건 준수되어야 하는 절대적인 규정으로 보아서도 안 된다. 재난 상황은 우리가 예측한 대로 발생하거나 진행되지 않기 때문에 사전에 최대한 예측을 통해 정해놓은 매뉴얼은 모든 재난 상황에 적용될 수 있는 절대적인 기준이 될 수는 없기 때문이다.[5)]

그럼에도 불구하고 매뉴얼은 최대한 재난관리에 활용될 수 있도록 작성되어야

5) 일반적으로 매뉴얼의 한계로 다음의 문제점들이 지적되어 왔다. 첫째, 실제 상황을 완벽하게 반영하는 매뉴얼은 있을 수 없으므로 비현실적인 요소가 포함되어 있기 마련이다. 둘째, 신종 재난의 발생으로 기존의 재난 유형 분류가 무의미하게 되는 오류가 발생하기도 한다. 셋째, 비강제성으로 인해 유관기관의 순응을 확보하기 어렵다. 넷째, 모든 재난에 대한 전문성을 갖춘 매뉴얼을 작성하기 어렵다. 다섯째, 각 재난 상황에 대한 구체적 적합성이 결여된 추상적 지침에 불과한 경우가 허다하다. 여섯째, 매뉴얼에서 예견하지 못한 복합적 또는 신규 재난이 발생한 경우 책임 소재가 불분명하다는 이유로 책임을 회피하는 수단으로 악용될 수 있다. 일곱째, 대부분의 매뉴얼은 각 부처에서 대외비로 규정되어 있어 매뉴얼 관리의 투명성 또는 유관기관 간 협소 체계를 확보하기 어렵다. 여덟째, 매뉴얼에서 규정하고 있는 바와 달리 유관기관 간 직위 서열 문제로 인해 상충된 메시지가 전달되기도 한다(National Disaster Education Coalition, 2004).

한다. 재난 상황에서 활용할 수 없는 매뉴얼은 매뉴얼로서의 기능을 하지 못한다. 매뉴얼은 재난 상황을 최대한 고려해 매우 기본적이고 필수적인 사항을 규정하는 것이 그 작성 취지에 부합할 수 있다. 그렇기 때문에 매뉴얼은 작성 당시 예측되고 고려되지 못했던 사항이 있는지 여부, 재난 현장에서 현실적으로 현장에 적용이 가능한지 여부를 꾸준히 검토하고 보완해야 한다. 그러므로 매뉴얼에 대한 지속적 보완 절차가 필요하다. 이는 1차적으로 훈련 과정에서 매뉴얼을 활용해 훈련을 한 결과를 다시 매뉴얼 작성에 반영할 수 있는 시스템을 통해 가능하다. 2차적으로는 재난 발생 이후 재난 대응 활동에 대한 평가 시 현장 상황에서 매뉴얼이 어떠한 이유에서 부적합했는지를 분석하고, 결과에 따라 매뉴얼을 수정함으로써 매뉴얼의 실효성을 높여야 한다. 매뉴얼을 개선하기 위한 보완작업을 수행할 때 다음의 사항을 고려할 필요가 있다(Haddow, Bullock, & Coppola, 2011).

(1) 정기적 시뮬레이션

매뉴얼은 지식관리의 유용한 수단이지만 자칫 지나치게 매뉴얼에 의존할 경우 기존 방식을 고수해 오히려 새로운 적용 방식의 추구에 장애물로 작용할 우려가 있다. 매뉴얼을 새로운 재난 대응의 수단으로 활용하기 위해서는 기존 매뉴얼의 지속적인 개선과 새로운 매뉴얼의 창출이 요구된다. 매뉴얼을 실제 업무에 적용하고, 새로운 발견과 경험을 통한 지식의 창출이 매뉴얼의 개선으로 이어지는 환류 과정이 필요하다.

재난관리 매뉴얼은 시스템 그 자체가 아닌 일부분으로서 정기적인 시뮬레이션(점검훈련)을 통해 실효성을 확보해야 한다. 시뮬레이션을 진행하는 목적은 크게 두 가지인데, 하나는 매뉴얼을 현실화하기 위한 점검 차원에서 진행하는 것이며, 또 하나는 조직의 대응 능력을 제고하기 위해 실시하는 것이다. 재난관리 시스템이 제대로 작동하기 위해서는 최소한 6개월마다 매뉴얼을 검토하고, 모의훈련을 통해 매뉴얼의 타당성과 실효성을 점검해야 한다. 점검을 통한 수정・보완은 상향적 매뉴얼 전략이다.

(2) 표준 매뉴얼 구축

통합적 재난관리 체제에 따른 실제적인 표준 매뉴얼의 구축이 필요하다. 표준 매뉴얼에서는 재난 상황 발생 시에 누가 '지휘관의 의도(Commander's Intent: CI)'

권한을 가져야 하는지 사례별로 규정하고 있어야 하며, 대응 과정과 역할과 의무를 포함하고 있어야 한다. 물론 현장 지휘자는 경험과 실무가 풍부한 사람을 선정해야 할 것이다. 예를 들어 숭례문 화재의 경우 '조기 진화'라는 목표를 달성하기 위해 유관기관은 어떻게 지원할 것인지에 관한 행동의 방향성이 조정되었다면 현장 책임자(통제단장)는 가장 적절한 방식으로 목표를 달성하고자 할 것이며, 이를 위해 상급기관은 현장 책임자에게 권한을 위임해야 한다.

더 나은 재난관리 시스템을 구축하기 위해서는 재난관리 시뮬레이션을 통해 현장 재난관리 지휘관에게 모든 의사 결정 권한을 위임하는 '지휘관의 의도(CI)' 개념을 표준 매뉴얼 구축에서 중심축으로 놓아야 한다. 군사교육에서 비롯된 이 '지휘관의 의도(CI)' 개념은 돌발 상황이 발생하면 쓸모없어질 자세한 설명은 전혀 하지 않고 지휘관이 의도하는 바람직한 작전의 최종 상태를 핵심으로 전달하는 것을 말한다.

(3) 투명성 제고

재난관리 매뉴얼의 불필요한 대외비 또는 보안 해제를 통해 매뉴얼의 투명성 및 효율성에 대한 공개적인 점검이 가능하도록 하고, 나아가 민간 부문으로의 확산을 꾀하도록 해야 한다. 복합・신종 재난 발생 시 좀 더 신속한 대응을 위해 또한 시민 참여형 재난관리를 위해서도 매뉴얼의 광범위한 공개가 바람직하다. 이미 중앙과 지자체, 공공과 민간 부문의 재난관리 수준 및 체계화의 차이가 크게 나타나고 있어 국가적 재난관리 수준의 제고에 걸림돌이 되고 있다. 또한 이를 해소하기 위해 정부가 직접 또는 전문위임기관을 통해 적극적으로 재난관리 인프라를 공개하고 교육・홍보할 필요가 있다.

(4) 법적 책임 규정

매뉴얼에서 강제 조항 또는 처벌 조항을 명시함으로써 최소한 매뉴얼에서 규정한 기본 활동이 제대로 이행될 수 있도록 현장 책임자에게 강제 권한을 부여해야 한다. 즉, 현장 재난관리 책임자에게 '지휘관의 의도(CI)' 권한이 부여되는 동시에 강제 권한도 부여하고, 이에 따르지 않는 현장의 재난관리 다른 주체들에 대한 처벌 조항을 명시함으로써 강력한 재난관리 실행이 가능하도록 해야 한다.

(5) 일관된 메시지 전달

통합적인 기자 브리핑 시스템을 확립할 필요가 있으며, 재난관리에서 언론 관계가 중요한 축을 이루고 있듯이 매뉴얼에서도 주관·유관기관의 구분에 따라 단일한 목소리로 일관된 메시지를 국민들에게 전달하도록 규정할 필요가 있다.

제3절 재난 대비 교육 및 훈련

1 재난 대비 교육 및 훈련의 의의

재난관리에서 가장 중요한 사항 중 하나가 바로 교육과 훈련이라고 할 수 있다. 재난관리 교육과 훈련은 효과적인 재난관리를 위해 실시한다는 점에서는 목적이 동일하나, 그 내용적인 측면에서는 차이가 있다. 재난관리 교육은 재난관리에 필요한 지식을 주입하기 위한 목적으로 실시된다. 이와 달리 재난관리 훈련은 재난 발생 이전에 재난관리 시 필요한 활동을 가상으로 경험하게 하여 재난 대응을 위한 활동 능력을 제고하기 위해 실시된다.

일반적으로 소방과 재난 관련 교육기관은 물론 재난 및 안전 관련 대학들이 활용할 수 있는 학습 방법이라는 점은 재난관리 교육이 가지는 기능적 장점이라고 할 수 있다. 각 지방에서의 재난훈련의 사전·사후 단계에서도 계획의 이해와 재난 유형별 특징을 학습하는 데 교육은 유용하게 사용될 수 있다.

반면 훈련은 재난이 발생되는 현장의 일선 대응 책임자들이 그들에게 기대되는 임무를 신속하고 질서정연하게 수행하기 위한 교육과정이다. 종종 교육자와 피교육자들은 모두 다양한 형태의 경험을 가지고 있으며 이러한 지식과 경험을 활용하게 된다. 훈련을 효과적으로 하기 위해 교육자는 시각적인 효과를 최대한 이용해야 하며, 청각·감각적 효과성을 얻어내기 위해 사실적인 시설, 모형, 현대적인 훈련 도구(기자재 등)들의 필요성을 강조한다.

재난관리 교육과 훈련은 재난관리 전반을 놓고 보면 재난 대비에 국한되는 것은 아니다. 재난관리 담당자 또는 일반국민은 재난관리 전 단계에 걸쳐 예방 활동, 대비 활동, 대응 활동, 복구 활동 시 필요한 지식을 숙지하고 있어야 한다는 점에서 특히 교육은 재난관리의 전체 단계를 아울러 필요하다고 할 수 있다.[6] 특별히 재난 대비 단계에서 교육·훈련의 대상이 되는 사항은 재난 대응을 위한 계획이나 매뉴얼 작성 방법과, 작성된 계획과 매뉴얼대로 대응 활동을 실시하는 훈련, 재난관리 장비나 물자 등을 유지·관리하는 방법, 재난관리 정보 시스템을 구축하고 활용하는 방법 등이다. 실제 재난 발생 시 대응 능력의 수준을 결정하는 절대적인 역할을 하는 것이 교육·훈련의 실시이다. 재난 상황에서 대응 활동의 우선적인 목표인 국민의 생명·신체의 보호 및 재산 피해의 최소화를 위해서는 위기의 순간에서도 침착하게 대응하는 것이 필요하고, 이는 교육과 훈련에서 비롯되기 때문이다.

2 재난 대비 교육

재난을 예방하고 대비하는 것은 전적으로 국가만이 수행해야 하는 것은 아니다. 재난과 관계될 수 있는 모든 사람이 예방을 위해 노력해야 재난 발생을 저지할 수 있고, 재난이 발생한 경우에도 재난에 가장 근접해 있는 국민이나 기관도 평상시 대비 활동을 통해 이에 대응할 수 있는 역량이 있어야 한다. 그러므로 재난 대비 교육은 재난관리기관의 담당자는 물론이고, 일반국민에 대해서도 이루어져야 한다. 모든 사람에게 재난관리 교육이 이루어져야 재난 대비 교육의 효과가 높아질 수 있다.

이러한 이유로 현재 법령에서는 재난 대비 교육을 받아야 할 대상을 매우 넓은 범위로 정하고 있다. 일반인에 대한 재난 예방 교육을 실시하도록 하고 있는 것은 물론이고, 특별히 재난안전 분야에 종사하는 자와 긴급구조기관의 담당자에 대해

6) 통상 재난관리의 각 단계에서는 각 단계의 목적에 따라 교육·훈련의 내용이 달라진다. 예방 단계는 재난 발생을 저지하거나 줄이기 위한 조치를 하는 단계이므로, 이러한 조치를 할 수 있는 전문성을 길러야 한다. 실제 대응 활동을 하는 재난 대응 과정에서는 초기 대응을 어떻게 해야 하는지, 어떠한 방법으로 주민을 보호할 것인지 등에 대해 교육·훈련이 필요하다. 복구 단계에서는 재난으로 인한 주민의 신체 및 재산 손실의 회복과 같은 여러 구호 조치와 재건 프로그램을 적용할 수 있어야 한다. 재난 대비 단계 이외에도 재난관리 전 단계에서 요구되는 중요한 내용은 교육훈련이 필요하다.

서는 별도로 교육 의무를 지우고 있다. 이는 재난교육이 모든 사람을 대상으로 이루어져야 한다는 이념을 법령에서도 반영하고 있는 것이라 할 수 있다.

1) 재난 대비 교육의 의의

(1) 재난 단계별 교육 내용

재난 대비 교육은 계획이나 관리에서 없어서는 안 될 중요한 요소이며, 재난 과정의 모든 단계에 관한 내용을 교과과정에 포함해야 한다. 예방 단계에서는 재난 저감 조치들을 선택하고 종합하고 집행하는 방법에 대해서 알 필요가 있고, 대비 단계에서는 재난계획과 경고 체계를 작성하고, 집행하고, 점검하는 방법에 대한 지식이 필요하며, 대응 단계에서는 긴급대응의 초기 단계에서 어떻게 해야 하는지에 대해 숙지하고 있어야 하며, 마지막 복구 단계에서는 회복과 재건에 대한 프로그램을 관리할 줄 알아야 한다. 이러한 모든 단계에 대한 중요한 내용이 교육훈련을 통해 주어진다.

(2) 교육과정 설계

재난관리 교육과정은 재난 단계별 주요 내용이 포함될 수 있도록 다음의 절차를 통해 설계되어야 한다.

첫째, 재난 대비 교육에 관한 가장 근본적인 질문에 대한 해답을 구하는 작업부터 시작할 필요가 있다. 공식적 교과과정이 재난관리에 필요한 적절한 교육 내용을 보장하는 최적의 방법이라고 할 수 있는가? 만약 그러한 교육과정이 필요한 지식을 제공하는 적절한 방법이라고 한다면 피교육자가 그러한 교육과정을 통해 습득할 필요가 있는 시식과 기술에는 어떤 것이 있는가?

둘째, 구체적인 교육 수요에 대한 평가가 이루어져야 하며, 교과목의 목표가 규정되어야 한다. 이에 따라 교육 방법이 개발되어야 하고, 각 교과목의 목표를 달성할 수 있는 적절한 자료들이 수집되어 제시되어야 한다. 그리고 일단 교과목이 제공되어 수업이 이루어지고 난 후에는 그 결과를 관찰하거나 참여자들로부터 효과를 유도해 내어 교육과정의 효용성을 평가해 볼 수 있다. 평가를 한 후에는 교과목이 수정될 수 있고 그리하여 교육과정이 참여자들의 필요에 더 잘 부합될 수 있게 된다(Coppola, 2011).

(3) 교육 대상자

재난 대비 교육의 주된 대상은 갑작스러운 재난으로 야기된 긴급 상황을 관리할 책임이 있는 광역 및 기초지자체 또는 중앙정부 공무원 중에서 선발된 자들이지만 실제 대상은 이보다 더 광범위하다. 재난관리자를 도와 주는 재난 및 예방계획가, 특수훈련이 필요한 응급의료 서비스 책임자, 재난관리에서 특별한 역할을 담당하는 경찰 및 군인, 대민 홍보 담당자들도 대상에 포함된다. 나아가 다양한 분야의 전문가들, 즉 의사나 간호사 또는 의료기술자 등 의료진, 수의사, 소방관, 기술자, 건축가, 지질 및 수문학자와 같은 과학자, 법률가, 경찰, 판사, 조종사, 선장, 언론인 등도 교육 대상자에 포함된다. 더구나 재난관리에 참여하는 여러 부류의 자원봉사자나 보조요원들도 교육 대상에 포함된다. 여기에는 보조의료진, 구급차 운전자, 해양잠수부 등이 포함된다.

(4) 유능한 재난관리자의 특성

앞에서 살펴본 것처럼 재난 교육 대상자는 매우 다양하며, 이들은 실제 재난관리 과정에서 각기 다른 역할을 수행하게 된다. 그러나 재난관리에서 리더에게 요구되는 공통의 교육 요구가 존재한다. 좋은 재난관리자가 되기 위해서는 다음과 같은 특성이 요구된다.

첫째, 재해나 위험, 여러 형태의 재난 취약성, 예방 수단 등에 대한 명확한 지식이 필요하다.

둘째, 법적 책임에 대해 숙지하고 있어야 하며, 이를 구조나 구급에 잘 활용할 수 있는 응용 능력이 요구된다.

셋째, 재난계획이나 예방기법에 대한 충분한 교육훈련이 되어 있어야 하며, 이를 바탕으로 종합적 · 기능적 재난계획서를 작성할 수 있는 능력이 있어야 한다.

넷째, 재난관리 절차나 긴급 커뮤니케이션에 대해 익숙해져 있어야 하며, 재난관리 정보 기능이나 PR 또는 미디어 관계에 대한 이해가 필요하다(Haddow, Bullock, & Coppola, 2011).

이상과 같은 재난관리자 특성 등이 구체적인 재난 대비 교육 목표에 반영되어야 한다. 그리고 이를 구현할 교과과정이 개발되어야 한다. 이와 같이 잘 훈련된 재난관리자는 복잡한 상황을 침착하면서도 신속하게 분석하고 단호한 결정을 내리며

긴급 상황 하에서도 인력과 자원을 관리할 줄 알아야 한다.

(5) 교육 방법

재난 대비 교육을 위한 방법은 학술적(이론적) 범주, 전문직업적 범주, 실제적 범주 등으로 구분할 수 있다.

첫째, 학술적(이론적) 범주는 가장 전통적 형태로서 단순한 강의실 강의를 의미하며, 이것이 실제적이기 위해서는 참여 활동과 실습이 보완되어야 한다. 이러한 활동에는 교육훈련생들의 발표, 집단토의, 컴퓨터를 통한 상호 교류적 학습 등이 포함된다.

둘째, 전문직업적 범주는 개인이나 집단에게 연구 과제를 부여해서 논문이나 연구보고서 형태로 제출하게 하는 것이다.

셋째, 실제적 범주는 장비나 소프트웨어 프로그램 사용법을 가르쳐 주기 위해 직접 작동을 하며 보여 주거나 사용하도록 하는 것이다. 때로는 긴급운영센터나 과거 재난 발생지역 또는 예외적인 위험지역 등에 직접 현장 방문하거나 이동 및 출동 기술을 개발하기 위해 현장 실습을 하는 것이다(Coppola, 2011).

2) 교육과정 모형

재난 대비 교육 프로그램을 설계하는 모형으로서 인과 모형, 주제 접근 방법, 시나리오 및 문제해결법 등을 들 수 있다. 각 교육과정 모형을 상술하면 다음과 같다(Haddow, Bullock, & Coppola, 2011).

(1) 인과 모형

가장 전통적이며 일반적인 방법은 인과 모형(the cause-and-effect model)이며, 이는 원인에서 영향 그리고 반응으로 이어지는 선형적 진전에 따라 주제를 제시하는 것이다. 보통 이 모형에서는 교과목이 재해나 영향의 정도, 빈도, 강도 등을 포함하는 기본 개념의 검토에서 시작된다. 재해분석은 자연재난, 기술적 재난, 사회재난으로 구분된다. 그 다음 재난계획이나 관리의 기본 원칙들을 다룬다. 그 후 응급팀의 운영 방법, 응급센터의 운영 방법, 재난으로 인한 스트레스 대처 방법 등의 특별 주제가 포함될 수 있다. 특히 스트레스 이슈에는 재난의 사회학적·심리학적 측면에 대한 일반조사가 포함되며, 이것은 또한 대국민 홍보나 언론 전략과 같은 또 다른 중요한 문제와 연결된다. 또한 재난 예방기법이 복구계획이나 관리 맥락에서 다루어진다. 마지막으로 컴퓨터 사용, 지도 작성, 이미지 해석, 현장 대응, 현장 실습 등의 기법 등이 다루어진다. 이러한 전통적인 접근은 명확하고 쉽게 이해할 수 있는 구조라는 장점이 있지만 혁신적 교육 방법이 아니라는 비판이 가해진다.

재난관리 교육훈련 과정을 통해 개발하고자 하는 기능은 다음과 같다.

첫째, 피교육생은 재난에 대한 기본 지식을 습득해야 한다. 여기에는 물리적 재난에 관한 방법, 이유, 장소, 시간 등을 체계적으로 다루는 것과 재난에 대한 인간의 취약성 분석, 위험성 평가(위험성=재해×취약성)에 대한 설명 등이 포함된다.

둘째, 재난 예방기법에 관한 기본적 지식이 요구된다. 여기에는 재난 예측과 경고 방법, 단기적 준비 방법과 장기적 예방 전략 등이 포함된다. 이러한 분야는 전통적인 교실 수업으로 진행될 수 있으며 자율학습, 소그룹 프로젝터, 워크숍 및 토의 그룹 방식도 사용될 수 있다.

셋째, 습득해야 할 기술 등에는 컴퓨터를 효과적으로 사용할 수 있는 능력(특히, 재난관리 소프트웨어, 인터넷이나 이메일 사용 능력), 고급 텔레커뮤니케이션의 사용, 지도 해독 및 지도 제작 기능, 지리 정보 시스템(GIS)에 대한 최소한의 지식, 원격 감지영상에 대한 해독 기능 등이 포함된다.

넷째, 관리 및 통신기술이 개발될 필요가 있다. 여기에는 대중 언론매체를 효과적으로 다루는 능력, 계획을 수립하는 능력, 구급요원과 희생자 및 일반대중을 관리할 수 있는 능력 등이 포함된다.

다섯째, 재난관리에 대한 미래 비전을 가지게 하기 위해 피교육생들에게 재해나 위험의 영향에 대한 시나리오를 작성하는 법을 가르쳐야 하며, 이러한 지식은 재난계획에 필수적인 것이다. 또한 재난 관련 법에 따른 권리와 의무에 관한 사항을 재난 대비 교육에 포함하며, 문제 해결 방법을 가르치거나 자료나 정보 수집에 사용되는 연구 방법을 가르침으로써 분석 기술을 개발시킬 필요가 있다.

(2) 주제 접근 방법

두 번째 교육 방법은 재난관리의 주요 개념을 중심으로 구조화하는 주제 접근 방법이다. 이 방법은 재난 관련 주요 개념과 이와 관련된 기술을 연결짓는 것이다. 따라서 주요 개념의 분석은 이에 관한 기술 획득으로 이어진다. 주요 개념과 이에 관련된 기술의 특성은 다음과 같다.

- 재해: 사건을 분석하는 방법
- 취약성: 상황을 분석하는 방법
- 위험과 노출: 확률을 분석하고 관리하는 방법
- 예측: 기술과 기술 사용자 간의 관계를 이해하는 방법
- 경고: 기술과 사회경제 체제 간의 관계를 이해하는 방법
- 계획: 자원을 관리하는 방법
- 대피(evacuation): 관리 역량
- 관리: 운영 능력
- 수송(물류): 시의성과 조직
- 시나리오 구성: 사건과 그 사건의 결과를 예측하는 능력

이 교육과정 모형의 장점은 피교육자가 재난관리를 다양한 측면에 입각한 사고와 조정된 전략에 기반을 둔 광범위한 융합 학문을 요구하는 복잡한 문제로 인식하도록 도움을 준다는 것이다.

(3) 시나리오 및 문제해결법

시나리오 방법은 재난관리자를 교육시키는 다용도 수단이다. 이는 교실의 추상적 교육과 실제 재난 상황에서의 실제적 훈련 간의 간격을 메워 주는 방법이다. 재난관리자들에게 시나리오를 사용하는 방법을 가르쳐 주는 것은 여러 가지 면에서 유용하다.

첫째, 시나리오는 재해를 관리하는 데 소요되는 자원의 양과 속성, 그리고 이러한 자원들이 어떻게 배치되어야 하는가에 대해 알려 준다.

둘째, 시나리오는 피교육생이 실제 문제에 얼마나 효과적으로 대응하는가에 대한 능력을 시험하는 수단으로 유용하며, 그리하여 피교육생들이 수업을 받는 데 적합한가를 검증하거나 교육훈련 후 이들을 평가하는 데도 유용하다.

셋째, 시나리오 방법은 특히 특정 상황의 제약점을 이해하는 데도 유용하다. 예를 들면 위기에 빠진 사람을 구조하기 위해 헬리콥터로 보내지는 상황의 경우 낮

은 구름층, 강한 돌풍, 비행로 혼잡, 높은 비행 시간 유지율 등과 같은 제약점을 기억할 필요가 있다.

3) 재난안전 분야 종사자에 대한 교육

(1) 교육 대상 및 주기

「재난 및 안전관리 기본법」상 재난관리교육의 대상은 재난관리기관의 공무원, 재난 관련 시설 등의 관리자, 일반국민 등으로 다양하나 재난안전 분야의 종사자에 대해서는 별도의 의무를 부과하고 있다(동법 제29조의2). 재난안전 분야의 종사자는 특수한 임무를 부여받고 있으므로 반드시 교육을 받도록 의무를 규정하는 것이다.

교육의 대상자는 재난관리 책임기관에서 재난 및 안전관리 업무를 담당하는 공무원이나 직원이다. 재난안전 분야 종사자는 교육 기간이 3일 이내로 정해진 전문교육을 받아야 한다. 전문교육을 받아야 하는 교육 대상자는 해당 업무를 맡은 후 1년 이내에 신규 교육을 받아야 한다. 신규 교육 이후에도 지속적인 교육을 위해 매 2년마다 정기교육을 받아야 한다.

(2) 재난안전 분야 종사자 교육의 종류

재난안전 분야 종사자 전문교육은 관리자 전문교육과 실무자 전문교육으로 구분해 실시한다. 관리자 전문교육은 재난관리 책임기관에서 재난 및 안전관리 업무를 담당하는 부서의 장에 대한 교육이다. 실무자 전문교육은 재난관리 책임기관에서 재난 및 안전관리 업무를 담당하는 부서의 공무원 또는 직원으로서 관리자 전문교육 대상에 해당하지 않는 사람에게 실시하는 교육이다.

(3) 재난안전 분야 종사자 교육기관

전문교육은 안전행정부 장관이나 소방방재청이 실시하도록 되어 있으나, 필요하다고 인정하면 전문 인력이나 시설 기준을 갖춘 기관에게 전문교육을 대행시킬 수 있다. 재난안전 분야 종사자 교육을 대행시킬 수 있는 전문교육기관은 전문교육을 실시할 수 있는 수준이 되어야 하므로, 안전행정부, 소방방재청, 관계 중앙행정기관, 시・도 소속의 공무원 교육기관과 재난 및 안전관리 분야 교육 운영 실적이 있는 민간교육기관으로 해야 한다. 민간교육기관은 안전행정부 장관 또는 소방방재청장이 지정한다.

4) 긴급구조기관의 담당자에 대한 교육

(1) 교육 대상 및 주기

재난안전 분야 종사자에 대한 교육과 별개로 재난관리 책임기관의 재난관리 업무에 종사하는 사람은 긴급구조에 관한 교육을 받아야 한다(동법 제55조 제2항). 여기서 재난관리 책임기관은 행정기관 외의 기관만 해당한다.

긴급구조교육은 연 1회 이상 받아야 하며, 구체적으로 긴급구조교육을 받아야 하는 사람은 긴급구조기관 및 긴급구조 지원기관의 재난 관련 업무 담당자 및 관리자와 긴급구조기관 및 긴급구조 지원기관의 긴급구조 현장 활동요원이다. 다만, 다른 법령에 따라 긴급구조에 관한 교육을 받은 경우에는 동법에 따른 긴급구조교육을 받은 것으로 보아, 과도한 교육 의무를 지지 않도록 하고 있다.

긴급구조기관 담당자를 교육하는 경우에도 소방방재청장과 시·도지사는 긴급구조 교육을 담당할 교육기관을 지정할 수 있다. 이 때 소방방재청장과 시·도지사는 교육기관으로 지정하려고 하는 기관의 장에게 긴급구조 교육과정 운영계획을 제출하도록 하고 있다.

(2) 긴급구조기관 담당자 교육의 내용

긴급구조 교육의 내용은 법령 위임에 따라 제정된「긴급구조 대응활동 및 현장지휘에 관한 규칙」제16조에서 구체적으로 정하고 있다. 긴급구조기관 담당자에 대해 우선 긴급구조 대응계획 및 긴급구조 세부 대응계획의 수립·집행 및 운용방법, 재난 대응 행정실무, 긴급재난 대응 이론 및 기술, 긴급구조 활동에 필요한 인명구조, 응급 처치, 건축물 구조 안전 조치, 특수재난 대응 방법 등을 교육하도록 하고 있다. 이에 덧붙여 중앙긴급구조통제단장이 필요하다고 인정하는 사항도 교육의 대상이 될 수 있도록 하고 있으므로, 필요한 경우 교육 범위는 확대할 수 있다.

긴급구조 교육과정은 긴급구조 대응활동 실무자 과정, 긴급구조 대응 행정실무자 과정, 긴급구조 대응 현장지휘자 과정, 중앙긴급구조통제단장이 필요하다고 인정하는 교육과정으로 구분해 시행하고 있다.

5) 일반인에 대한 재난 예방 교육

중앙행정기관의 장과 지방자치단체의 장은 소관 재난 및 안전관리 업무와 관련된 안전교육 및 안전훈련을 적극적으로 추진하여야 한다(동법 제66조의 2). 이와 더불어 중앙행정기관의 장과 지방자치단체의 장은 대국민 안전교육을 실시하도록 규정되어 있으므로, 일반인에 대한 재난 예방 교육에 관해서도 정하고 있다(동법 제66조의 5).

중앙행정기관의 장 및 지방자치단체의 장은 안전문화의 정착을 위해 대국민 안전교육 및 학교·사회복지시설·다중이용시설 등 안전에 취약한 시설의 종사자 등에 대해 안전교육을 실시할 수 있도록 하고 있다. 안전교육은 교육 대상에 따라 교육의 내용이 달라진다. 그러므로 일반국민에 대한 안전교육의 방법은 재난의 예보 및 경보 시 안전행동요령과 사례 등에 대해 신문·방송·인터넷 포털 등 대중매체를 활용한 교육으로 이루어진다. 반면 학교·사회복지시설·다중이용시설의 장과 재난 및 안전관리 업무에 종사하는 사람에 대해서는 안전관리헌장, 해당 시설별 재난 대응 요령, 사례 등에 대해 이론 및 현장 위주의 안전교육을 실시한다.

표 4-3 범국민 안전교육 실시 내용

교육 과목	교육 내용
현대 사회의 위험 요소와 안전 의식	사회구조의 다양화로 인한 대형 사고 발생의 가능성과 우리 주변에 흩어져 있는 각종 위험 요소를 제대로 인식해 안전사고의 불안감 해소를 위한 방안 교육
현대 사회의 대형 사고 대처 방안	대형 사고 발생 과정을 통해 과거의 사고 사례를 통해 미래의 대형 사고를 예방하는 방안 교육
화재 안전교육	건축, 방재시설, 화재 발생 시 행동요령, 화재 예방 일반상식 등의 소방 상식과 화재 예방법 교육
가스 안전교육	가스안전관리요령, 가스안전 사용 및 점검 방법, 가스 누출 시 응급 조치 등 교육
지하철 안전교육	전동차 내 화재 발생 등 긴급 상황 발생 시 대처 요령, 대피 요령, 전동차 내 소화장비 등에 관한 내용 교육
화생방 안전교육	방사능, 유독가스, 화학가스 등 화생방 발생 시 행동요령 소개 및 응급 조치 방법에 관한 교육
전기 안전교육	전기시설 및 안전 점검 방법을 소개하고 누전차단기 이용 등 전기안전요령 교육

출처: 소방방재청(2009: 345).

3 재난 대비 훈련

1) 재난 대비 훈련의 의의

주요 재난을 통제하는 데 필요한 경험을 얻을 수 있는 충분한 횟수의 재난에 대응해 본 사람은 거의 없다. 또한 재난 대응기관의 모든 단위 조직의 활동을 계획하고 지휘·조정·통제하는 능력과 단위조직 간 상호 구조계획에 따라 이루어지는 여러 재난 대응기관의 공동 대응 활동은 일반적인 교육훈련으로는 배울 수 없는 것들이다.

따라서 대부분의 소방기관에서는 대원들을 기계적인 사고 진압 방법과 소방차, 트럭, 구급, 구조 업무뿐만 아니라 다른 분대의 운영을 지시할 수 있는 능력을 훈련시킨다. 또한 주요 재난에 대응하기 위해 자신들의 조직과 장비가 제공되며, 이러한 일련의 활동은 폭넓은 훈련을 통해 능력이 향상된다.

또한 재난 대응에서 자신의 기관이 가지고 있는 대응자원을 어떻게 활용하는지 배우는 것만으로는 충분치 않으므로 다른 기관들과 함께 일하는 것을 배워야만 한다. 경찰, 보건소, 민방위대, 그리고 다른 지자체들뿐만 아니라 시민단체, 사설 구급차, 병원, 적십자사, 군대 등과의 훈련은 특정 지역에서 일어날 가능성이 있는 재난과 연계되어 이행될 때 효과적이다.

2) 재난 대비 훈련 과정

(1) 문제 규명(problem identification)

대비 훈련의 첫 번째 단계는 훈련의 필요성 인식과 훈련 대상 재난을 규정하는 것이다. 재난계획과 훈련에 대한 필요성은 치명적인 재난 발생 후에야 종종 인식되고 있으며, 많은 인명 피해를 가져온 유해화학물질의 유출사고는 유독물 대비 훈련에 대한 필요성을 잘 인식하도록 해 준다.

(2) 인구 분석(population analysis)

훈련수요 평가의 두 번째 단계는 그 지역 주민과 관련된 재난의 특징을 파악하고, 그에 상응한 훈련 수요를 분석하는 것이다. 대상 지역의 인구 관련 자료와 소방기관의 자체 기록 자료를 활용해 그 지역의 다양한 유형의 위험성이 어느 정도까지 영향을 미칠 수 있고, 지역주민에게 어떤 특징의 위험을 미치는가를 파악하고, 그러한 영향에 대비하기 위해 무엇을 준비해야 할 것이며, 그러한 재난들이 어떻게 발생하는 것인지를 검토해야 한다. 이후에 그에 상응한 계획을 바탕으로 예상되는 문제 해결을 위한 특징 있는 훈련을 시행할 필요가 있다.

(3) 잠재적 재난의 등급 평가(potential disasters ratings)

지역사회에서 발생 가능한 재난 유형이 분석되고 나면, 그러한 재난 유형들의 발생가능성 정도와 발생가능성 우선순위를 분석할 필요가 있다. 이러한 우선순위에 대한 등급은 재난의 발생가능성을 등급화하고, 그것이 주민의 인명과 재산에 얼마나 큰 위협이 될 것인가를 등급화해서 두 가지 요인을 곱하면 재난 유형별 등급이 산출된다.

(4) 목표 설정(objective setting)

대비훈련은 계획서를 실제 현장에 적용해 보는 과정이다. 즉, 계획이 실제 현장에 잘 적용될 수 있는지를 검증하기 위해 동원될 자원을 계획에 따라 연습해 보는 것이며, 이러한 훈련은 계획서의 전반적인 가동 연습과 부분적인 가동 연습을 통해 이행된다. 만약 이와 같은 계획서가 아직 마련되지 않았다면 다른 지역계획서의 모방이나 좀 더 상위의 계획서를 통해 훈련을 진행할 수 있을 것이다.

훈련은 계획서의 결점을 발견하고 개선할 수 있는 수단이 될 수 있으므로 다음과 같은 점을 고려해 훈련계획을 수립하고, 훈련 결과에 대한 문제점을 개선할 수 있다.

- 이전에 훈련이 어떻게 진행(발전)되어 왔는가?
- 누가 참가할 것인가?
- 어느 정도의 참가자들이 훈련에 대해 알고 있는가?
- 가상의 재난 유형을 채택할 것인가?
- 실제 발생된 재난 상황에 근거한 훈련을 실시할 것인가?

투자한 시간과 비용에 대한 결과가 효과적일지 아닐지 확실히 알 수 없는 막연한 훈련을 시도하기보다는, 이러한 질문들을 점검해 봄으로써 훈련할 대상을 미리 설정하고 좀 더 발전된 훈련계획을 수립할 수 있게 된다. 또한 모든 주요 재난 대응에 요구되는 다양한 훈련을 직접 할 수 있는 조직과 시설을 갖춘 관서는 거의 없으므로 재난훈련은 다양한 훈련 프로그램과 연습기법을 활용해 현재의 능력을 향상시켜야 한다(Haddow, Bullock, & Coppola, 2011).

3) 재난 대비 훈련의 주체

「재난 및 안전관리 기본법」에 따라 재난교육과 별도로 정기・수시로 재난 대비 훈련을 실시하고 있다(동법 제35조). 재난 대비 훈련을 해야 하는 훈련 주관기관은 안전행정부 장관, 소방방재청장,[7] 시・도지사, 시장・군수・구청장 및 긴급구조기관의 장이다. 훈련 참여기관은 재난 대비 훈련을 주관하는 기관과 합동으로 재난 대비 훈련을 실시해야 하는 기관이며, 훈련 참여기관으로는 재난관리 책임기관, 긴급구조 지원기관 및 군부대 등이 있다. 실제 이에 근거해 재난 대비 훈련이 이루어지고 있으며, 2007년 이후 재난 대비 훈련은 "재난대응 안전한국 훈련(Safe Korea

표 4-4 현행 법령상 재난 대비를 위한 훈련

<table>
<tr><th>훈련명</th><th>근거</th><th>규모</th><th>시기</th></tr>
<tr><td>을지연습
(안전행정부)</td><td rowspan="2">비상대비 자원 관리법
제14조</td><td rowspan="2">부・처・청
시・군・구
이상</td><td>8월
(3박 4일)</td></tr>
<tr><td>충무훈련
(안전행정부)</td><td>8, 10월
(4박 5일)</td></tr>
<tr><td>재난대응 안전한국훈련
(소방방재청)</td><td>재난 및 안전관리
기본법 제73조</td><td>부・처・청
시・군・구
이상</td><td>4~5월
(2박 3일)</td></tr>
<tr><td rowspan="2">민방위
훈련
(소방방재청)</td><td>민방위기본법 제25조</td><td>전국・지자체・마을・
직장 단위</td><td>매월 15일</td></tr>
<tr><td>민방위기본법 제23조</td><td>민방위 대원</td><td>연 10일, 총 50시간의
범위</td></tr>
</table>

7) 과거 「재난 및 안전관리 기본법」에서 소방방재청장은 법률상 재난 대비 훈련 주관기관이 아니었으나, 2013년 개정을 통해 재난 대비훈련의 실시 주체에 포함되었다.

Exercise; SKX)"[8]으로 명칭이 변경되었다.

훈련 주관기관의 장은 소관 분야별로 재난 대비 훈련을 연 1회 이상 실시할 수 있다. 재난 대비 훈련에 참여하는 데 필요한 비용은 훈련에 참여하는 기관이 부담한다. 다만, 민간 긴급구조 지원기관에 대하여는 훈련을 실시하는 기관에서 부담할 수 있다.

4) 재난 대비 훈련 실시 절차

재난 대비 훈련을 실시하려면 우선 훈련 주관기관의 장이 재난대비 훈련계획을 수립하여야 한다. 재난대비 훈련계획을 수립한 이후에는 훈련 참여기관의 장에게 훈련일 15일 전까지 훈련 일시, 훈련 장소, 훈련 내용, 훈련 방법, 훈련 참여 인력 및 장비, 그 밖에 필요한 사항을 통보하여야 한다. 재난대비 훈련계획에는 재난 대비 훈련 목표, 재난 대비 훈련 유형 선정 기준 및 훈련 프로그램, 재난 대비 훈련 기획, 설계, 실시, 평가 및 개선계획에 관한 사항, 그 밖에 안전행정부 장관 또는 소방방재청장이 정하는 사항도 포함된다(동법 시행령 제43조의 10 제4항).

훈련 참여기관의 장은 재난 대비 훈련을 실시한 이후 훈련 상황을 점검하고, 그 결과를 훈련 실시 후 10일 이내에 훈련 주관기관의 장에게 제출해야 한다. 훈련주관기관의 장은 대통령령으로 정하는 바에 따라 훈련 참여기관의 훈련 과정 및 훈련 결과를 점검・평가하고, 훈련 과정에서 나타난 미비 사항이나 개선・보완이 필요한 사항에 대한 보완 조치를 훈련 참여기관의 장에게 요구할 수 있다.

5) 재난 대비 훈련의 평가

재난 및 안전관리 기본법령에서는 재난 대비 훈련에 대한 평가를 규정하고 있다(동법 제35조 제4항 및 동법 시행령 제43조의 10). 훈련 주관기관의 장은 훈련 특성에 맞는 평가 항목을 선정해 재난 대비 훈련 평가를 실시해야 한다. 평가 항목으로는 분야별 전문 인력 참여도 및 훈련 목표 달성 정도, 장비의 종류・기능 및 수량 등 동원 실태, 유관 기관과의 협력 체제 구축 실태, 긴급구조 대응계획 및 세부대응계획에 의한 임무의 수행 능력, 긴급구조기관 및 긴급구조 지원기관 간의 지

8) http://www.nema.go.kr/skx3/.

휘통신 체계, 긴급구조 요원의 임무 수행의 전문성 수준, 그 밖에 소방방재청장이 정하는 평가에 필요한 사항으로 구성된다.

훈련주관기관의 장은 평가의 결과를 훈련 실시일부터 30일 이내에 재난관리 책임기관의 장 및 관계 긴급구조 지원기관의 장에게 통보하고, 통보를 받은 재난관리 책임기관의 장 및 긴급구조 지원기관의 장은 평가 결과가 다음 훈련계획 수립 및 훈련을 실시하는 데 반영되도록 하는 등 재난관리에 필요한 조치를 해야 한다.

제 4 절 물자 비축 및 통신 수단의 확보

1 물자 비축 등 재난 대비 능력 보강

재난관리 과정 중 재난 대비에 관한 내용은 계획 수립의 절차, 대응 조직의 구성, 재난 발생 예측과 통신망 구축, 재난 발생 시를 대비한 시설이나 물자 준비, 재난 관리 조직의 훈련, 지역 간 조정 및 응원에 관한 사항 등이다. 교육 및 훈련이 재난 발생 시에 대응하기 위한 인력에 관한 사항이라면, 물자 등의 비축에 관한 문제는 교육 및 훈련을 받은 인력이 재난 대응 활동을 하는 데 필요한 수단으로서의 의미를 가진다. 그러므로 재난 대비에서 인력의 교육·훈련과 물자의 비축은 연계되어 있다.[9] 그러므로 물자 비축이나 통신 수단 확보 등은 재난 대응 인력에 대한 교육·훈련과 마찬가지로 매우 중요한 위치를 가진다.

법률에서는 재난 대비 능력을 높이기 위해 국가와 지방자치단체에 재난관리에 필요한 인력·장비·시설을 확충하고, 통신망 설치·정비 등을 통해 긴급구조 능력을 보강하기 위한 여러 노력을 하도록 규정하고 있으며, 특히 재정상의 조치를 마련할 것을 정하고 있다(「재난 및 안전관리 기본법」 제55조).

9) 이러한 취지에서 「재난 및 안전관리 기본법」 제55조 제2항에서도 긴급구조기관의 장에게 긴급구조 체제를 구축하도록 하면서, 상시 소속 긴급구조요원 및 장비의 출동 태세를 유지하도록 하여 인력과 장비 확충을 동시에 규정하고 있다.

2 재난 대비 인적 · 물적 자원관리

1) 재난관리자원의 비축 · 관리

재난관리 책임기관의 장은 재난의 수습 활동에 사용할 목적인 장비 · 물자 · 자재인 재난관리자원을 비축 · 관리하여야 할 의무가 있다(동법 제34조). 재난관리자원은 수방자재, 건설자재, 여러 가지 기자재 등으로서, 그 범위가 매우 다양하다. 그러므로 재난관리자원의 범위를 구체적으로 정하지 않으면 재난관리 책임기관의 장이 비축 · 관리해야 할 자원의 범주가 확정되지 못한다. 그 때문에 재난관리 책임기관의 장이 비축 · 관리해야 하는 자원의 범위를 확정해야만 현실적으로 비축 · 관리가 가능해진다. 이러한 이유로 법령에서는 비축 · 관리해야 하는 재난관리자원을 구체적으로 정하고 있다. 재난관리자원의 유형은 다음과 같다.

표 4-5 재난관리자원

「재난 및 안전관리 기본법 시행령」 제43조에 따른 재난관리자원	
1	포대류 · 묶음줄 등 수방자재
2	시멘트 · 철근 · 하수관 및 강재(鋼材) 등 건설자재
3	전기 · 통신 · 수도용 기자재
4	자재 · 인력 등을 운반하기 위한 수송장비 및 연료
5	불도저 · 굴삭기 등 건설장비
6	양수기 등 침수지역 복구장비
7	손전등 · 축전지 · 소형발전기 등 재난응급 대책을 위해 필요한 소형장비
8	그 밖에 안전행정부 장관 또는 소방방재청장이 재난응급대책 및 재난 복구에 필요하다고 인정해 고시하는 장비, 물자 및 자재

재난관리 책임기관의 장은 매년 10월 31일까지 다음 해의 재난관리자원에 대한 비축 · 관리계획을 수립하고, 이를 안전행정부 장관과 소방방재청장에게 제출해야 한다. 안전행정부 장관과 소방방재청장은 매년 5월 31일까지 다음 해의 재난관리자원에 대한 비축 · 관리계획 수립을 지원하기 위한 지침을 마련해 재난관리 책임기관의 장에게 통보한다.

2) 응급 조치 장비 및 인력의 지정·관리

일반적인 재난관리자원 외에 응급 조치를 위해서는 특정한 장비와 인력이 필요하다. 법률에서는 재난관리자원의 비축·관리 의무와 별도로 응급 조치에 필요한 장비와 인력을 지정하여 관리하도록 정하고 있다. 안전행정부 장관, 소방방재청장,

표 4-6 응급 조치에 사용할 장비 및 인력의 지정 대상 및 관리 기준

분야		장비 및 인력의 지정 대상 및 관리 기준
에너지	전기	• 예비전력 1,000MW 이상 유지할 수 있는 발전소 가동
	석유	• 30일분의 석유 사용량을 30일 이내에 생산할 수 있는 생산 능력 유지 • 연간 내수량의 일평균 사용량 55일분 석유 비축량 유지
	가스	• 최소 운영 재고 19.6만 톤 이상의 안전재고 유지 및 중단 없는 공급을 위한 공급 능력 유지
정보통신		• 「방송통신발전 기본법」 제35조에 따른 방송통신재난 관리기본계획상의 복구 우선순위 중 제2순위 이상의 대상에 대한 통신 기능 유지
교통 수송	철도	• 1일 열차 운행률 30퍼센트 이상 유지
	항공	• 항공사: 1일 항공기 운항률 50퍼센트 이상 유지 • 공항 운영: 항공기 운항이 다소 지연되는 경우가 있더라도 중단되지 않는 공항 운영 유지
	항만	• 컨테이너 야드(CY) 장치율 85퍼센트 미만으로 운영 유지
	화물	• 컨테이너 야드(CY) 장치율 85퍼센트 미만으로 운영 유지
	도로	• 고속도로 및 우회도로 모두 교통 두절로 인터체인지(IC) 간 접근 불가능 지속 상태를 24시간 미만으로 유지
	기타	• 1일 지하철 운행률 40퍼센트 이상 유지
금융		• 금융전산 시스템 마비 상태를 12시간 미만으로 유지
보건의료	의료 서비스	• 응급의료 기능 100퍼센트 유지
	혈액	• 1일 공급 능력의 100퍼센트 이상 유지
원자력		• 주제어실 근무주기를 24시간 미만으로 유지
환경	소각	• 주 4일 이상(1일 8시간 이상) 쓰레기 반입 및 소각
	매립	• 주 4일 이상(1일 8시간 이상) 쓰레기 반입 및 매립시설 운영(침출수 처리업무는 매일 8시간 이상 운영)
식용수		• 정수장(광역): 1일 식용수 공급량의 70퍼센트 이상 공급 능력 유지 • 정수장(지방): 1일 식용수 공급량의 30퍼센트 이상 공급 능력 유지
기타 분야		• 그 밖에 재난 발생에 대비해 응급 조치에 일시 사용할 장비 및 인력의 지정 대상 및 관리 기준 등은 재난 발생 유형, 특성, 빈도, 기능 및 용도 등을 고려해 재난관리 책임기관별로 기준을 정해 유지

시 · 도지사, 시장 · 군수 · 구청장은 재난 발생을 대비하여 응급 조치 사용에 필요한 인력 및 장비를 지정 · 관리할 수 있다(동법 제34조 제2항).

구체적으로 지정 · 관리되어야 할 장비 및 인력에 대한 사항은 에너지, 정보통신, 교통 수송, 금융, 보건의료, 원자력, 환경, 식용수 등 각각 관리해야 할 기준을 <표 4-6>과 같이 정하고 있다. 이 때 지정 · 관리되는 장비나 인력이 민간에 속하는 것인 경우에는 안전행정부 장관, 소방방재청장, 시 · 도지사 또는 시장 · 군수 · 구청장은 인력 및 장비 지정 · 관리를 하고자 하는 경우에는 그 인력 및 장비와 관련된 민간기관 · 단체 또는 소유자와 협의해야 한다.

3 통신 수단 및 재난관리 네트워크 구축

1) 긴급통신 수단의 마련

재난이 발생한 경우 재난 대응 활동을 수행하는 대응조직은 다양하게 구성되어 있고, 각각의 대응조직의 임무와 활동 범위가 정해져 있다. 재난관리는 다양한 조직이 체계적으로 활동하게 되므로, 신속하게 재난 대응 조치 상황을 공유할 수 있어야 한다. 이러한 이유로 재난 대응을 위한 긴급통신 수단의 마련이 필요하며, 법률에서도 재난 발생 시 통신이 끊기는 상황에서도 통신할 수 있는 긴급통신 수단을 마련할 의무를 재난관리 책임기관의 장에게 부여하고 있다(동법 제34조의2). 안전행정부 장관과 소방방재청장은 재난 현장에서 긴급통신 수단이 공동 활용될 수 있도록 하기 위해 재난관리 책임기관, 긴급구조기관 및 긴급구조 지원기관에서 보유하고 있는 긴급통신 수단의 보유 현황 등을 조사하고, 긴급통신 수단을 관리하기 위한 체계를 구축 · 운영할 수 있다.

안전행정부 장관과 소방방재청장은 긴급통신 수단이 효율적으로 활용될 수 있도록 긴급통신 수단 관리지침을 마련해 재난관리 책임기관, 긴급구조기관 및 긴급구조 지원기관의 장에게 통보해야 한다. 재난관리 책임기관의 장이 긴급통신 수단 관리지침에 따라 보유 중인 긴급통신 수단이 효과적으로 연계될 수 있도록 하기 위해 수시로 점검을 해야 한다.

2) 재난관리 네트워크

재난관리 체계는 다수의 재난관리 조직 간의 협력이 가능하도록 시스템을 구축해야 한다. 재난 대응 활동에 이를 적용해 보면, 재난 예보 · 경보뿐만 아니라 주민 보호 활동 등 재난 대응 활동을 하기 위해서는 정보 획득과 공유가 이루어져야 한다. 이를 위해서는 통신 수단의 마련과 함께 정보를 공유할 수 있는 시스템인 재난관리 네트워크가 구축되어야 한다. 재난관리 시스템이 구축되어야만 재난관리기관별로 보유 · 관리하고 있는 재난 관련 정보를 범국가적으로 공동 활용하고, 실시간으로 상황을 전파하기 위한 시스템을 마련할 수 있기 때문이다. 현재 재난 관련 정보 시스템은 재난관리와 재난정보의 성격 때문에 중앙 및 시 · 도 보고 중심의 시스템에서 현장 대응 중심 체계로 개편되어 가고 있는 추세이다.

현재 재난관리 네트워크로 구축된 시스템은 다수가 있다. 크게 범정부 재난관리 네트워크와 지역 재난관리 네트워크로 구분된다. 재난정보 공동활용 시스템, 상황전파 시스템, 국가재난정보센터, 재난관리정보 DB센터는 범정부 재난관리 네트워크이다. 재난관리 13개 업무 표준화 및 표준작전 절차(SOP) 서비스, 풍수해 · 대설 · 이재민관리 시스템, 피해조사 및 사유재산 피해 복구관리 시스템, 인적재난 관리 시스템과 같은 시스템은 시 · 군 · 구 재난관리 시스템이다. 현재 구축되어 있는 재난관리 네트워크의 유형과 역할은 <표 4-7>과 같다.

표 4-7 현재 구축되어 있는 재난관리 네트워크

분류	개념	구축 현황	역할
범정부 재난관리 네트워크	재난관리 책임기관별로 보유 · 관리하고 있는 재난 관련 정보를 범국가적으로 공동 활용하고, 실시간으로 상황을 전파하기 위한 시스템	재난정보 공동활용 시스템	▶ 재난관리 책임기관 간 재난정보 연계(40여 개 기관 200여 종 정보 연계)
		상황전파 시스템	▶ 중앙행정기관, 지자체 및 재난 관련 유관기관 간 재난 상황 전파 체계 구축(883개 기관)
		국가재난정보센터	▶ 국민행동요령 플래시, 안전사고정보 등을 종합적으로 제공하는 대국민 포털 사이트(safekorea.go.kr)
		재난관리정보 DB센터	▶ 정책 수립 및 의사 결정을 지원하기 위한 분석 · 예측 프로그램 개발(재난 상황, 예방안전 등 4개 분야 308개 서비스)

<table>
<tr><td rowspan="4">시·군·구 재난관리 시스템</td><td rowspan="4">중앙 및 시·도 보고 중심의 재난관리 시스템 체계를 시·군·구 현장 대응 중심 체계로 개편하고, 표준작전 절차(SOP) 기반에 의한 선진 재난관리 시스템</td><td colspan="2">재난관리 13개 업무 표준화 및 표준작전절차(SOP) 서비스</td></tr>
<tr><td>풍수해, 대설, 이재민관리 시스템</td><td>▸재난 대응활동 관리(상황관리, 응급 조치, 피해 현황 보고 등)
▸자원정보 관리(시설, 물자, 인력정보 등)
▸관측정보 관리(수위, 우량, CCTV 등)</td></tr>
<tr><td colspan="2">피해조사 및 사유재산 피해 복구관리 시스템</td></tr>
<tr><td>인적재난관리 시스템</td><td>▸특정 관리대상시설물, 유도선, 물놀이, 자원 동원 관리 등
▸실시간 출동정보, 소방 활동정보 연계 (화재 등 19종)</td></tr>
<tr><td rowspan="3">재난영상정보(CCTV) 통합·연계 시스템</td><td rowspan="3">지자체, 유관기관 등에서 개별 설치한 재난관리용 CCTV를 재난 발생(예상)시 공동 활용해 재난 상황을 신속히 파악·대응하기 위한 시스템</td><td>전국 재난관리용 CCTV의 공동 활용 기반 구축(통합·연계)</td><td>▸3,800여대 연계(지자체 2,100여 대, 유관기관 1,700여 대)</td></tr>
<tr><td colspan="2">재난관리용 CCTV 모니터링</td></tr>
<tr><td colspan="2">수위, 우량 등 위험 감지 시 자동 상황 전파</td></tr>
<tr><td rowspan="5">안전 디딤돌 '앱'</td><td rowspan="5">11개 기관 15개 재난안전정보 앱을 통합·연계하여 스마트폰으로 재난문자, 국민행동요령, 대피소 등을 조회할 수 있는 시스템</td><td colspan="2">재난문자 및 재난뉴스 제공</td></tr>
<tr><td colspan="2">기상정보 및 유형별 국민행동요령 제공</td></tr>
<tr><td colspan="2">대피소, 병원, 약국 등 재난안전 정보 제공</td></tr>
<tr><td colspan="2">지자체 재난관리용 CCTV 영상 제공</td></tr>
<tr><td colspan="2">민방위 대원정보 및 지역별 교육일정 제공</td></tr>
</table>

출처: 소방방재청(2013b).

Chapter 05

재난의 대응

제1절 재난 대응의 의의

1 재난 대응의 개념 및 목적

재난 대응(disaster response)은 재난이 발생한 이후 실질적으로 대응 활동을 하는 단계이다. 재난을 예방하기 위해 예방 단계에서 여러 조치를 수행했음에도 불구하고 재난이 발생한 경우에는 최대한 신속하고 효율적으로 재난 대응 활동을 수행해야 한다. 그러므로 재난 대응 단계에서는 재난관리기관이 재난 발생 시 수행하기로 되어 있는 임무를 대비 단계에서 구축한 기반들을 적용・활용해 활동하게 된다.

재난 대응의 가장 중요하고 주된 목적은 국민의 생명・신체・재산에 대한 보호 및 피해의 최소화이다. 대규모 재난일수록 조직적・체계적으로 대응 활동이 이루어져야 하므로, 재난 대비 단계에서 구축된 여러 조직, 수립된 계획과 매뉴얼에 따라 재난 현장에서 최적화된 조치를 수행할 것이 요구된다.

2 재난 대응의 특수성

재난 대응 단계에서 이루어지는 여러 가지 대응 조치는 대부분 국가나 지방자치단체가 실시한다. 원래 국가나 지방자치단체의 여러 활동은 사전에 법령에서 정해진 대로 수행하는 경우가 많다. 그러나 재난관리 중에서도 재난 대응 단계에서 이루어지는 국가의 활동은 사전에 정하기 어렵다. 그 이유는 재난의 유형과 발생 원인이 매우 다양하고, 재난 유형별로 재난 대응의 방법도 다르기 때문이다. 그래서 재난 대응 조치를 수행하는 경우 재난 대응을 하는 기관이 재난 상황에 적합한 조치를 하도록 권한을 주고 있다. 대응 단계에서는 순간적으로 많은 판단이 필요하기 때문에 사전에 일정한 기준을 정하는 다른 국가 활동과는 성격이 다른 측면이 있다.

그러나 대응 단계에서 국가나 지방자치단체에게 무제한으로 자유롭게 대응 조치를 결정하고 활동할 수 있도록 하게 되면, 적절하지 못한 대응 방안을 선택할 수 있는 가능성이 있다. 이러한 이유로 재난 상황에서 재난관리기관에게 재난 대응 조치를 전적으로 일임해 재량껏 수행하도록 하면서도, 사전에 대비 단계에서 재난 대응을 위한 계획을 수립하고, 재난교육·훈련 등을 하도록 하여 현장 상황에서의 시행착오를 최대한 줄이도록 하는 것이다. 재난 대응 단계가 잘못되었다고 하더라도 재난관리기관이 그 임무를 아예 하지 않거나, 임무를 수행하는 데 매우 큰 잘못이 있는 경우를 제외하고는 재난관리기관에게 책임을 묻기가 어렵다. 그렇기 때문에 재난 대응 단계는 최대한 재난 대비 단계에서 구축된 시스템을 충분히 활용하되, 결과적으로 재난 대응에 미흡한 부분이 있었다면 그 부분을 바로잡아 다시는 그러한 상황이 발생되지 않도록 시스템이 마련되어야 한다. 이러한 목적으로 도입되는 것이 바로 국가의 재난관리 임무를 강조하기 위한 재난대응 평가제도라고 할 수 있다.

3 재난 대응에 관한 법적 근거

재난 대응 조치에 대해서는 위에서 설명한 바와 같이 법률에 상세하게 정하는 것이 적합하지 않으므로, 재난 대응을 위한 여러 가지 활동을 할 수 있는 근거만 규정하고 있다. 재난관리기관은 법률에 규정되어 있는 여러 활동 중에 가장 적합한 조치를 수행하면 된다. 그러므로 법률에서는 재난 대응의 방법을 강제적으로 규정하지 않고, 재난관리기관이 재난 대응 활동을 하는 과정에서 필요한 활동을 수행할 수 있도록 재량을 부여하고 있다.

재난관리에 관한 일반법인 「재난 및 안전관리 기본법」은 재난 대응 단계에서 필요한 사항을 제6장에서 정하고 있고, 응급 조치 등과 긴급구조로 구분해 규정하고 있다. 재난 대응 조직의 구성은 재난 대비 단계에 해당하는 것이고, 실제 재난 대응 조직을 어떻게 운영할 것인지가 재난 대응 단계에 포함되는 사항이다. 재난 대응 관련 법제에서는 대응 조직을 활용해 응급 조치와 긴급구조를 어떻게 해야 하는지를 정하고 있다. 재난 대응 조직이 해야 하는 활동은 구체적으로 재난 현장에서의 피해자 보호 활동, 수색 및 구조 활동, 피해지역의 격리나 위험구역의 설정, 응급의료를 위한 비상대피소 설치 등의 다양한 조치가 포함된다. 동법에 규정된 재난 대응 조치와 관련된 조항은 <표 5-1>과 같다.

표 5-1 재난 대응 법적 근거

「재난 및 안전관리 기본법」상 재난 대응 규정(제6장)	
제1절 응급 조치 등	
제36조	재난사태 선포
제37조	응급조치
제38조	재난 예보 · 경보의 발령 등
제38조의2	재난 예보 · 경보 체계 구축 종합계획의 수립
제39조	동원명령 등
제40조	대피명령
제41조	위험구역의 설정
제42조	강제대피 조치
제43조	통행 제한 등
제44조	응원
제45조	응급 부담
제46조	시 · 도지사가 실시하는 응급 조치 등
제47조	재난관리 책임기관의 장의 응급 조치

제48조	지역긴급구조통제단장의 응급 조치 등
제2절 긴급구조	
제49조	중앙긴급구조통제단
제50조	지역긴급구조통제단
제51조	긴급구조
제52조	긴급구조 현장지휘
제53조	긴급구조 활동에 대한 평가
제54조	긴급구조 대응계획의 수립
제55조	재난 대비 능력 보강
제55조의2	긴급구조 지원기관의 능력에 대한 평가
제56조	해상에서의 긴급구조
제57조	항공기 등 조난사고 시의 긴급구조 등

제2절 재난 대응 조직과 대응 체계

1 재난 대응 조직

1) 재난 대응 조직으로서 긴급구조기관

국가는 재난으로부터 국민의 생명·신체·재산을 보호해야 하는 의무가 있다. 국민의 생명·신체 등의 보호라는 목적을 달성하기 위해서는 사전에 재난조직을 구성하고, 그 조직을 교육·훈련해 재난 발생 시 대응하도록 할 필요가 있다. 그러나 재난관리조직 전체를 재난 대응 조직이라고 하는 것은 아니다. 재난관리 조직이라고 하면 재난관리를 담당하는 조직 전체를 말하는 것이고, 재난관리 조직 중에서도 현장 상황에서 국민을 직접적으로 보호하는 활동을 하는 조직을 재난 대응 조직이라고 한다. 그러므로 재난 대응 조직은 실질적으로 재난 현장에서 즉각적으로 국민을 보호할 수 있는 능력을 갖추어야 한다. 재난 현장에서 국민 보호를 할 수 있는 역량을 확보하기 위해 재난 대응 조직에 대한 교육과 훈련을 강조하는 이유이다.

「재난 및 안전관리 기본법」도 다수의 재난관리 조직을 정하고 있다. 재난관리 조직 중에서도 재난 대응 활동을 하는 재난 대응 조직을 별도로 두고 있고, 이것이 바로 긴급구조기관이다. '긴급구조'는 재난이 발생할 우려가 현저하거나 재난이 발생했을 때 국민의 생명·신체 및 재산을 보호하기 위해 인명구조, 응급 처치, 그 밖에 필요한 모든 긴급한 조치를 의미하며, 긴급구조 활동을 하는 기관은 재난 대응 조직이라고 할 수 있다.

동법에 따르면 '긴급구조기관'은 소방방재청·소방본부 및 소방서로 하되, 해양에서 발생한 재난의 경우에는 해양경찰청·지방해양경찰청 및 해양경찰서로 정하고 있다. 또한 긴급구조기관뿐만 아니라 긴급구조에 필요한 인력·시설 및 장비,

표 5-2 긴급구조기관 및 긴급구조 지원기관

긴급구조기관	긴급구조 지원기관
• 육상재난: 소방방재청·소방본부 및 소방서 • 해양재난: 해양경찰청·지방해양경찰청 및 해양경찰서	• 미래창조과학부, 교육부, 국방부, 산업통상자원부, 보건복지부, 환경부, 국토교통부, 해양수산부, 방송통신위원회, 경찰청, 기상청, 산림청 및 해양경찰청 • 국방부 장관이 탐색구조부대로 지정하는 군부대, 그 밖에 긴급구조 지원을 위해 국방부 장관이 지정하는 군부대 • 「대한적십자사 조직법」에 따른 대한적십자사 • 「의료법」에 따른 종합병원 • 「응급의료에 관한 법률」에 따른 응급의료기관, 응급의료정보센터 및 구급차 등의 운용자 • 「재해구호법」에 따른 전국재해구호협회 • 긴급구조기관과 긴급구조 활동에 관한 응원협정을 체결한 기관 및 단체 • 그 밖에 긴급구조에 필요한 인력과 장비를 갖춘 기관 및 단체로서 안전행정부령으로 정하는 기관 및 단체 유역환경청 또는 지방환경청, 지방국토관리청, 지방항공청, 지역 보건소, 지하철공사 및 도시철도공사, 한국가스공사, 한국가스안전공사, 한국농어촌공사, 한국전기안전공사, 한국전력공사, 대한석탄공사, 한국광물자원공사, 한국수자원공사, 한국도로공사, 한국공항공사, 항만공사, 한국원자력안전기술원 및 한국원자력의학원, 국립공원관리공단, 기간통신사업자로서 소방방재청장이 정하여 고시하는 기간통신사업자

운영 체계 등 긴급구조 능력을 보유한 기관이나 단체인 긴급구조 지원기관도 정하고 있다.

2) 「재난 및 안전관리 기본법」상 긴급구조기관

(1) 중앙긴급구조통제단

긴급구조에 관해 총괄·조정하고, 긴급구조기관과 긴급구조 지원기관이 하는 긴급구조 활동의 역할을 분담하고 지휘 및 통제를 하기 위해 소방방재청에 중앙긴급구조통제단을 둔다. 중앙긴급구조통제단의 단장은 소방방재청장이 되며, 중앙긴급구조통제단장은 긴급구조를 위해 필요하면 긴급구조 지원기관 간의 공조 체제를 유지하기 위해 관계 기관·단체의 장에게 소속 직원의 파견을 요청할 수 있다. 중앙긴급구조통제단의 구성은 [그림 5-1]과 같으나, 중앙긴급구조통제단장이 재난 상황 등을 감안해 조정·운영하는 것은 가능하다.

그림 5-1 중앙긴급구조통제단의 구성

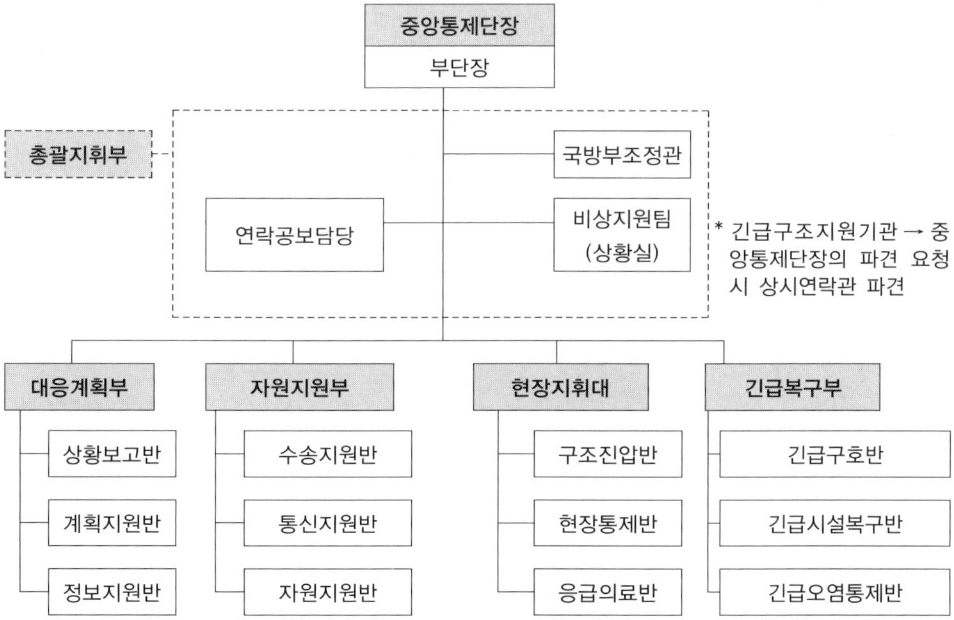

표 5-3 중앙긴급구조통제단의 업무

구분		담당 업무
중앙통제단장 (부단장)		1. 긴급구조 활동의 총괄 지휘·조정·통제 2. 정부 차원의 긴급구조 대응계획의 가동
총괄 지휘부	국방부 조정관 (1명)	1. 중앙통제단장과 공동으로 국방부의 긴급구조 지원 활동 조정·통제 2. 광범위한 지역에 걸친 재난 시 대규모 탐색구조 활동 지원
	연락공보 담당 (2명)	1. 대중정보계획 가동 2. 대중매체 홍보에 관한 사항 3. 종합상황실과 공동으로 비상경고계획 가동 4. 국회 또는 중앙재난안전대책본부장의 연락 및 보고에 관한 사항
	비상지원팀 (상황실)	1. 중앙통제단 지원 기능 수행 2. 긴급구조 대응계획 중 기능별 긴급구조 대응계획 가동 지원 3. 각 소속 기관·단체에 분담된 임무 연락 및 이행 완료 여부 보고
대응 계획부	상황보고반 (3명)	1. 재난상황정보를 종합 분석·정리해 중앙재난안전대책본부장 등에게 보고
	계획지원반 (4명)	1. 시·도 긴급구조통제단의 대응계획부의 작전 계획 수립지원
	정보지원반 (1명)	1. 시 ·도 긴급구조통제단 기술정보 지원
자원 지원부	수송지원반 (1명)	1. 긴급구조 지원기관의 자원 수송 지원 2. 다른 지역 자원봉사자의 재난 현장 집단수송 지원
	통신지원반 (1명)	1. 재난 현장의 중앙통제단과 소방방재청의 종합상황실과의 통신 지원 2. 정부 차원의 재난통신 지원 활동
	자원지원반 (1명)	1. 소방방재청 자원관리 시스템을 통한 시·도통제단 자원 요구 사항 지원
현상 지휘대	구조진압반 (1명)	1. 정부 차원의 인명구조 및 화재 등 위험 진압 지원 2. 시·도 소방본부 및 권역별 긴급구조지휘대 자원의 지휘·조정·통제
	현장통제반 (1명)	1. 정부 차원의 대규모 대피계획 시원 2. 지방 경찰관서 현장통제자원의 지휘·조정·통제
	응급의료반 (1명)	1. 정부 차원의 응급의료 자원 지원 활동 2. 정부 차원의 재난의료 체계 가동 3. 시·도 응급의료 자원의 지휘·조정·통제
긴급 복구부	긴급구호반 (1명)	1. 정부 긴급구호 활동 지원 2. 긴급구조
	긴급시설 복구반(1명)	1. 정부 긴급시설복구 지원 활동 2. 시·도 긴급구조통제단 긴급시설 복구자원의 지휘·조정·통제
	긴급오염 통제반(1명)	1. 정부 차원의 긴급오염통제 지원 활동 2. 시·도 긴급구조통제단 긴급오염 통제자원의 지휘·조정·통제

출처: 긴급구조 대응활동 및 현장지휘에 관한 규칙(안전행정부령).

중앙긴급구조통제단은 긴급구조에 관한 지휘·통제 등 다양한 역할을 담당한다(<표 5-3> 참조). 구체적으로 중앙긴급구조통제단은 국가 긴급구조대책을 총괄·조정하고, 긴급구조 활동을 지휘·통제하며, 긴급구조 지원기관 간의 역할 분담 등 긴급구조를 위한 현장활동계획을 수립하고, 긴급구조 대응계획을 집행한다. 그 밖에 중앙긴급구조통제단의 장이 필요하다고 인정하는 업무도 할 수 있다.

그림 5-2 지역긴급구조통제단의 구성

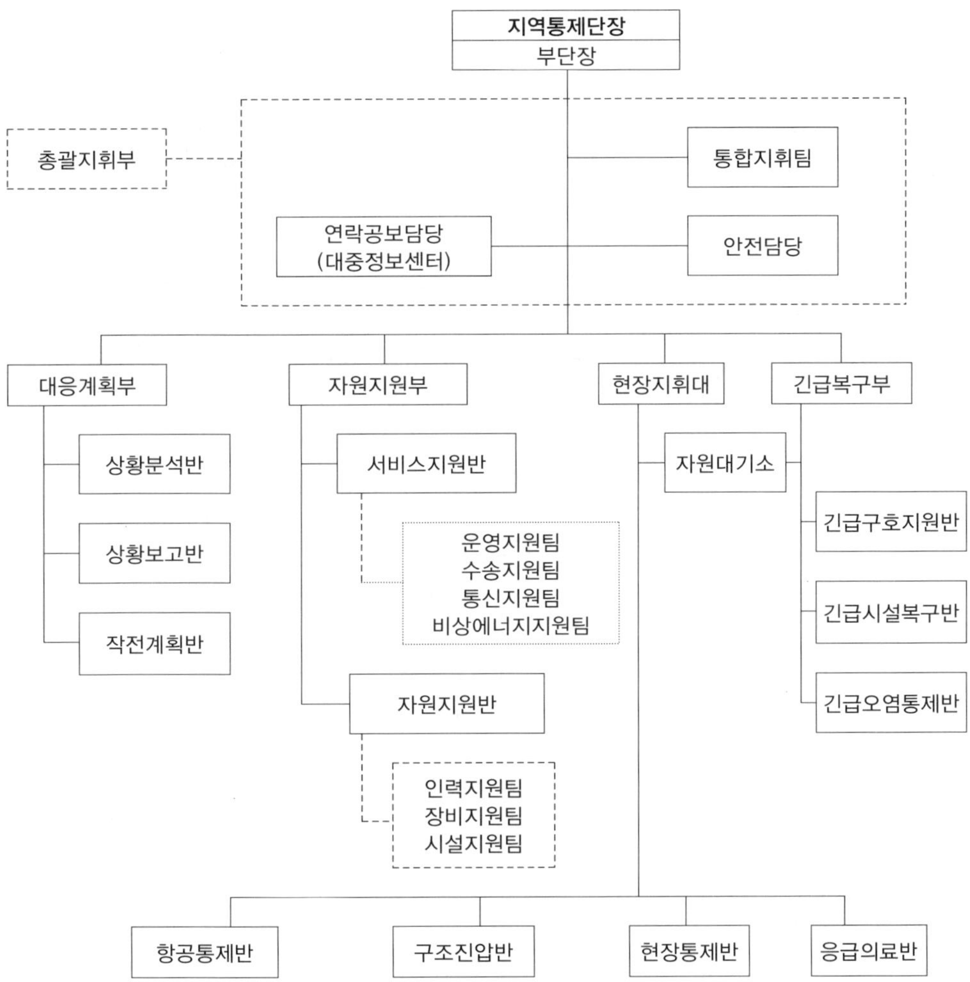

출처: 긴급구조 대응활동 및 현장지휘에 관한 규칙(안전행정부령).

(2) 지역긴급구조통제단

소방방재청에 두는 중앙긴급구조통제단과 별도로 지역에도 긴급구조통제단을 두며, 지역긴급구조통제단이라 한다. 지역긴급구조통제단은 시·도의 소방본부에 두는 시·도 긴급구조통제단과 시·군·구의 소방서에 두는 시·군·구 긴급구조통제단으로 구분된다. 시·도 긴급구조통제단과 시·군·구 긴급구조통제단의 단장은 시·도의 경우 소방본부장이, 시·군·구의 경우 소방서장이 된다. 중앙과 마찬가지로 긴급구조에 필요한 경우 관계 기관이나 단체의 장에게 소속 직원의 파견을 요청할 수 있다.

지역긴급구조통제단은 지역별로 긴급구조에 관한 사항을 총괄·조정하고, 해당 지역에 소재하는 긴급구조기관 및 긴급구조 지원기관 간 역할을 분담하며, 재난 현장에서 지휘·통제를 할 수 있도록 설치되는 기관이다. 현재 법령에 의해 지역긴급구조통제단의 업무로 되어 있는 구체적인 사항은 <표 5-4>와 같다.

표 5-4 지역긴급구조통제단의 업무

<table>
<tr><th colspan="2">구분</th><th>담당 업무</th></tr>
<tr><td colspan="2">지역통제단장</td><td>1. 긴급구조 활동의 총괄 지휘·조정·통제
2. 시·도 긴급구조 대응계획의 가동 책임</td></tr>
<tr><td rowspan="3">총괄지휘부</td><td>통합지휘팀</td><td>1. 전반적 대응 목표 및 전략 결정
2. 대응활동계획의 공동 이행(소속기관별 임무 분담 및 이행)
3. 전반적 자원 활용의 조정
4. 그 밖에 통제단장 지원 활동</td></tr>
<tr><td>연락
공보담당</td><td>1. 대중정보 제공에 관한 사항
2. 대중매체에 대한 홍보에 관한 사항
3. 상황실과 공동으로 비상경고계획 이행
4. 국회 또는 중앙재난안전대책본부장의 연락 및 보고에 관한 사항</td></tr>
<tr><td>안전담당</td><td>1. 재난 현장의 안전진단 및 안전 조치
2. 현장활동 요원들의 안전수칙 수립 및 교육</td></tr>
<tr><td rowspan="3">대응계획부</td><td>상황분석반</td><td>1. 재난상황정보의 수집·분석 및 대응 목표 우선순위 설정
2. 재난 상황 예측
3. 작전계획반과 공동으로 대응활동계획 수립</td></tr>
<tr><td>상황보고반</td><td>대책본부장 및 중앙통제단 등에 대한 보고서 작성</td></tr>
<tr><td>작전계획반</td><td>1. 현장 대응활동계획 수립 및 배포
2. 작전계획에 따른 자원 할당</td></tr>
</table>

자원지원부	서비스 지원반	1. 운영지원팀: 통제단 운영 지원 및 현장지휘소 설치 2. 수송지원팀: 긴급구조자원 수송 지원 3. 통신지원팀: 현장지휘 및 자원관리에 필요한 통신 지원 4. 비상에너지지원팀: 전기, 연료 등 지원
	자원지원반	1. 인력지원팀: 현장인력 지원 및 자원집결지 운영 2. 장비지원팀: 현장 필요장비 동원 및 지원 3. 시설지원팀: 현장 필요시설 동원 및 지원
현장지휘대	구조진압반	1. 각 시·군·구 긴급구조통제단 인명구조 및 화재 등 위험 진압 및 지원 2. 그 밖에 각 시·군·구 구조진압반 지휘·조정·통제 3. 자원대기소 운영
	현장통제반	1. 시·도 대피계획 지원 2. 각 대응구역별 현장자원의 지휘·조정·통제
	응급의료반	1. 시·도 차원의 응급의료 및 자원 지원 활동 2. 대응구역별 응급의료자원의 지휘·조정·통제 3. 사상자 분산이송 통제 4. 사상자 현황 파악 및 상황보고반에 대한 보고자료 제공
	항공통제반	1. 항공대 운항 통제 및 이·착륙장 관리 2. 응급환자 원거리 항공 이송 통제
긴급복구부	긴급구호 지원반	1. 시·도 차원의 긴급구호 및 자원 지원 활동 2. 긴급구조요원 및 자원봉사자에 대한 의식주 지원
	긴급시설 복구반	1. 시·도 차원의 긴급시설복구 및 자원 지원활동 2. 시·군·구 긴급구조통제단 긴급시설복구 자원의 지휘·조정·통제
	긴급오염 통제반	1. 시·도 차원의 긴급오염통제 및 자원 지원 활동 2. 시·군·구 긴급구조통제단 긴급오염통제 자원의 지휘·조정·통제

출처: 긴급구조 대응활동 및 현장지휘에 관한 규칙(안전행정부령).

2 긴급구조 체계

지역긴급구조통제단장은 재난이 발생하면 필요한 긴급구조 활동을 할 수 있도록 소속 긴급구조 요원을 재난 현장에 신속히 출동시켜야 한다(동법 제51조). 긴급구조 체계는 긴급구조 자체를 실시하기 위한 체계이므로, 실제 재난 발생 시 효율적인 긴급구조 활동[1]을 하기 위해 긴급구조기관들이 일사불란하게 활동할 수 있

1) 일반적으로 긴급구조 활동은 ① 신고·안내 단계, ② 현장긴급 처리 단계, ③ 수송 중 교통·통신 단계, ④ 수송 중 의료 단계, ⑤ 병원 인계 단계 등의 과정을 거치게 된다(Clarke, Fanany, & Kenny, 2010).

도록 하는 현장지휘 체계와는 다르다. 재난 현장에서 긴급구조 활동에 임하는 긴급구조 요원은 현장지휘를 하는 각급 통제단장의 지휘·통제에 따라야 한다.

긴급구조 상황은 예측이 불가능하고, 신속성을 요하며, 다수의 관계 기관이 함께 공조해야 할 경우가 많다. 평상시 긴급구조가 필요한 경우를 사전에 예측할 수 없으므로 긴급구조기관은 항상 출동을 준비해야 한다. 또한 긴급구조는 신속하게 이루어져야 하고, 여러 가지 복합적인 대응을 요구하기 때문에 긴급구조기관은 신속하게 긴급구조를 해야 하며, 긴급구조를 위해 필요한 경우 다른 기관의 도움을 받거나 다른 기관과 협력해야 한다. 그 때문에 지역긴급구조통제단장은 긴급구조를 위해 필요한 경우라면 긴급구조 지원기관의 장에게 소속 긴급구조 지원 요원을 현장에 출동시키는 등 긴급구조 활동을 지원할 것을 요청할 수 있다. 이 경우에도 지역긴급구조통제단장의 요청에 따라 긴급구조 활동에 참여한 민간 긴급구조 지원기관 등에 대해서는 경비의 전부 또는 일부를 지원할 수 있도록 하여 유사시 참여 및 협력을 할 수 있는 체계를 구축하고 있다.

3 재난 대응을 위한 현장지휘 체계

1) 현장지휘 체계의 개념

재난이 발생한 현장에서는 대응 활동을 하는 경우 다수의 대응기관이 관계될 수 있다. 현재 긴급구조기관은 소방방재청, 소방본부 및 소방서로 되어 있고, 해양의 경우 해양경찰청·지방해양경찰청 및 해양경찰서로 되어 있다. 재난 대응은 신속하고 체계적으로 이루어져야 하므로 재난 대응기관 간의 혼선이 없도록 일정한 지휘 체계를 구성해야 한다.

이에 재난현장 지휘 체계(Incident Command System: ICS)는 전반적 재난통제를 지향하는 통합 지휘를 기본으로 하면서 재난 현장에서의 상호 이질적 대응기관들이 복잡한 재난 상황에서 혼란스럽게 대응하는 문제점을 개선시키고자 하는 조직화 개념이다. 다시 말하면, 현장지휘 체계는 명령 또는 지시와 관련 정보 등의 수집 및 전달 등 업무 수행을 위한 조직 체계를 말하며, 긴급구조본부장·통제관·각 부서의 반장 및 구성원 등으로 구성된다. 재난 현장에서의 지휘 체계는 통합적 대응 시스템을 필요로 하며, 이는 하나의 기관이 다양한 대응기관들의 대응 활동과 밀접하게 관련되고 협조가 이루어질 수 있도록 연결고리를 만들어 준다는 개념이다.

이를 위해 현장지휘 체계는 주요 책임기관과 지원기관의 법적·재정적 권한이 존중되고 이해될 수 있도록 설계되어야 한다. 예를 들어 경찰관과 소방관을 혼합시켜 재조직화하거나 소방관을 건축토목 작업조직과 혼합시켜 재조직화하는 것은 전체적인 책임기관을 중심으로 통합시키는 것이다. 자원봉사자를 조직하거나 보조요원으로 배치시키는 것 등은 가능한 일이지만 모든 조직을 재통합시켜 계층화시킨다는 것은 어려운 시도일 수도 있다.

또한 각 기능별 조직의 독립성을 존중해 주는 일은 통신 체계의 단순화, 교대조의 편성관리, 그리고 대응요원들의 안전에 도움이 된다. 조직의 독립성을 존중해 준다는 것은 통합관리와 배치되는 기준으로 이해될 수도 있지만, 이러한 기준은 통합관리 원칙에 결코 배치되는 원리가 아니다.

재난 현장에서 사용되는 지휘 체계는 현실성을 중시하므로 지휘 체계에서 제시된 절차들은 조직(관할구역) 자치 원리를 따르도록 설계되어야 한다. 재난 대응에 참가하는 각 조직은 그들 자신의 법적·재정적 책임 하에 그들의 조직 기능에 적합한 임무를 수행하며, 자신의 조직 운영 절차에 따라 통제할 수 있기를 원한다. 개인과 같이 조직도 어느 특정 조직 속에 통합되어 지휘 받기를 원하지 않으며, 그러한 의도 역시 현실적이지 못하고 바람직한 일도 아니다. 따라서 이러한 본질적인 요구에 부응할 수 있는 현장지휘 체계의 개발은 재난 대응 체계를 만들어 나가는 데 반드시 고려해야 할 사항이다.

현장지휘 체계는 다섯 가지 주요 관리 체계로 구성된다. 여기에는 지휘, 운영, 계획, 물류, 재정 등을 포함한다(Haddow, Bullock, & Coppola, 2011).

첫째, 지휘 체계이다. 현장에서의 다수 기관과의 통신 및 협력을 개발하고 지시하며 유지하는 것이다. 재난에 관해 최신 정보를 제공하기 위해 지방 공무원, 일반국민, 언론과 공동 노력한다.

둘째, 운영 체계이다. 전술적 운영을 다루며 명령 목적을 조정하고 재난 장소에 필요한 모든 자원을 조직하고 제시한다.

셋째, 계획 체계이다. 재난관리 목표를 달성하기 위한 행동계획을 개발하기 위해 현장지휘소(Incident Command Post: ICP)에 필요한 정보를 제공한다. 활용 가능한 정보를 수집하고 평가하기도 한다.

넷째, 물류 체계이다. 현장지휘소에 인력, 장비, 지원을 제공한다. 구조장비를 운송하는 것에서 적십자사 등의 자원봉사조직에 대한 대응을 조정하는 일까지 대응 단계에 포함된 모든 서비스의 조정 역할을 수행한다.

다섯째, 재정 체계이다. 재난의 대응 및 복구 단계에서 사용된 기금에 대한 회계 책임을 진다. 현장지휘와 관련된 비용을 모니터링하고 회계 구매 시간 및 기록 비용 분석을 수행한다.

2) 현장지휘 체계의 목표

현장지휘의 궁극적 목표는 재난의 효율적 대응이다. 재난을 신속하게 대응해 인명과 재산의 피해를 최소화하는 것이 주된 목표이다. 이러한 궁극적 목표를 달성하기 위한 재난 현장에서의 통합적 지휘의 목표는 다음과 같다.

- 다수 기관 간 정보 교환을 증진한다.
- 사고관리를 위한 집중된 대응 활동을 가능케 한다.
- 기능적, 지역적 복잡성을 감소시킨다.
- 모든 대응기관의 노력을 최적화시킨다.
- 중복된 대응 활동을 예방한다.

3) 현장지휘 체계의 특징

(1) 통합 현장지휘 체계의 특징

재난 현장지휘는 다수 참여기관을 체계적으로 조직화시키는 수단이며 각 조직의 자치 원리를 존중하면서도 대응 활동을 위한 공통된 관리구조를 사용한다. 대응책임기관이 사용하는 현장지휘 체계는 다수 기관이 참여한 경우에도 동일한 조직구조를 사용해야 하며, 다음과 같은 특징이 있다.

첫째, 통합적 현장지휘 체계는 공통성(표준화)에 기반을 두어야 하며, 그러한 공통성은 전통적 방법으로 운영해 온 상호 이질적 사고지휘 개념과는 다른 차원이며,

전통적 방법을 개선시키기 위한 중요한 계기가 된다.

둘째, 재난 시 관련 기관들이 이러한 공통된 지휘 체계, 즉 동일한 조직구조, 표준 용어, 동일한 관리절차를 사용할 때 운영상 차이점은 거의 없게 된다.

셋째, 중요한 것은 이러한 관련 기관들이 하나로 통제될 수 있으며, 또 그렇게 관리될 수 있다는 것이다. 독단적으로 운영되는 여러 개의 지휘소 대신에 단지 하나의 장소에서 전체적인 운영을 조정, 통제할 수 있다는 것이다.

넷째, 협력과 조정 없이 여러 장소에서 하나의 사고에 대응하기 위한 작전계획이 수립되고 적용된다면 전체적인 사고관리는 중복 대응이 되며, 전체적 자원 조정의 실패로 인한 대응 공백이 발생할 것이다.

다섯째, 다수의 병참 또는 통신 절차 대신에 통합된 절차에 따라 하나의 대응 시스템이 사용된다면 그만큼 효율적인 대응 활동이 가능하게 된다.

이와 같은 다섯 가지의 특징은 하나의 조직구조, 하나의 통합지휘부, 하나의 계획 절차, 하나의 자원지원센터, 그리고 하나의 통신관리 체계를 가질 것을 요구하는 것이며, 그렇게 함으로써 강력한 대응상의 상승 효과를 가져오게 된다. 하나의 장소에 함께 모여 일하고, 하나의 대응 활동계획을 수립하며, 하나의 통일되고 공통된 절차를 사용함으로써 다수 기관의 통합된 지휘관들은 그들의 결집된 힘을 사고 대응 활동에 집중할 수 있게 되는 것이다. 구성원들은 정보를 공유하고, 대응 활동을 조정하며, 자원의 유용성을 증대시키거나 의사 소통을 원활히 할 수 있게 됨으로써 유동적인 사고 상황에 신속히 대응하게 되는 것이다.

(2) 재난운영센터와의 관계

일반적으로 각 관할구역은 재난 대응을 위해 재난운영센터(Emergency Operation Center: EOC)를 설치해 운영한다. EOC는 하나의 조직으로서 재난 및 관할구역에 따라 다양할 수 있다. 미국의 경우 부유한 지자체의 경우 상설 EOC를 운영하기도 하고 그곳에 상주 인력을 배치하기도 한다. 또 다른 한편 소방과 경찰조직은 자신들의 EOC 조직을 운영하기도 한다. 소방서의 경우 대개 출동센터 인근에 EOC를 설치・운영한다.

하지만 EOC는 그 규모에 상관없이 거의 동일한 기능을 수행한다. 즉, 외부 유관기관과의 연결망 역할을 수행한다. EOC의 이러한 정보는 지역사회의 재난평가,

재해 운영, 주민 보호 등의 조정에 사용된다. EOC는 통신팀을 운영해 세 가지 주요 원천으로부터 정보와 자료를 수집한다. 첫 번째는 기상청과 같은 중앙기관이다. 두 번째는 지방의 현장지휘소(ICP)로부터이다. 세 번째는 지역의 고정시설 또는 재해 인자 운송자로부터이다. 이러한 조직들은 재해 모니터링 자료를 제공한다.

한편 사고현장지휘소(ICP)와 재난운영센터(EOC)와의 기능적 관계를 살펴보면

그림 5-3 재난운영센터에서의 정보 흐름

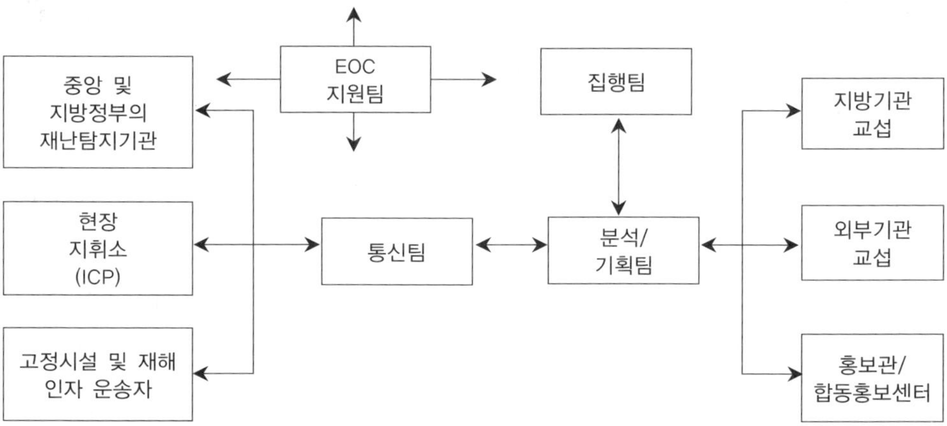

그림 5-4 재난운영센터와 현장지휘소 간의 기능적 관계

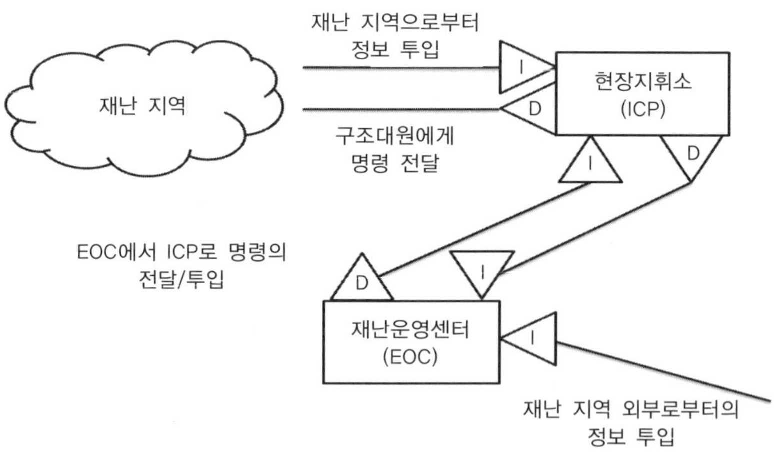

[그림 5-4]와 같다. EOC는 재난 지역 외부로부터 정보를 받을 뿐만 아니라 정보를 ICP에서도 받아 ICP에 명령을 전달하고 ICP는 EOC에 정보를 제공할 뿐만 아니라 EOC로부터 명령을 받고 재난 지역으로부터 정보도 받아 재난지역의 구조대원들에게 명령을 전달한다. 여기서 중요한 점은 재난에 대처하는 하나의 ICP와 하나의 EOC가 존재한다는 것이다.

4) 현장지휘의 주체

재난 현장에서의 긴급구조 활동은 원칙적으로 시・군・구 긴급구조통제단장이 지휘한다. 다만, 치안 관련 활동은 관할 경찰관서의 장과 협의하여 활동하여야 한다(동법 제52조 제1항). 원칙적으로 시・군・구 긴급구조통제단장이 지휘하지만, 예외적으로 중앙긴급통제단장과 시・도 긴급구조통제단장이 직접 현장지휘를 할 수 있는 경우가 있다. 시・도 긴급구조통제단장은 필요하다고 인정하는 경우 현장지휘를 할 수 있다(동법 제52조 제3항). 또한 중앙긴급구조통제단장도 대규모 재난[2]이 발생하거나 그 밖에 필요하다고 인정하는 경우 직접 현장지휘를 하는 것이 가능하다(동법 제52조 제4항).

표 5-5 현장지휘의 주체

현장지휘의 주체		
원칙	예외	
시・군・구 긴급구조통제단장	시・도 긴급구조통제단장	중앙긴급구조통제단
	필요하다고 인정하는 경우	대규모 재난 발생 시 또는 그 밖에 필요하다고 인정하는 경우

5) 현장지휘의 범위

시・군・구 긴급구조통제단장의 재난 대응 현장의 지휘 범위는 <표 5-6>과 같

2) 중앙긴급구조통제단장이 직접 현장지휘를 할 수 있는 대규모 재난이라는 것은 인명 또는 재산의 피해 정도가 크거나 재난의 영향이 사회・경제적으로 광범위하여 주무부처의 장이나 지역재난안전대책본부장의 건의를 받아 중앙재난안전대책본부장이 인정하는 재난이거나, 중앙재난안전대책본부장이 재난관리를 위해 중앙재난안전대책본부의 설치가 필요하다고 판단하는 재난을 말한다(「재난 및 안전관리 기본법 시행령」 제13조).

표 5-6 **표준 현장지휘 임무**

부서별		임무
총괄지휘부	연락공보담당	1. 대중정보 및 대중매체 홍보에 관한 사항 2. 유관기관과 연락 및 보고에 관한 사항
	안전담당	1. 소속기관 임무 수행지역의 현장 안전진단 및 안전 조치 2. 소속기관 현장 활동 요원들의 안전수칙의 수립 및 교육
대응계획부		1. 재난 상황정보의 수집·분석 및 상황예측 2. 현장 활동계획의 수립 및 배포
자원지원부		1. 대응자원 현황을 대응계획부에 제공하고 대응계획부의 현장 활동계획에 따라 자원의 배분 및 배치 2. 현장 활동에 필요한 자원의 동원 및 관리
현장지휘부(대)		1. 대응계획부의 현장 활동계획의 이행 2. 자원대기소 운영 및 교대조 관리

출처: 긴급구조 대응활동 및 현장지휘에 관한 규칙(안전행정부령).

다. 재난 현장에서의 인명의 탐색·구조, 긴급구조기관 및 긴급구조 지원기관의 인력 및 장비의 배치와 운용, 추가 재난의 방지를 위한 응급 조치, 긴급구조 지원기관 및 자원봉사자 등에 대한 임무 부여, 사상자의 응급 처치 및 의료기관으로의 이송, 긴급구조에 필요한 물자관리, 현장 접근 통제, 현장 주변 교통 정리, 그 밖에 효율적인 긴급구조 활동을 위해 필요한 사항에 대한 지휘를 한다.

6) 표준 현장지휘 체계의 필요성

하나의 지방자치단체의 관할구역 내에서 긴급구조가 이루어지는 경우에는 현장지휘권자가 지휘를 하면 된다. 그러나 둘 이상의 지방자치단체의 관할구역에 걸쳐서 재난이 발생했거나, 하나의 지방자치단체 관할구역에서 여러 긴급구조기관 및 긴급구조 지원기관이 공동으로 대응해야 하는 재난이 발생한 경우는 특별히 통일된 체계를 구축할 필요가 있다. 이 경우 통일된 현장지휘 체계가 이루어지지 못하면 재난 상황에서 신속하게 재난 대응을 하는 데 실패할 수 있으므로 표준화된 현장지휘 체계를 구축할 것이 요구된다.

그러므로 다수의 지방자치단체의 관할구역에서 재난이 발생하거나, 여러 기관이 함께 공동으로 긴급구조를 하는 경우에는 표준 현장지휘 체계에 따라야 한다(동법 시행령 제59조 제1항). 표준 현장지휘 체계란 긴급구조기관 및 긴급구조 지원기관

그림 5-5 표준지휘 조직구조

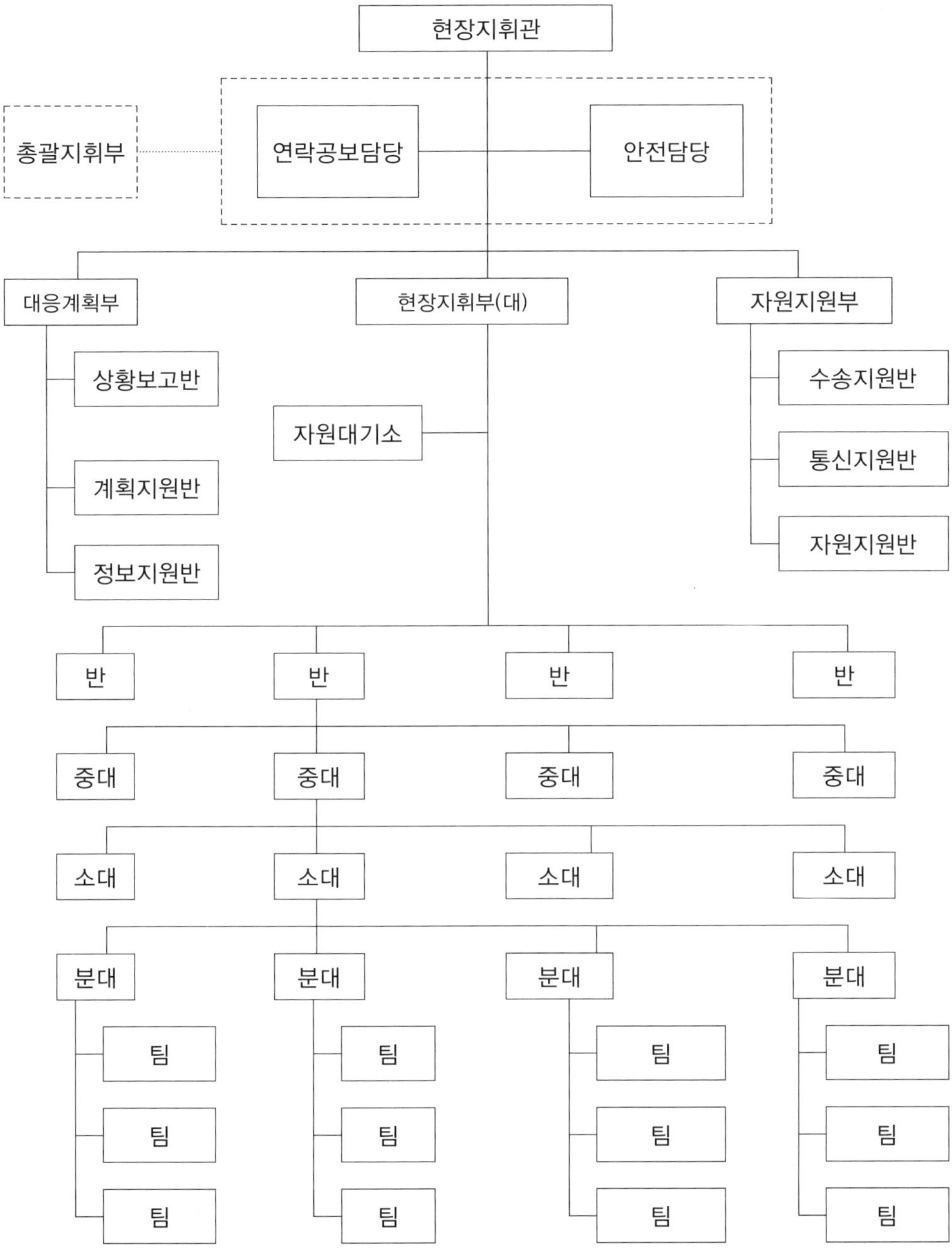

출처: 긴급구조 대응활동 및 현장지휘에 관한 규칙(안전행정부령).

이 체계적인 현장 대응과 상호 협조 체제를 유지하기 위해 공통으로 사용하는 표준 지휘조직 구조, 표준 용어 및 재난 현장 표준작전 절차를 말한다.

표준 현장지휘 체계에 포함되는 표준 지휘조직 구조는 [그림 5-5]와 같다.

표준 현장지휘 체계에서 사용하는 표준 용어와 그 의미는 <표 5-7>과 같다.

표 5-7 표준 현장지휘 체계의 표준 용어

자원집결지	현장지휘관이 긴급구조 활동에 필요한 자원을 특정 장소에 집결 및 분류해 자원대기소와 재난 현장에 수송·배치하기 위해 설치·운영하는 자원의 임시집결지
자원대기소	현장지휘관이 자원의 신속한 추가 배치와 교대조의 휴식 및 대기 등을 위해 현장지휘소 인근에 설치·운영하는 특정한 장소 및 시설
수송대기지역	자원집결지에서 자원 수송을 위해 구급차 외의 교통 수단이 대기하는 장소
구급차대기소	현장응급의료소에서 사상자의 이송을 위해 구급차의 도착 순서 및 기능에 따라 임시 대기하는 장소
선착대	재난 현장에 가장 먼저 도착한 긴급구조 관련 기관의 출동대
단위지휘관	표준 지휘조직 구조의 팀·분대·소대·중대 및 반의 현장 활동을 지휘·조정 및 통제하는 자
지휘참모	통제단장의 임무 수행을 보좌하거나 통제단장의 특정 임무를 위임받아 수행하는 통제단의 각 부장과 표준 지휘 조직구조의 안전담당 및 연락공보담당
비상헬기장	현장지휘소 인근에서 응급환자의 이송, 자원 수송 등의 활동을 위해 현장지휘관이 지정·운영하는 헬기 이·착륙 장소

출처: 긴급구조 대응활동 및 현장지휘에 관한 규칙(안전행정부령).

재난 현장의 표준작전 절차는 소방방재청장이 작성하되, <표 5-8>과 같이 지휘통제 절차와 표준작전 절차 등으로 구분해 작성하도록 한다. 다만 긴급구조기관의

표 5-8 재난 현장 표준작전 절차

지휘통제 절차	표준작전절차(SOP) 101부터 199까지의 일련번호 부여
화재 유형별 표준작전 절차	표준작전절차(SOP) 201부터 299까지의 일련번호 부여
사고 유형별 표준작전 절차	표준작전절차(SOP) 301부터 399까지의 일련번호 부여
구급 단계별 표준작전 절차	표준작전절차(SOP) 401부터 499까지의 일련번호 부여
대응 단계별 표준작전 절차	표준작전절차(SOP) 501부터 599까지의 일련번호 부여
현장 안전관리 표준지침	표준지침(SSG) 1-1부터 99까지의 일련번호 부여

장은 소방방재청장이 정한 재난 현장 표준작전 절차를 사용하되 지역 특성에 따라 이를 변경·적용하는 것이 가능하다.

제 3 절 재난 대응 활동

1 긴급성 평가

재난 대응 단계에서 긴급성 평가(emergency assessment)는 정보 활동에 초점을 맞춘다. 정보 활동에는 위험에 처한 사람과 재산, 그리고 재해관리 요원들의 행동에 대한 이해를 포함한다. 이 기능에는 분류 체계, 프로토콜, 장비 등의 이용도 포함된다. 구체적인 위협, 영향의 가능성, 관리정책 등은 관할구역의 재해 취약성 분석을 통해 도출된다.

1) 위협 감지와 긴급성 분류

위협 감지에는 위협 존재에 대한 인식, 영향의 규모, 위치, 시간 등의 평가, 대응 방법의 결정 등이 포함된다. 위협은 스스로 감지할 수 있거나 또는 통보를 받을 수도 있다. 예를 들면 기상청이 강한 폭풍을 예보할 수 있다.

일단 위협이 감지되고 나면 긴급성 분류 체계를 이용하는 것이 도움이 된다. 이 체계는 수많은 잠재적 위협을 몇 개의 범주로 나누고 있다. 이 범주에 따라 위협평가와 대응조직 활동 수준이 연결된다. 긴급성 분류 체계는 각 개별 재해에 구체적이다. 긴급성 분류에 사용되는 세 가지 요소는 다음과 같다.

첫째, 재해 발생이다. 긴급성 등급은 중대한 사건이 발생할 가능성이 높을 경우, 사건의 정도가 클 경우, 사건의 영향 지점이 가까울수록, 사건이 발생할 시간이 가까울수록 긴급성 등급은 높아진다.

둘째, 재해 확산이다. 긴급성 등급은 재난의 영향이 주변 환경에 전파되는 것이 용이할 때 그리고 주변 환경이 그러한 영향을 흡수할 수 있는 능력이 제한되어 있는 경우 긴급성 등급은 높아진다. 대부분의 경우 폭발성 에너지는 분산되며 유해화학물질도 원천으로부터 거리를 유지하며 흩어지게 된다.

셋째, 지역사회 취약성이다. 긴급성 등급은 해당 지역사회가 위협에 더 취약할 경우에 더 높아질 것이다. 예를 들어 창문 차단기가 있고 철강이 내재된 콘크리트 빌딩보다는 창문 보호막이 없는 목재 틀로 된 건물이 일정 풍속에 더 위험하다. 단단하게 밀폐된 건물보다는 높은 침윤율을 가진 건물이 유독 화학물질 누출에 더 위험하다.

일반적으로 긴급성 분류 체계는 각 긴급성 등급이 긴급성 행동 수준(emergency action level: EAL)에 의해 명확히 규정되는 경우에 한해 신뢰성 있게 집행된다. 긴급성 행동 수준(EAL)은 긴급성 정도의 지표로서 쉽게 식별 가능한 하나의 구체적 사건 또는 상태를 의미한다(Coppola, 2011). 예를 들면, 미국 원자력규제위원회(Nuclear Regulatory Commission: NRC)와 미 연방재난관리청(FEMA, 1980)은 원자력발전소 긴급성을 다음과 같이 네 등급으로 분류했다.

① 이상 징후(unusual event)

발전소 안전에서 잠재적 위협이 느껴지는 상태이다. 다른 사건들이 발생하지 않는 한 누출은 일어나지 않을 것이다.

② 경고(alert)

발전소 안전이 상당히 위태롭게 되는 경우이다. 미국 환경보호청(Environmental Protection Agency: EPA)에서 설정한 누출한계점 이하로 누출이 발생할 가능성이 높은 경우이다.

③ 부지 긴급성(site area emergency)

발전소 안전 기능이 심하게 손상된 경우이다. 누출이 EPA 한계점을 넘어서서 일어날 가능성이 높지만 부지 내로 범위가 한정된 경우이다.

④ 일반 긴급성(general emergency)

상당한 핵심 기능이 손상을 입고 방사능 누출이 저장소 밖으로 누출되어 부지 외부 지역까지 확산되며 그 수준이 EPA 한계점을 넘어서게 된 경우이다.

2) 재해 및 환경 모니터링

재해로 인한 위협이 변화가능성이 있는지, 위치나 정도 또는 시간상 변화가 있는지 등을 모니터링하기 위해 지속적으로 재해 위험 인자(hazard factors)를 추적 감시해야만 한다. 또한 재해 영향이나 대응 조치의 성공에 변화를 초래할지도 모르는 환경 상태를 모니터링할 필요가 있다. 재해와 환경 모니터링은 밀접한 관련이 있다. 그 이유는 일부 재해는 대기에서 발생하기 때문이다. 다른 재해는 대기를 통해 확산되기도 한다. 태풍의 경우 현재 위치, 예측 경로, 강도, 규모, 속도 등에 관한 정보를 모니터링함으로써 그 영향을 예측할 수 있다. 유해화학물질 누출의 경우 풍속, 풍향, 대기 안정성 등과 함께 누출률과 누출 지속 기간 등을 모델링함으로서 그 영향을 예측할 수 있다. 나아가 추가적인 누출을 가져올 수도 있는 화재 가능성도 예측해야 한다. 또한 강수 가능성과 바람의 이동도 예측해야만 하는데, 비는 수용성 유해화학물질을 대기에서 제거할 수 있으며, 바람의 이동은 위험에 처한 지역을 변경할 수 있다.

재해의 실제 규모를 예측하고 모니터링하기 위해 기술적·조직적 장치를 마련해야만 한다. 이러한 것은 긴급사태가 발생한 어떤 시점에서도 가능해야 한다. 이러한 과업을 수행할 능력은 환경적 재해의 유형에 따라 달라진다. 지진의 경우 모니터링과 예측이 불가능한데 그 이유는 현재 그러한 재해 발생의 예측가능성을 결하고 있기 때문이다. 그러나 이러한 가능성은 홍수 재해에서는 오랫동안 이용되어 왔다.

3) 인구 모니터링과 평가

어떤 주어진 시간에 얼마나 많은 사람이 재해 영향 지역에 있는지를 알아야만 한다. 폭풍이 닥치기 전에 사전 경보를 받았다면 얼마나 많은 사람이 일반적으로 영향 지역에 있는지를 알고 있을 경우 사람들의 대피를 관리하는 데 도움이 된다. 대피경보가 발해지기 전에 사람들이 이미 그 지역을 떠난 것을 안다면 대피관리에 더욱 도움이 된다. 재난이 발생한 후 얼마나 많은 손실이 발생하는지를 알 필요도 있다.

상주 인구의 규모와 구성에 관한 정보를 얻기 위해 센서스 자료를 활용할 수 있다. 그러나 이러한 자료에서 연령별 분포와 인종 구성 등을 분류할 필요가 있을 것이다. 나아가 근로자의 수와 관광객의 수, 그리고 다른 임시 거주자의 수를 예측할 필요가 있다(Drennan & McConnell, 2007).

통계청 자료가 이러한 정보를 제공해 주는데 각 인구 유형에 따라 재난에 반응하는 형태가 다르다. 일반적으로 상주 인구의 경우 대피명령에 더 소극적인 것으로 나타난다. 학생들과 병원 환자, 그리고 노인들과 같이 도움이 필요로 하는 사람들은 대피하는 능력이 제한되어 있다.

인구 모니터링에서 또 다른 두 가지 사항은 손실 평가와 재난 대응기관의 책임성이다. 이 요소들은 재난 대응 사후 영향 단계에서 중요하게 된다. 손상평가(casualty assessment)는 얼마나 많은 사람이 실종되었고 그들이 어디에 있을 것인가를 결정하는 데 필요하다. 이러한 정보는 물론 구조구급(Search and Rescue: SAR)팀에게도 중요한 정보가 된다. 책임성 정보는 SAR팀이 구조를 선별해 등급화하거나 자신들의 임무에 초점을 맞추게 하는 데 도움이 된다. 분명한 것은 SAR팀이 비어 있는 건물을 안다면 구조구급 활동에서 이러한 건물들을 건너뛸 수 있을 것이다. 그리하여 팀원들은 구조가 가능한 건물에 자신들의 노력을 집중할 수 있게 된다. 대응기관의 책임성도 동일한 이유로 필요한 정보이다. 재난 대응 조직, 특히 안전요원은 개인적 근무명부와 근무배치표를 가지고 있어야 한다.

4) 피해 평가

피해 평가는 재난이 공공 또는 개인 재산에 끼친 영향을 측정하는 것이다. 이 기능은 일반적으로 복구 관점에서 고려되었다. 그러나 피해 평가는 재난 대응 단계에서부터 시작되는 예측 과정이다. 재난 대응기관은 재난으로 인한 물리적 영향 지역의 경계를 규정하고, 그 지역 내에서의 피해 강도를 평가하는 신속한 피해 평가를 수행해야 한다. 피해 평가의 첫 번째 단계에서 재난 영향의 규모에 대한 즉각적인 정보를 얻게 된다. 이를 바탕으로 현장의 요구에 대응할 수 있는 충분한 자원을 가지고 있는지의 여부를 결정할 수 있다. 만약 그렇지 않다고 판단되면 비번 중에 있는 인력의 도움을 요청할 필요가 있을 것이다. 나아가 인근 지역 또는 상급기관이나 민간으로부터 도움을 요청할 필요도 있다.

나아가 신속한 피해 평가를 사용해 상태의 변화에 따라 자원을 어떻게 배치해야 할 것인지도 결정할 수 있다. 예를 들면 홍수 재난에 대한 대응 과정에서 피해 평가 팀을 사용해 강화될 필요가 있는 제방의 취약 지점을 규명할 수 있다(Roberts, 2010).

2 주민 보호 조치

1) 주민 보호 조치의 의의

재난관리의 주된 목적은 국민의 생명·신체 및 재산의 보호이다. 재난관리를 위한 일련의 단계 중에서도 실제로 국민의 생명·신체에 대한 위해를 막거나 최소화할 수 있는 단계가 바로 재난 대응 단계이다. 재난 대응 활동을 할 때 해당 위해로부터 주민의 생명·신체를 최대한 보호하고, 위해를 차단하는 것은 가장 중요하고 기본적인 사항이다. 기술적·조직적 메커니즘을 통해 재난 대응기관은 자신들의 인력과 일반국민을 보호한다. 주민 보호를 위한 조치는 재난 발생 이후는 물론이고 재난 발생 우려가 있는 경우에도 실시되어야 한다. 재난 발생의 우려가 현저한데도 불구하고 재난 발생 이후부터 주민 보호를 위한 활동을 시작하면 주민 보호 조치의 목적을 충분히 달성할 수 없게 되기 때문이다.

재난 발생 시 주민을 보호하기 위한 조치는 매우 다양하게 선택될 수 있다. 그러나 다수의 주민 보호 조치가 가능하다고 하더라도 재난 발생이라는 상황 하에서는 인력은 물론 물자 및 장비가 충분치 않으므로 주민 보호를 위해 가장 신속하고 효과적인 수단을 사용하도록 결정하는 것이 주민 보호 목적을 달성하기 위해 필요하다. 그리고 대상 세대와 기업에 보호 조치가 취해질 시간을 결정해야 한다.

통상적으로 주민 보호 조치의 유형으로서 재난경보, 대피, 구호 조치 등을 들 수 있다. 재난이 발생할 우려가 있거나 재난이 발생한 경우 이를 주민들에게 알려 그 이후 대피 등을 준비할 수 있도록 하는 재난경보는 주민 보호 조치의 가장 첫 단계에 실시된다. 재난 발생의 우려가 있거나 이미 재난이 발생한 상황에서 주민들을 즉시 대피하도록 해야 하거나 피난시켜야 할 경우에 이루어지는 대피명령이나 피난명령도 대표적인 주민 보호 조치의 하나이다. 또한 긴급하게 대피하거나 피난하는 과정에서 치료가 필요하게 된 주민에 대한 의료 지원이나 대피·피난 주민을 대상으로 한 의식주 제공 등 구호 조치도 주민 보호 조치에 포함된다.[3)]

---

3) 「재난 및 안전관리 기본법」에서도 주민 보호 조치에 관한 사항으로 경보 발령·전달, 피난 권고 또는 지시, 위험구역 설정, 긴급안전 조치, 급수 수단의 확보, 긴급피난처 및 구호품의 확보, 현장 지휘통신 체계의 확보 등 주민의 생명·신체 등을 보호하기 위한 여러 조치를 규정하고 있다.

이와 같이 다양한 주민 보호 조치 중 어떠한 것이 가장 적절한 수단인지를 선택하기 위한 기준으로는 재난 발생 우려의 정도, 재난의 유형, 재난이 환경·인체에 미치는 영향, 재난 발생 시 위험의 확산 속도, 위험의 지속 기간 등이 있으며, 주민 보호 조치를 선택하는 경우 이러한 사항을 반드시 고려해야 한다.

예를 들어, 영향 지점으로부터 거리가 멀어지면 위협은 감소한다. 그리하여 어떤 거리를 벗어나면 보호 조치가 필요 없게 된다. 즉, 홍수가 예상되는 강 인근 지역에 거주하는 사람들은 대피명령이 필요하지만 홍수지역을 벗어난 곳에서는 이러한 조치가 필요 없을 것이다. 그러나 대피지역의 경계를 규정하는 것이 쉽지 않은 경우가 대부분이다. 홍수의 경우 어떤 지역이 침수될 것인지를 정확히 안다는 것은 어렵다. 유사하게도 유독가스가 인명에 손상을 줄 수 있는 수준의 정확한 지점을 예측하는 것도 어려운 일이다. 과학적인 예측기법이 있기는 하지만 모든 불확실성을 제거해 주지는 못한다.

가장 적절한 주민 보호 조치를 선택한 후 이를 집행할 때에는 주로 재난 대응기관의 보호 조치에 순응하기를 원하는 사람들에 대한 과업의 성과에 초점을 맞추게 된다. 일반적으로 보호 조치를 집행하기 위해서는 다음의 요소가 필요하다(Drennan & McConnell, 2007).

- 집행 예산
- 지식과 물리적 기술
- 시설과 운송 수단
- 연장과 장비
- 시간과 에너지
- 사회적 협력

이러한 자원들은 모든 관할지역의 사람들에게 일정하게 배분되어 있지 않다. 어떤 세대가 보호 조치를 실행하는 데 필요한 자원을 결하고 있는지에 대한 정보가 필요하다. 또한 어떤 인구집단이 재난 대응자원을 가지고 있지 못하는지에 대한 정보가 필요하다. 이를 위해서는 반드시 그들이 거주하고 있는 지역사회를 규명해야만 한다.

2) 재난 예보 및 경보

(1) 재난 예보·경보의 의의

재난이 발생할 우려가 있거나 재난이 이미 발생한 경우 주민 보호를 위한 대응 조치의 첫 단계에 해당하는 사항이 바로 예보와 경보이다. 재난으로부터 주민을 보호할 필요가 있다고 인정되는 경우 재난 대응기관은 긴급하게 주민에게 재난 발생 우려 및 재난 발생 사실에 관해 알려야 한다. 이러한 예보나 경보를 통해 사전에 재난 피해를 예방하거나 최소화 할 수 있다. 그러므로 사전에 경보를 발령하고 정보를 통보하는 것은 재난 대응에서 매우 중요한 사항이며, 주민 보호를 위한 재난 대응 과정에서는 재난 경보나 예보를 하기 위한 여러 가지 시스템을 구축하는 준비가 필요하다.

법률에서도 재난 경보를 발령할 수 있는 경우를 정하고 있다(동법 제38조). 이에 따르면 재난 경보를 할 수 있는 상황은 “자연·사회재난 등으로 인해 사람의 생명·신체 및 재산에 대한 피해가 예상되는 경우”로 정하고 있다.

재난 발생의 우려가 있거나 재난이 이미 발생된 경우 재난의 예보·경보는 신속하게 이루어져야 한다. 그러나 오히려 정확성이 없는 상태에서 이루어진 예보·경보는 주민들을 혼란에 빠뜨릴 수 있다. 그러므로 재난 예보·경보는 정확한 정보에 기반을 두고 이루어져야 한다. 이와 더불어 재난 상황에서의 재난 예보·경보는 체계적으로 구축된 시스템에 따라 하는 것이 필요하다. 예보나 경보가 시스템이 갖추어지지 않은 상태에서는 예보·경보가 필요한 대상이나 지역에 충분히 예보·경보가 이루어지지 못할 우려도 있고, 중첩적으로 예보·경보가 이루어져 혼선을 가져올 수도 있다. 그러므로 사전에 예보·경보 시스템을 구축하고, 이를 효율적으로 활용해야 할 필요가 있다.

(2) 재난 예보·경보의 발령 주체

재난 과정에서 구체적인 예보·경보는 전문가 또는 신뢰할 수 있는 기관에서 발해야 한다. 특히 법적 권한을 가진 사람이 경고를 발해야 한다.

현행 「재난 및 안전관리 기본법」에 의하면, 재난 예보·경보를 발령할 수 있는 자는 중앙재난안전대책본부장, 수습본부장뿐만 아니라, 시·도지사(시·도대책본부가 운영되는 경우 해당 본부장) 또는 시장·군수·구청장도 포함된다. 시·도지사 또는 시장 · 군수 · 구청장도 예보 · 경보를 발령할 수 있도록 하는 것은 예보 · 경보가 주민의 생명 · 신체 및 재산에 대한 피해를 예방하고 줄이기 위한 지역적 요소가 강조되기 때문에 발령 주체로 하고 있는 것이다. 이와 같이 예보 · 경보의 발령권자를 매우 넓게 설정하고 있는 이유는 재난 발생 우려나 발생 사실을 안 경우 중앙뿐만 아니라 지방에서도 신속하게 즉각적으로 예보나 경보가 이루어질 수 있어야 하기 때문이다.

다만, 중앙과 지방의 재난 예보 및 경보의 발령이 중복되거나 혼란을 불러올 수 있기 때문에, 재난 예보 및 경보를 발령할 수 있는 발령권자를 재난 상황에 따라 달리 정하고 있다(동법 시행령 제46조 제2항). 이에 따르면 전국 단위 혹은 중앙정부가 관여해야 하는 재난인 경우에는 중앙재난안전대책본부장이나 수습본부장이, 지역 단위의 예보 · 경보가 필요한 경우에는 지방자치단체장이 예보 · 경보를 할 수 있도록 하여 예보 · 경보가 최대한 정확하고 신속하게 이루어질 수 있도록 한다.

표 5-9 재난 예보 · 경보 발령권자

재난 상황	재난 예보 및 경보 발령권자
전국 단위 또는 중앙정부 차원의 예보 · 경보 발령이 필요한 경우	중앙재난안전대책본부장 또는 수습본부장(수습본부장이 소속된 행정기관이 재난관리 주관기관이 되는 재난 및 사고의 경우)
지역 단위의 예보 · 경보 발령이 필요한 경우	시 · 도지사 또는 시장 · 군수 · 구청장(시 · 도 대책본부 또는 시 · 군 · 구 대책본부가 운영되는 경우 해당 본부장)

(3) 재난 예보 · 경보의 발령절차

재난예보 및 경보를 발령하는 주체는 위에서 살펴본 바와 같이 중앙재난안전대책본부장이나 수습본부장, 시 · 도지사 또는 시장 · 군수 · 구청장 중 재난 상황에 따라 법령에서 정해진 자이다. 재난 예보 및 경보의 발령권자가 예보 · 경보를 하는 경우, 발령 과정에 대한 여러 절차를 두어 예보 · 경보가 신속하고 체계적으로 발령될 수 있도록 하고 있다.

예보 또는 경보가 신속하게 발령될 수 있어야 하므로, 재난관리 책임기관의 장이 재난과 관련한 위험정보를 취득하게 되면 즉시 재난 예보 · 경보 발령권자인 중앙재난안전대책본부장, 수습본부장, 시 · 도지사 및 시장 · 군수 · 구청장에게 통보해야 한다. 예보 · 경보가 발령된 사항을 재난관리기관이 공유해야 할 필요가 있으므로, 사후적으로도 재난 예보·경보 발령 이후 발령 사실에 관해 관계 기관에 대해 통보할 것을 정하고 있다. 이 때 재난 예보·경보를 통보받은 기관은 재난관리를 위해 수립된 계획에 맞게 각 재난관리기관의 역할을 수행해야 한다.

(4) 재난 예보·경보의 방법

재난 예보·경보와 관련해 명확한 업무 할당이 필요한 과업은 다음과 같다. 첫째, 예보·경보 메시지를 작성하는 책임 있는 자 또는 위원회가 어떻게 예보·경보를 발할 것인가를 작성하는 일, 둘째, 예보·경보 메시지의 전파에 포함되는 조직을 위한 접촉 목록을 포함하는 일, 셋째, 명확한 신호(signal)를 작성하고 명령하는 책임이 있는 자 또는 위원회를 규명하는 일 등이다.

재난 예보·경보의 발령권자는 재난에 관한 예보·경보 통지를 위해 필요한 경우에는 전기통신시설 소유자 등에게 방송이나 문자 송신, 정보 게시 등을 하도록 일정한 조치를 할 것을 요청할 수 있다. 구체적으로 전기통신시설의 소유자 또는 관리자에 대해서는 전기통신시설을 우선적으로 사용할 수 있게 요청할 수 있고, 주요 전기통신사업자[4]에 대해서는 필요한 정보의 문자나 음성을 송신하도록 하거나, 혹은 인터넷 홈페이지에 게시하도록 요청할 수 있다. 방송사업자에 대해서도 필요한 정보를 신속히 방송하도록 하고, 신문사업자 등에게 필요한 정보를 게재하도록 할 수도 있다. 그리고 이러한 재난 예보·경보가 적시에 적절한 방법으로 영향받는 지역의 모든 사람에게 전달되도록 해야 한다.

(5) 재난 예보·경보의 내용

재난 예보·경보에는 영향 지역, 심각성, 예상되는 시간 등의 관점에서 재해 위험이 서술되어야 한다. 또한 적절한 보호 조치가 제시되어야 하고 추가적 정보를 어떻게 얻을 수 있는가도 지적되어야 한다. 즉, 재난 예보·경보의 대상이 되는 내용은 재난과 관련해 현재 상황과 앞으로의 재난 상황을 예측하거나, 재난으로 인해 국민의 생명·신체에 대한 위험이 발생하거나 발생할 가능성이 높은 지역을 알려 주거나, 향후 대피나 피난 조치가 이루어질 수 있다는 등의 향후 가능한 조치

4) 주요 전기통신사업자란 시내전화, 시외전화, 국제전화, 초고속 인터넷, 주파수를 배정받아 제공하는 역무 중 이동전화 역무 또는 가입자가 10만 명 이상인 주파수 공용통신, 정보통신 서비스의 유형별 일일 평균 이용자 수가 10만 명 이상인 부가통신에 관한 역무를 제공하는 자를 말한다.

등에 관한 내용이다. 이와 같이 재난 예보·경보의 내용은 주민들이 재난으로부터 위해나 피해를 입지 않도록 하는 데 필요하다고 판단되는 사항으로 이루어져야 한다.

재난 예보·경보에서는 예보·경보되는 내용이 필요한 사항이어야 함은 물론이고, 예보·경보가 필요한 사람, 즉 재난으로부터 보호가 필요한 모든 사람에게 예보·경보가 전달될 수 있어야 한다. 예보·경보가 필요한 사람에는 예보·경보의 대상이 되는 지역주민은 물론이고, 재난 발생 지역에서 대피하거나 피난하게 되는 지역의 주민들도 포함되며, 그 지역의 재난관리 업무와 관련 있는 행정기관 등도 모두 포함된다. 그러므로 이와 같이 다양한 지역, 다수의 대상에 대해 재난 예보·경보가 이루어져야 하므로 체계적인 재난 예보·경보 시스템이 마련되어야 하는 것이다.

3) 위험구역 설정 및 통제선 설치

(1) 위험구역 설정

주민을 보호하는 조치 중 하나로서 특정 지역에 주민이 접근하지 못하게 통제하는 방법이 있다. 국민의 생명·신체에 위험을 미칠 우려가 있는 지역에 주민이 접근하지 못하도록 일정 지역을 위험구역으로 설정하는 방식이다. 위험구역이 설정되고 나면 그 지역으로 국민이 출입하지 못하도록 해야 하고, 재해 위험 인자(hazard factors)의 영향 범위와 지속성에 따라 필요한 경우 위험 지역 근처에 있는 주민에게 대피명령이나 피난명령을 할 수도 있다.

이 때 위험 구역으로 설정되더라도 주민이 행정기관의 명령을 듣지 않고 위험구역으로 진입하려 한다거나, 설정된 위험구역을 알리는 표지판 등을 제거하는 등의 행위를 하는 경우 이를 제지할 수 있어야 한다. 이 때문에 법률에서는 재난관리기관의 명령을 불이행하거나 위험을 확대시키는 행위를 하지 못하도록 강력하게 제한할 수 있도록 하고 있다.

이러한 위험구역 설정을 위한 첫 번째 단계는 허가 없이 사람들이 재난지역으로 들어가는 것을 막기 위해 영향 지역의 주변 주요 도로에 교통 통제 지역을 설정하는 것이다. 두 번째 단계는 영향 지역 내 안전순찰을 하는 것이다. 그러나 이것은 적정 수준으로만 유지되어야 하며, 과도한 법집행은 삼가야 한다. 이러한 접근 통제와 안전 집행에는 네 가지 이유가 있다. 첫째, 약탈을 방지하는 것이다. 둘째, 사람들이 영향 지역에 들어가 부주의하게 재해 위험 인자에 노출되지 않도록 하는 것이다. 셋째, 재난 대응 요원들이 재해 대응관리와 보호 조치를 수행하는 과업이 방해받지 않도록 하는 것이다. 넷째, 재난의 2차적 위해에 노출되는 사람들의 수를 제한시켜 준다.

(2) 위험구역 표지 및 통제선 설치

위험구역을 설정하는 경우 가장 중요한 것은 그 지역이 위험한 구역이라는 점을 주민이 명확하게 인지할 수 있게 하는 것이다. 이를 위해 위험구역을 설정하면서 표지판을 게시하든지, 공무원이 직접 위험구역 앞에서 출입을 통제하는 등의 방식을 사용해야 한다.

구체적으로 긴급구조 등의 상황에서 재난 현장 주위 주민의 보호와 원활한 재난 대응을 위해 통제선을 설치하고, 긴급구조 활동에 직접 참여하거나 지원하는 인력이나 장비만을 출입할 수 있게 함으로써 위험으로부터 주민을 보호하기 위한 조치를 취하는 예가 많다. 설정된 위험구역의 위험도에 따라 위험구역 통제 수준과 통제 방법을 정하는 방식으로 적절히 운영할 필요가 있다.

4) 대피 · 피난명령 및 구호

(1) 대피 · 피난명령의 의의

대피명령과 피난명령은 주민 보호 조치 중 주민들의 생명 · 신체를 보호하기 위한 적극적 조치이다. 대피명령과 피난명령은 명령의 상황과 명령의 지속 기간에서 차이를 보인다. 재난으로부터 즉시 피해야 할 우려가 있거나 실존하는 위험이 있는 경우 즉각적으로 그 장소에서 피하도록 하는 것이 대피명령이다. 반면 피난명령은 대피명령을 하는 상황보다 재난으로부터의 피해가 지속적 · 장기적이 될 것으로 예상될 때 재난의 영향 지역을 벗어나도록 하는 것을 말한다. 즉 두 가지 차이는 재난 발생 지역과 관련된 곳의 위험이 어느 정도 지속되는지 여부와 어느 정도로 피난이 급박한가에 달려 있다.

(2) 대피 · 피난명령 절차

대피명령과 피난명령에 대한 절차에 대해서는 구체적으로 정하고 있는 사항이 없다. 이는 대피나 피난명령은 재난 상황에 따라 긴급하게 즉각적으로 결정되어야 하는 사항이 많기 때문에, 이에 관해 구체적인 절차를 두더라도 실제 현장에서 복잡한 절차를 이행할 수 있는 시간적 여유가 없기 때문이다. 그러므로 법령에서는 별도로 시·도 긴급구조통제단 및 시·군·구 긴급구조통제단의 단장과 시장·군수·구청장은 재난이 발생할 우려가 있거나 발생했을 때 관계 법령이나 재난대응활동계획 및 위기관리 매뉴얼에서 정하는 바에 따라 즉시 대피명령과 피난명령을 하도록 규정하는 데 그치고 있다.

(3) 주민 구호

대피명령이나 피난명령을 하는 경우 일시적이든 장기적이든 피난한 주민이 거주할 수 있는 공간이 마련되어야 하므로 피난시설을 마련하고, 생활필수품 등을 제공하는 등의 조치가 실시되어야 한다. 이는 통상 구호라고 불리며, 구호의 유형으로는 수용시설 제공, 급식이나 식품·의류·침구 또는 생활필수품 제공, 의료 서비스 제공, 감염병 예방 및 방역 활동, 이재민의 수색 및 구출, 매장 및 화장 등 장사(葬事), 전화 그 외의 통신설비의 제공 등이 있고, 그 밖에도 다양한 방식의 구호가 이루어질 수 있다. 「재해구호법」상 구호의 종류는 <표 5-10>과 같다.

표 5-10 현행 법령상 재해구호의 종류

1. 임시주거시설의 제공
2. 급식이나 식품·의류·침구 또는 그 밖의 생활필수품 제공
3. 의료 서비스의 제공
4. 감염병 예방 및 방역 활동
5. 위생지도
6. 장사(葬事)의 지원
7. 기타

주민 구호는 대응 과정에서 이루어질 수 있지만, 급박한 위험 상황이 종료된 경우에도 지속되는 경우가 있다. 실제 자연재해의 발생으로 이재민이 된 경우처럼 재해 상황은 종료되었지만 지속적으로 구호가 필요한 경우가 있고, 이는 주로 재난 복구 단계에서 논의되는 상황이다. 대응 단계에서의 구호를 재난 복구 단계에

서의 구호와 명확히 구분하기 어려운 측면이 있지만, 굳이 구분하는 경우 재난 대응 단계에서의 주민 보호 활동의 일환으로서의 구호는 재난 위험이 종료되지 않은 상태에서 이루어지는 의료 지원과 같이 주민의 생명·신체를 급박하게 보호해야 하는 조치로 이해할 수 있다.

5) 구조·구급

구조·구급(Search and Rescue: SAR) 활동은 종종 권위 행사가 불확실한 상태에서 느슨하게 구조화된 상황에서 이루어지게 마련이다(Quarantelli, 1987). 반면 구조·구급은 시간적 압박이 강하고 실수의 결과는 심각하다는 점에서 어떠한 주민 보호 조치보다도 난이도가 높은 작업이라고 할 수 있다.

대부분의 재난의 경우 희생자나 행인들은 즉각적인 구조·구급 활동을 시도한다. 특히 개도국에서는 이러한 자원봉사자가 희생자를 구할 수 있는 유일한 사람들일지 모른다. 예를 들어 만약 영향 지역이 작고 소수만 자갈에 파묻힌 경우는 잔해 제거는 용이하며 통행인들이 많은 희생자를 구출할 수 있다. 반면 개발국에서는 대부분의 도시재난에서 전문 대응요원들이 현장에 나타나 즉시 구조·구급 노력을 기울인다. 그러나 영향 범위가 광범위하고 많은 희생자가 갇혀 있고 붕괴된 건물이 철강구조 콘크리트라면 중장비를 갖춘 전문 대응요원들만이 성공적인 구조·구급 활동을 수행할 수 있다. 전문 구조 활동에는 다음과 같은 작업들이 포함된다.

- 지휘기관을 지정한다.
- 활용 가능한 구조 중장비의 목록을 작성한다.
- 다중 붕괴의 경우 건물의 우선순위를 정하기 위한 결정 기준을 설정한다.
- 희생자가 재난 현장에서 전문가의 서비스를 즉시 받기 위한 협정서를 작성한다.

6) 희생자 접수와 돌봄

희생자를 접수하고 돌봐 주는 것은 재난에서 요구되는 일반적 사안이다. 재난 대응기관은 식품, 숙박, 임시 의료 서비스 등 단기 지원을 제공한다. 이를 위해 피해자가 피해 등록을 하는 접수처가 설치되고 희생자를 위한 식품 및 임시수용 서비스가 제공되는 대규모 시설이 마련된다. 때로는 접수처와 대규모 시설이 단일 시설에 설치될 수도 있지만 대부분의 지역에서 접수처는 주요 대피 통로에 설치되며, 접수처에서 대피자는 가장 가까운 대규모 수용시설에 배정된다.

7) 긴급의료 서비스 제공

긴급의료 서비스(Emergency Medical Service: EMS) 기능은 관할지역에 따라 매우 다양하다. 어떤 경우에는 소방서가 EMS 기능을 수행하기도 한다. 그러나 또 다른 경우에는 이러한 기능이 다른 조직에서 수행된다. 주요 재난에서 희생자를 위한 의료 서비스는 다음의 세 가지 구성 요소에 의해 제공된다.

- 현장에서의 재난관리 요원
- 지역 병원의 네트워크
- 국가 재난의료 체계

현장에서 희생자는 의료 서비스를 받으며, 이는 계속 병원 응급실에서 이어진다. 이 때 희생자에 대한 손상평가가 이루어지는데, 그 목표는 환자를 적절하게 배분하고 관리하기 위해서이다. 현장에서의 의료관리는 네 가지 기능을 수행한다.

- 등급 평가
- 의료 처치
- 정신 건강 지원
- 특정 치료실로의 환자 이송

환자 등급 평가는 환자의 상태에 따라 경중을 매기는 것으로서 이는 재난 대응 기관이 최대한 많은 생명을 구하기 위해 가장 효과적인 의료 처치를 할 수 있게 해 준다. 긴급의료요원은 환자의 치료 분류를 나타내기 위해 등급표를 사용한다. 가장 보편적인 범주는 사망, 중상, 중경상, 경상, 경미 등이다(Clarke, Fanany, & Kenny, 2010).

Chapter 06

재난의 복구

제1절 재난 복구의 의의

재난 예방 및 대비를 통해 재난에의 취약성(vulnerability)을 감소시키고 적절한 재난 대응으로 인명·재산 손실을 최소화했다 하더라도 재난이 발생하고 나면 일정 수준의 사회·경제 시스템의 붕괴, 환경오염, 재산 및 기반시설 손실, 육체적·정신적 피해 등은 발생하기 마련이다. 이러한 재난으로 인한 손실을 재건, 수리, 복원해 피해지역 공동체의 기능 상태를 재난 이전으로 회복할 뿐만 아니라 장래에 발생할지도 모르는 유사한 재난의 위험성을 저감시키기 위한 제반 활동을 재난 복구(disaster recovery)라고 한다(Quarantelli, 1999: 2).[1)]

현행 「재난 및 안전관리 기본법」은 재난이 발생한 경우 그 피해를 최소화하는 것이 국가와 지자체의 기본적 의무이며(동법 제2조), 국가와 지자체는 재난이나 그 밖의 각종 사고로부터 국민의 생명·신체 및 재산을 보호할 책무를 지고, 발생한

1) 재난 복구는 재건축, 복원, 사회 복귀 등의 유사 개념과 혼용해 사용되기도 하지만, 이 장에서는 재난 발생 후의 모든 활동, 과정, 성과를 포괄하는 상위 개념으로 재난 복구를 정의하기로 한다. 이러한 맥락에서 재난 복구의 특정한 구체적 활동을 의미하는 재건축, 복원, 사회 복귀에 대한 개념 정의를 살펴보면 다음과 같다. 첫째, 재건축(reconstruction)은 주로 재난에 의해 파괴되거나 손상된 물리적 구조물(physical structure)의 재건을 의미한다. 둘째, 복원(restoration)은 물리적 또는 사회적 측면의 재난 이전 상태로의 환원을 의미하며, 주로 교통·통신 등의 기반시설과 관련된다(Hass, Kates, & Bowden, 1977). 셋째, 사회 복원(rehabilitation)은 재난으로 인해 피해를 입은 지역공동체의 주민과 관련된 것으로서 단순히 재난 이전 상태로의 회복을 넘어서 재난 이전 상태의 향상을 의미한다(Quarantelli, 1999).

피해를 신속히 대응·복구하기 위한 계획을 수립·시행해야 함(동법 제4조)을 명시하고 있다. 이러한 재난 복구는 재난관리 과정 중 가장 다양한 작업을 수반하며, 참여자 역시 가장 광범위할 뿐만 아니라 가장 많은 비용이 소요되는 특징이 있다. 주로 재난 사건 발생 직후부터 시작되어 수개월, 심지어 수개년이 소요되기도 한다. 또한 재난 복구 작업에 참여한 단체 또는 개인들에 의해 결정되어야 하는 이슈가 복잡하게 얽혀 있는 경우가 대부분이다. 주택 재건축, 집단 이주, 고용 재개, 사업 회복, 기반시설 복구 등의 문제에서 다양한 이해당사자들의 이해 관계를 종합적으로 고려할 필요가 있기 때문이다.

특히 재난이 발생하기 전의 정상 상태로 가능한 한 빨리 회복하고자 하는 단기적 목표와 장래의 재난 취약성을 저감시키기 위한 장기적 목표 간의 비교 형량도 복구 단계에서 반드시 고려해야 한다. 즉, 복구 과정을 통해 단순히 재난 이전 상태로 회복되는 수준을 넘어서 해당 지역공동체 및 구성원들이 재난 발생 이전보다 더욱더 안전하고 경제적으로 안정된 체계 속에서 삶의 질을 향상시킬 수 있는 장기적 목표까지 달성할 수 있어야 한다(Bankoff, Frerks, & Hilhost, 2004).

이와 같이 중앙정부, 해당 지자체 등 모든 수준의 정부기관은 물론이고 해당 지역에 소재하는 산업단체, 정치인, 시민사회단체, 지역주민 등 다양한 이해관계인들이 참여하는 재난 복구 과정은 계획, 조정, 예산 등의 적절성이 반드시 수반되어야 한다. 코폴라(Coppola, 2011: 378)는 이러한 복구 과정에서 공통적으로 수행되는 작업을 다음과 같이 예시하고 있다.

- 대중과의 지속적인 의사소통
- 임시 거처 또는 장기적인 대피소의 제공
- 피해 현황 및 필요 물자 파악
- 파손된 구조물의 해체
- 낙진(debris) 제거, 정리 및 처분
- 기반시설 복구
- 손괴된 구조물 현황 조사
- 구조물 신축
- 사회 재건 프로그램

• 일자리 창출
• 재산 손실 보상
• 부상자 돌봄
• 해당 위해의 위험성 재평가

제2절 재난 복구의 구성 요소

성공적인 재난 복구를 위해 조정 체계, 복구 작업 인력, 재난 피해조사, 복구계획, 복구 예산 등의 요소가 적절하게 갖추어져 있어야 한다(Coppola, 2011). 조정 체계 및 복구 작업 인력은 주로 조직·인사 시스템 측면과 관련되며, 재난 피해조사, 복구계획, 복구예산 등은 복구 절차와 관련된다고 볼 수 있다. 이러한 재난 복구를 위한 각 구성 요소에 대한 설명은 다음과 같다.

1 조정 체계

대부분의 경우 재난이 발생하고 난 후 재난으로부터의 피해를 복구해야 하는 일차적인 책임은 재난으로 인해 피해를 입은 해당 지자체에 있다. 현행 「재해구호법」에서도 "구호기관"을 이재민[2] 및 일시 대피자[3]의 거주지를 관할하는 특별시장·광역시장·도지사·특별자치도지사 및 시장·군수·구청장으로 규정(동법 제2조 3목)함으로써 이재민 구호[4]의 일차적 책임은 지자체에 있음을 명시하고 있다. 이는 복구 과정에서 중앙정부 또는 외부의 NGO들이 특정 지역의 사회·문화적인

2) "이재민"이란 자연재난(태풍, 홍수, 호우(豪雨), 강풍, 풍랑, 해일(海溢), 대설, 낙뢰, 가뭄, 지진, 황사(黃砂), 조류(藻類) 대발생, 조수(潮水), 그 밖에 이에 준하는 자연 현상으로 인하여 발생하는 재해)로 인하여 피해를 입은 사람을 말한다(동법 제2조 1목).
3) "일시 대피자"란 재해로 인한 피해가 예상되어 일시 대피한 사람을 말한다(동법 제2조 2목).
4) "구호"란 재난으로부터 피해를 입은 사람들을 대상으로 생활 안전 및 지역 부흥을 위한 지원 활동을 의미한다(국립재난안전연구원, 2013: 14).

특성을 도외시한 채 복구 작업을 수행하는 경우 해당 지역 이익에 관한 부적절한 이해로 인해 지역공동체의 복구와 장기적 비전 간의 일관성을 저해할 수 있기 때문이다. 또한 피해 주민들을 복구 작업에 적극적으로 참여시킴으로써 해당 지역의 비전과 전반적인 복구 목표를 조화롭게 설정할 수 있게 될 뿐만 아니라 복구 작업에 대한 주인 의식을 갖도록 해 준다는 장점도 있다(Rolfe & Britton, 1995).

자연재난이 발생하게 되면 해당 지역재난안전대책본부장(시·도지사 또는 시장·군수·구청장)이 장이 되는 '지역구호센터'가 설치된다(동법 제8조). 지역구호센터는 ① 임시주거시설, 급식 및 생활필수품의 제공 등 구호 상황 지원, ② 재해구호 관련 단체에 구호물자·인력·장비 등 지원 요청, ③ 응급의료기관, 보건소를 통한 의료 지원 및 민간 의료단체의 의료 지원 요청, ④ 재해지역에 방역기동반을 편성·운영하여 전염병 예방 및 방역활동 실시, ⑤ 재해지역의 위생 점검, 식중독 예방 및 급식관리 등 오염 예방 조치를 수행한다(동법 시행규칙 제8조).

이러한 지역구호센터에는 다음의 [그림 6-1]과 같이 총괄관·조정관·통제관 및 실무반을 두며, 총괄관은 구호기관의 부단체장이 되고, 조정관 및 통제관은 구호기관의 구호 업무를 담당하는 부서의 국장 및 과장이 된다. 실무반에는 이재민구호반, 의료지원반, 전염병관리반, 위생지도반을 각각 두며, 실무반의 반장은 해당 구호 업무를 담당하는 부서의 담당으로 구성한다(동법 시행규칙 제7조). 각 실무반의 기능은 다음과 같다.

첫째, 이재민구호반의 임무는 ① 이재민 발생 상황 파악 및 이재민 발생 시 응급구호 실시, ② 중앙재난안전대책본부와 업무 연락 지원, ③ 재해구호물자 접수·배분팀 운영, ④ 대한적십자사, 전국재해구호협회, 지역군부대, 유관기관 등 민간구호단체에 부족 물자, 장비, 인력 등 지원 요청 등이며, 재해구호물자 접수·배분팀을 운영하도록 되어 있다. 둘째, 의료지원반은 ① 보건소를 통한 수해지역 환자 발생 모니터링 실시, ② 시·군 지역응급의료센터 및 보건소를 중심으로 한 의료지원반 구성, 진료 활동 실시, ③ 대한의사협회, 대한병원협회 등 민간의료단체에 지원 요청, ④ 국·공립기관 및 관련 단체 협조 요청, ⑤ 구호 기간 동안 이재민을 의료급여 1종 수급권자로 책정하여 의료급여 제공 등의 임무를 수행한다. 셋째, 감염병관리반의 임무는 ① 수해지역 방역기동반의 증강 편성·운영, ② 방역 소독 인력, 장비 및 약품 확보 상황 확인·점검, ③ 예방접종 및 소독 실시를 통한 감염병 예방 및 방역 활동 실시, ④ 감염병 조기 발견 관리 체계 확립 및 홍보·계몽 강화 등이다. 넷째, 위생지도반은 ① 식품접객업소에 대한 위생 점검, ② 재해지역의 정기 순회를 통한 식중독 예방, ③ 식품위생감시원의 임시주거시설에의 고정 배치를 통한 급식관리 등의 기능을 수행한다(국립재난안전연구원, 2013).

그림 6-1 지역 구호센터 조직도

출처: 국립재난안전연구원(2013: 25)의 재구성.

이와 같이 대부분의 복구 작업은 지방 공무원들에 의해 지자체 단위에서 행해지지만, 중앙정부 차원에서의 조정 체계는 자원, 기술적 원조, 내·외부적 재정 지원, 기타 복구 프로그램의 적절한 배분을 위해 반드시 필요하다. 즉, 복구 과정에서 조정(coordination)은 달성되기 어려운 난제임에도 불구하고, 위험 감소 등 복구 작업의 목표를 달성하는 데 필수적인 요소라고 할 수 있다. 이러한 조정 체계가 복구 과정에서 적절한 역할을 수행하기 위해서는 관련 법규에서 다음의 기능에 관한 권한과 책임을 명확하게 규정해야 한다(Coppola, 2011).

- 실제 피해 현황과 복구 요청 자료 간의 대조 · 확인
- 복구 계획 과정에 관한 지침 제공 및 촉진
- 복구 및 위험 저감 목표 설정
- 구호 및 복구자원 관련 정보의 컨트롤 타워 역할
- 중첩적이고 불필요한 복구 서비스의 최소화
- 희생자에 대한 원조정보(aid information)의 수집 및 배포

우리의 경우에도 지역구호센터의 이재민 구호 활동 상황 및 구호물자 지원 상황 등을 조정하기 위해 [그림 6-2], [그림 6-3]과 같이 중앙재난안전대책본부 및 지역

그림 6-2 중앙재난안전대책본부 조직도

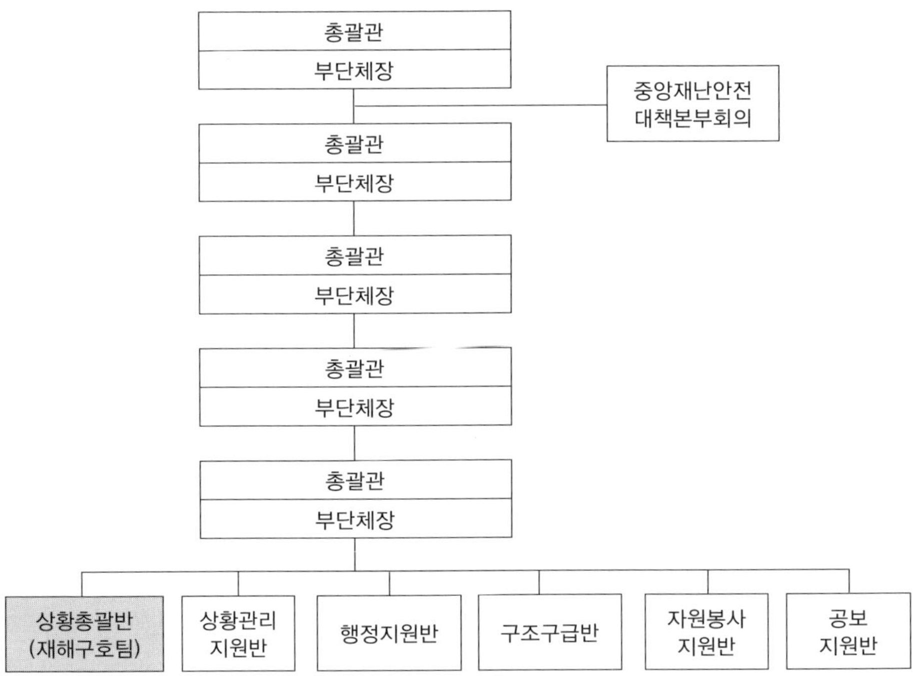

출처: 국립재난안전연구원(2013: 23)의 재구성.

재난안전대책본부에 상황총괄반(재해구호팀)을 두고 있다. 재해구호팀은 ① 재난구호 활동 상황 및 구호물자 지원 상황관리, ② 이재민 임시주거시설 지정 및 지역구호센터 운영 상황 관리, ③ 이재민 수용 및 급식 상황관리, ④ 사망·실종자 유족대책, 응급 생계구호 상황관리, ⑤ 부상자 의료 지원 및 기동의료반 편성 운영 상황관리, ⑥ 침수지역 및 이재민 집단급식소 위생관리, ⑦ 감염병 예방을 위한 방역소독 및 기동방역반 편성 운영 상황관리 등을 수행한다(국립재난안전연구원, 2013).

그림 6-3 지역재난안전대책본부 조직도

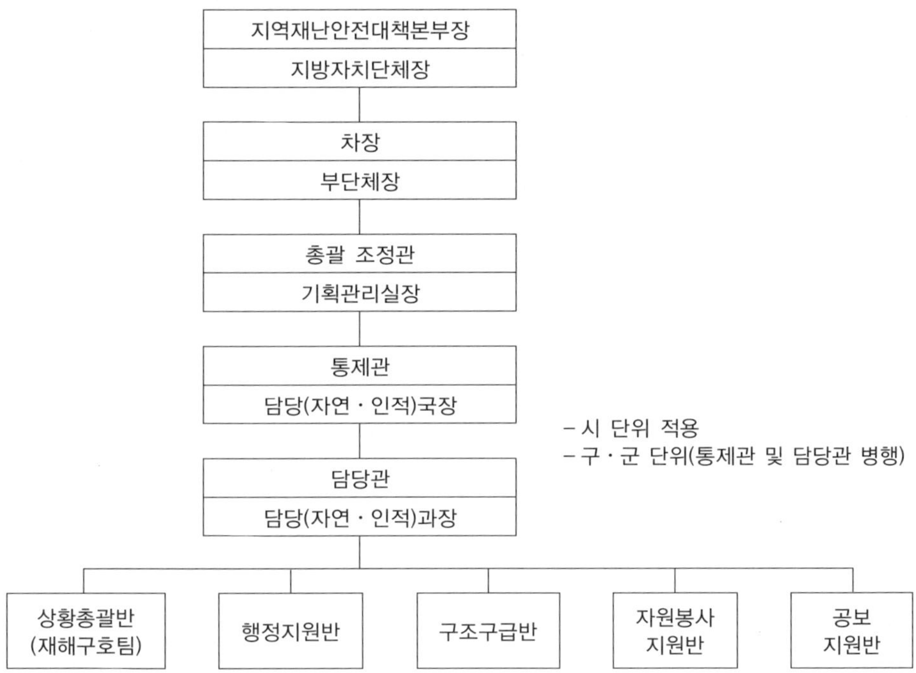

출처: 국립재난안전연구원(2013: 24)의 재구성.

또한 이러한 복구 과정에서의 성공적인 조정을 위해 복구 조정 체계 내에 다양한 대표성을 가진 복구 참여자들을 폭넓게 확보해야 한다. 즉, 구호기관을 포함한 재난관리기관뿐만 아니라 다양한 정부기관의 대표, 관련 산업체, 종교 및 시민사회단체, 언론매체 등 해당 재난과 관련된 모든 기관이 복구 과정에 참여함으로써 그 지역의 인구통계적·사회문화적인 필요와 선호를 충족하는 복구가 이루어질 수 있도록 해야 한다(Patterson, 1999). 현행「재해구호법」제2조에서는 "구호기관"은 이재민 및 일시대피자의 거주지를 관할하는 시·도지사 및 시장·군수·구청장을 말하며, "구호지원기관"은 구호기관의 업무를 지원하기 위해 필요한 인력·시설 및 장비를 갖춘 기관 또는 단체로서 대한적십자사 및 전국재해구호협회 등의 기관 또는 단체를 의미한다고 규정하고 있다. 또한「수난구호법」제2조 및 시행령 제2조에서는 "수난구호협력기관"으로서 수난 구호를 위해 협력하는 중앙행정기관·지자체, 대한적십자사, 공공보건의료기관, 응급의료기관, 긴급구조기관과 긴급구조활동에 관한 응원협정을 체결한 기관 및 단체, 한국해양구조협회, 해양·수산·수난구호(水難救護) 관련 연구소, 그 밖에 수난구호에 필요한 인력과 장비를 갖춘 기관 및 단체를 제시하고 있다.

다양한 참여자들을 조정하는 기구로서 기존의 정부기관 또는 지역 공동체 기구를 활용할 수도 있고, 새로운 위원회를 구성하는 경우(주로 민-관 합동위원회)도 있다. 복구 조정기구의 형태를 불문하고, 주로 다음과 같은 참여자들로 구성하는 것이 바람직하다(Coppola, 2011).

- 환경 업무 담당관
- 지방 및 도시 계획 담당관
- 용도구역 담당관
- 공공사업 관리관
- 공원 및 위락시설 관리관
- 경제개발 담당관
- 재정 담당관
- 교통 담당관
- 주택부서 담당관
- 지역기획부서 또는 담당관
- 지방소방방재기관(경찰, 소방서 등)
- 공공정보 담당관
- 적십자 기타 NGO에서의 복지 담당자

- 범람원 관리인
- 건물 관리인
- 우수(storm water) 관리인
- 상공회의소 대표
- (수도 · 가스 · 전기 등의) 공기업 대표
- 주민단체
- 주택소유자협회
- 종교 또는 자선단체
- 사회사업기관
- 환경단체
- 민간 개발정비업체

그림 6-4 재난안전 민관 협력 체계

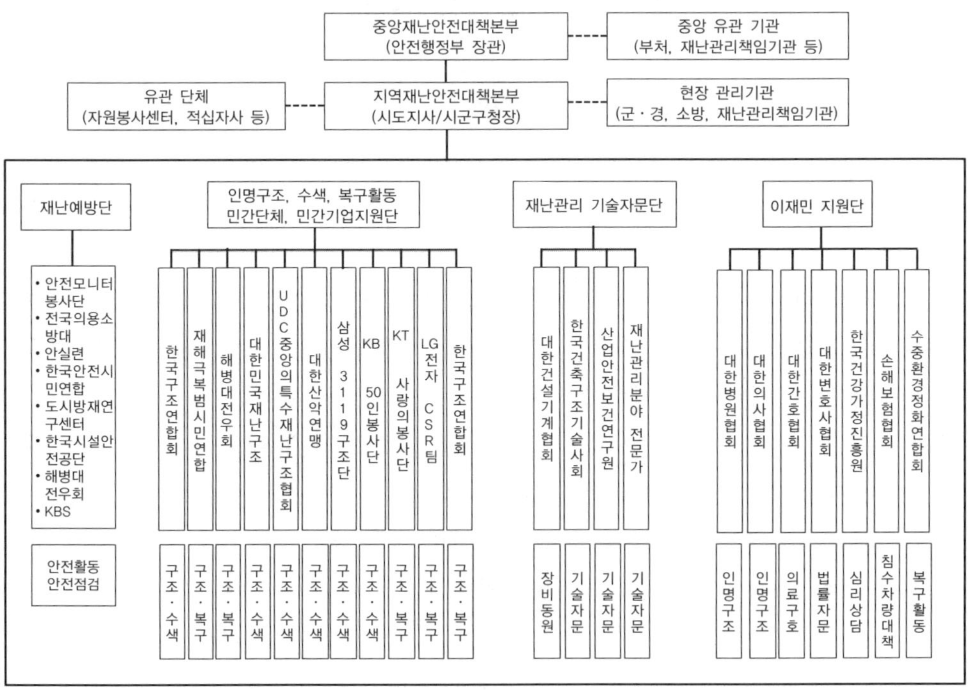

출처: 국립재난안전연구원(2013: 38).

국립재난안전연구원(2013: 38)이 제시한 재난안전 민관 협력 체계([그림 6-4])에 의하면, 민간단체는 복구 단계에서 주로 인명구조, 복구 활동 참여 및 이재민 지원 업무에 협력하게 된다. 민간단체의 주요 임무는 ① 피해조사, 현장 안전 점검, ② 지역재난안전대책본부 지원 총괄, 재난정보 전파, ③ 재난비상 통신 지원, ④ 주민 대피, 교통통제 등 이재민관리, ⑤ 인명구조 및 수색, ⑥ 화재 진압, ⑦ 응급의료 구호, 기초의료 서비스, ⑧ 중장비 동원 및 잔해물 제거, ⑨ 공공·민간시설의 복구 지원, ⑩ 전자제품 침수 피해 대책반 운영, ⑪ 심리적 안정, 아이돌보미 서비스, ⑫ 피해 보상 등 이재민 법률 서비스, ⑬ 방역·쓰레기 처리 등 환경 정화 등이다.

2 복구 작업 인력

복구 과정 동안 기반시설, 건축, 설계, 실행계획(logistics), 특수 장비 등 기술 분야에서의 전문가는 물론이고 비숙련 근로자 또는 자원봉사자에 이르기까지 재난 피해 정화(cleanup), 수선, 재개발 등을 위한 인력 수요는 지속적으로 증대된다. 복구 작업에 투입되는 인력자원은 주로 다음과 같다(GAO, 2009).

첫째, 복구 작업을 위한 가장 중요한 인력자원은 피해 지역 주민들이다. 개인적으로 재난으로부터 피해를 입었는지 여부를 불문하고 지역주민들은 복구 작업의 성과에 가장 첨예한 이해 관계를 가지고 있으며, 해당 지역 사정에 가장 익숙하기 때문이다. 대개의 경우 복구 작업이 수개월에서 수개년에 이르는 장기간이 소요된다는 점에서 복구의 모든 과정에 참여할 수 있을 뿐만 아니라 신체적·정신적 소진(burnout)도 상대적으로 덜하다는 장점이 있다. 또한 대부분의 지역주민은 재난 후의 생계 유지를 위해 일자리를 필요로 한다. 지역주민들을 고용하게 되면, 복구 작업자에게 지불되는 임금을 지역주민에게 제공하게 되므로 복구 예산이 지역공동체 내에서 계속 유지될 수 있어 결국 장기적인 지역경제 복구에도 도움이 된다.

둘째, 다양한 국내·외 NGO단체들도 재개발 및 복구를 위한 인력자원뿐만 아니라 복구기금, 전문지식 및 기술 등을 제공하게 된다. 또한 국내·외의 군 장병들이 재난 복구 작업에 동원되기도 하며, 재난의 피해가 악화되는 경우 군의 인도적 지원은 더욱 강화된다. 군 장병의 동원은 관리의 용이성, 상대적으로 낮은 노동 단가, 기술적 전문성, 장비, 동원 가능한 인력의 수, 민첩성 등에서 많은 장점이 있다.

셋째, 국내·외 민간 계약업자들도 복구 작업의 인력을 구성하게 된다. 특히 기반시설의 부분적 장치(예를 들어 전기선, 커뮤니케이션 시스템, 송수관 등)를 수선하는 데 필요한 장비를 갖춘 기술자들에 대한 수요가 많아 외부로부터의 지원은 불가피할 정도가 된다.

넷째, 재난관리 책임기관에서 재난 및 안전관리 업무를 담당하는 공무원이나 직원은 복구 작업에서 중추적인 역할을 수행한다. 따라서 재난안전 분야 종사자들은 안전행정부 장관 또는 소방방재청장이 실시하는 전문교육을 받아야 한다(「재난 및 안전관리 기본법」 제29조의 2).

3 재난 피해의 조사

복구계획을 수립하기 전에 정확한 피해 사정 정보(damage assessment information)를 수집하는 것은 복구 작업 및 자원 배분의 우선순위를 설정하기 위한 기초 작업이다. 특히 파손된 건물의 수와 형태, 피해 결과의 공간적 범위(예를 들어 범람지역, 지진에 의한 진동지역, 사면 붕괴 면적, 이재민 수 및 위치, 유실된 농경지 면적) 등은 피해 사정을 통해 반드시 식별해 둘 필요가 있다. 복구 조정 시스템 구축을 통해 복구 작업에의 참여자가 확대되고 이들로부터 획득된 정보를 집중적으로 관리하는 시스템(central information repository)을 사전에 구축해 둔 경우, 좀 더 양질의 피해 실태 정보를 수집할 수 있다(Phillips, 2009).

대개의 경우 대응 단계에서 수집된 정보가 복구 단계에서도 그대로 활용되는 경우가 많다. 그러나 대응 단계에서 수집된 자료들은 앞으로 발생할지도 모르는 유사 재난의 위험성 저감을 위한 정보 등 복구 단계에서 필요한 일부 정보가 누락되어 있을 수도 있어 실제 복구 과정에 필요한 정보에 대한 다양한 분야의 전문가들에 의한 재평가가 병행되어야 한다. 예를 들어, 파손된 건물에 대한 기술적 정밀검

사를 통해 건물의 어떤 부분을 붕괴시켜야 하는지, 보수공사를 통해 재건축해야 하는 부분은 어디인지, 보수공사 없이 거주 가능한 부분은 어디인지 등을 면밀히 조사할 필요가 있다.

또한 복구 과정에서 특정 정보를 필요로 하는 긴급한 상황이 발생할 수 있기 때문에 지질학자, 기상학자, 수문학자(hydrologists) 등 다양한 전문가들에 의해 작성된 '위해위험성 지도(hazard risk map)'를 마련해 두어야 한다. 예를 들어 지진 발생 후에 새로운 지진단층(faults)이 발견될지도 모른다. 이러한 경우에 대비해서 특정 지형에서의 '최대 지반진동 가능성(maximum ground-shaking potential)'에 대한 정확한 정보를 가지고 있을 필요가 있다. 복구기관은 이러한 정보를 감안해 재건축 또는 보수작업 계획을 수립해야 한다. 또한 대응 단계에서와 마찬가지로 복구 단계에서도 피해 지역에 대한 주기적인 재평가를 통해 복구 작업의 진도를 유연하게 조정하는 것이 바람직하다. 이러한 재평가는 복구자원의 재분배 및 복구 과정상의 문제점에 대한 조기 발견을 용이하게 해 주는 장점이 있다(Birkmann, 2006).

현행「재난 및 안전관리 기본법」제58조에 의하면, 재난관리 책임기관의 장은 재난으로 인해 발생한 피해 상황을 신속하게 조사한 후 그 결과를 중앙대책본부장에게 통보해야 하며, 피해 상황 조사의 방법 및 기준 등 필요한 사항은 중앙대책본부장이 정한다. 중앙대책본부장은 재난 피해의 조사를 위해 필요한 경우에는 관계 중앙행정기관 및 관계 재난관리 책임기관의 장과 합동으로 중앙재난피해합동조사단(이하 재난피해조사단)을 편성해 재난 피해 상황을 조사할 수 있다. 중앙대책본부장은 재난피해조사단을 편성하기 위해 관계 재난관리 책임기관의 장에게 소속 공무원이나 직원의 파견을 요청할 수 있으며, 이 경우 요청을 받은 관계 재난관리 책임기관의 장은 특별한 사유가 없으면 요청에 따라야 한다.

재난피해조사단을 편성하는 경우 단장은 자연재난에 관하여는 소방방재청 소속 공무원으로 하고, 사회재난에 관하여는 안전행정부 소속 공무원으로 한다. 재난피해조사단의 단장은 중앙대책본부장의 명을 받아 재난피해조사단에 관한 사무를 총괄하고 재난피해조사단에 소속된 직원을 지휘·감독한다(동법 시행령 제67조). 재난피해조사단에는 관계 부처 공무원 및 민간 전문가를 포함시킬 수 있으며, 현지조사에 필요한 정보를 사전에 확보하기 위하여 관계 재난관리 책임기관의 장에게 관련 자료를 요청할 수 있다. 또한 조사 시기 및 기간 등은 재난의 유형, 피해 규모 및 현지 여건에 따라 달리 정할 수 있으며, 이 외에 재난피해조사단의 운영에 필요한 세부 사항은 중앙대책본부장이 정한다(동법 시행규칙 제17조). 중앙대책본부장은 재난 피해의 유형・규모에 따라 전문조사가 필요한 경우 전문조사단을 구성・운영할 수 있다(동법 시행령 제67조 제3항).

중앙대책본부장은 대통령령으로 정하는 규모의 재난이 발생하여 국가의 안녕 및 사회질서의 유지에 중대한 영향을 미치거나 피해를 효과적으로 수습하기 위하여 특별한 조치가 필요하다고 인정하거나 지역대책본부장의 요청이 타당하다고 인정하는 경우에는 중앙위원회의 심의를 거쳐 해당 지역을 특별재난지역으로 선포할 것을 대통령에게 건의할 수 있다. 특별재난지역의 선포를 건의받은 대통령은 해당 지역을 특별재난지역으로 선포할 수 있다(동법 제60조). 대통령이 특별재난지역을 선포하는 경우에 중앙대책본부장은 특별재난지역의 구체적인 범위를 정하여 공고하여야 한다. 특별재난으로 선포될 수 있는 재난의 범위에는 ① 자연재난으로서 국고 지원 대상 피해 기준 금액의 2.5배를 초과하는 피해가 발생한 재난, ② 사회재난의 재난 중 재난이 발생한 해당 지자체의 행정 능력이나 재정 능력으로는 재난의 수습이 곤란하여 국가적 차원의 지원이 필요하다고 인정되는 재난, ③ 그 밖에 재난 발생으로 인한 생활 기반 상실 등 극심한 피해의 효과적인 수습 및 복구를 위하여 국가적 차원의 특별한 조치가 필요하다고 인정되는 재난 등이 해당한다(동 규정 제69조).

4 복구계획

재난관리 책임기관의 장은 피해조사를 마친 후 지체없이 자체 복구계획을 수립・시행해야 한다. 다만, 재난피해조사단이 편성되어 피해 상황을 조사하는 경우에는 중앙대책본부장으로부터 재난피해 복구계획을 통보받은 후에 수립・시행할 수 있다. 중앙대책본부장은 재난피해조사단을 편성한 경우에는 피해조사를 한 후 중앙재난안전대책본부회의의 심의를 거쳐 재난피해 복구계획을 수립하고, 이를 관계 재난관리 책임기관의 장에게 통보해야 한다. 재난관리 책임기관의 장은 재난피해 복구계획을 통보받으면 이를 기초로 소관 사항에 대한 자체복구계획을 수립·시행해야 한다. 이 경우 지방자치단체의 장은 자체복구계획을 수립하면 지체없이 재해 복구를 위해 필요한 경비를 지방자치단체의 예산에 계상(計上)해야 한다(동법 제59조). 이러한 재난피해 복구계획 및 자체복구계획에는 피해 시설별·관리 주체별 복구 내용, 일정 및 복구비용 등이 포함되어야 한다(동법 시행령 제68조).

재난관리 과정 전체적으로 보면, 복구계획은 사전계획(pre-disaster planning)과 사후계획(post-disaster planning)으로 구분된다. '사전계획'은 재난이 발생하기 전 대비 단계에서 대응계획과 함께 작성되는 것으로서, 구체적인 실행전략과 절차를 계획 속에 포함시키기는 어렵다. 다만, 사전계획에서 제시한 광범위한 복구전략은 재난이 발생한 후의 혼란과 공황 속에서의 실제 복구 작업을 위한 지침으로 작용하게 된다. 재해 유형에 관계없이 사전 복구계획에서 공통적으로 결정되어야 하는 사항을 예시하면 다음과 같다(Coppola, 2011: 379-380).

- 장기 임시 거처를 위한 부지 선택
- 임시적인 기업 활동을 위한 부지 선택
- 낙진 처분을 위한 부지 선택
- 주택과 기반시설 보수 및 재건축
- 리더십, 신뢰, 정보 공유 등을 포함한 조정 기제
- 과도한 비용으로 재난 전에는 고려할 수 없는 예방 수단(예: 송전선 지하화)

반면, 재난이 발생하고 난 후 복구 단계에서 작성하게 되는 '사후계획'은 사전계획에 비해 좀 더 신속하고 국지적이며 현실성 있는 복구전략을 제시해야 한다.

첫째, 재난 복구에 직면한 지역에서는 도시재개발을 위한 평소와 같은 제반 절차(인·허가 등)를 경유할 만한 시간적 여유가 없으므로 간소화된 긴급 재개발 절차를 별도로 마련해 두는 것이 바람직하다.

둘째, 재난 복구 시에 행해지는 재개발계획은 장기적인 종합계획과의 조화보다는 재난 피해지역에 대한 국지적·집중적 재건에 우선순위를 둘 수밖에 없다.

셋째, 비현실적 계획 남발로 인해 피해민들에게 그릇된 기대를 갖도록 하기보다는 현실성 있는 계획 수립 및 이에 대한 주민들의 공감대 형성에 주안점을 두어야 한다. 복구계획을 위한 종합적인 기금 마련 대책을 제시하는 것은 계획의 현실성을 향상시키는 방안 중의 하나가 될 수 있다(Spangle, 1991).

이러한 복구계획 과정을 더욱 더 어렵게 만드는 근본적인 이유는 복구기관의 입장에서는 계획 단계에서 장기적 지속 가능 발전에 영향을 미칠 수 있는 재개발을 최소화하는 것이 바람직하지만, 해당 지역 주민들 또는 기업경영자들 입장에서는 이를 기다릴 만한 여유가 없다는 점이다. 피해자들의 임시구호물자(대피소, 식량 등)에 대한 만족도가 떨어지고, 도산하는 산업체 수가 증가하게 되면서 재난관리기관 및 정치인들에 대한 신규 건축 유예 조치 해제 요구는 더욱 더 강해진다. 그뿐만 아니라 복구 작업을 가능한 한 빨리 시작해서 끝내기를 희망하는 복구기관 구성원들의 요구 및 복구기금 기부자들의 기대는 적절한 복구계획 없는 무분별한 재건축을 양산하는 경향이 있어 왔다(Birch & Wachter, 2006).

복구계획의 이상과 현실의 괴리 속에서 스팽글(Spangle, 1991)은 복구계획 과정에서 재난관리기관이 고려해야 하는 교훈을 다음과 같이 제시했다.

첫째, 복구계획은 재건축과 동시에 일어나는 경우가 허다하다. 심지어 재건축이 복구계획보다 먼저 발생하는 경우도 있다. 재난 발생 직후에는 신규건축 유예조치를 내려 재개발을 제한하는 것이 바람직하지만, 간소화된 절차를 통한 신속한 토지 이용 인·허가 결정은 재난관리기관에 대한 신뢰를 오히려 향상시키는 순기능도 있음을 간과해서는 안 될 것이다. 따라서 해당 지자체 공무원은 복구계획 없는 재건축이 가능한 지역과 곤란한 지역을 구분해 가능 지역에서는 현행 법규 및 규제 에 따라 재개발 구역을 가능한 한 빨리 설정하고 수리·보수를 위한 인·허가 절차를 신속하게 진행하는 것이 바람직하다. 반면 계획 없는 복구가 곤란한 지역에서는 계획 관련 명확한 절차, 일정관리 및 정보 획득을 위한 추가적인 절차가 우선적으로 고려되어야 한다. 따라서 복구계획 단계에서 계획과 재건축이 조화롭게 진행될 수 있도록 계획 과정이 단계적으로 조정될 필요가 있다.

둘째, 도시 확대구역(urban expansion area)을 확보해 두는 것은 복구 작업에 상당히 유익한 도움이 될 수 있다. 이는 장기간이 소요되는 복구 과정에서 불안정한 지반 위에 있는 피해 주민 및 산업체들을 신속하게 안전지대로 이주시키는 데 반드시 필요한 정보이기 때문이다.

5 복구비용

조정 체계, 복구 작업 인력, 재난 피해조사, 복구계획의 적절성에도 불구하고 충분한 재정적 뒷받침이 확보되지 못하면 복구 작업은 제대로 이루어질 수가 없다. 예를 들어 복구재정 확보 정도는 피해 지역의 주택, 기반시설 등 제반 구조물의 재건축·보수·수리 정도를 결정하게 되기 때문이다. 따라서 재난 복구의 신속성과 효과성은 피해 지역 공동체가 얼마나 빨리 충분한 재정적 자원을 확보할 수 있는지에 달려 있다(Hyndman, Hyndman, & Catto, 2009).

현행 「재난 및 안전관리 기본법」은 제7장(재난의 복구) 제3절(재정 및 보상 등)에서 복구에 필요한 비용 및 지원에 관한 규정들을 명시하고 있다(동법 제62조~제66조). 그러나 동법 제66조(재난지역에 대한 국고보조 등의 지원)만이 복구비용에 대해 직접적으로 규정하고 있을 뿐, 그 외의 조항들은 재난관리 비용 부담의 일반 원칙(제62조), 대응 단계에서의 응급 조치(제63조)·손실 보상(제64조)·자원봉사자 등의 치료 및 보상(제65조) 등을 규정하는 데 그치고 있는 실정이다. 이러한 입법상의 흠결을 보완하기 위해 동법 제66조에서는 재난복구사업의 재원 등에 대한 국가 및 지방자치단체의 부담금과 재난지원금의 부담 기준에 관해 필요한 사항을 대통령령(「재난구호 및 재난복구 비용 부담 기준 등에 관한 규정」)에 위임하고 있다.

1) 비용 부담의 원칙

재난관리에 필요한 비용은 안전관리계획에서 정하는 바에 따라 그 시행의 책임이 있는 자(재난방지시설[5]의 경우에는 해당 재난방지시설의 유지·관리 책임이

5) 재난방지시설에는 다음의 시설이 해당된다. ① 「소하천정비법」 제2조 제3호에 따른 소하천 부속물 중 제방·호안·보 및 수문, ② 「하천법」 제2조 제3호에 따른 하천시설 중 댐·하구둑·제방·호안·수제·보·갑문·수문·수로터널·운하 및 동법 제2조 제7호에 따른 수문조사시설 중 홍수 발생의 예보를 위한 시설. ③ 「국토의 계획 및 이용에 관한 법률」 제2조 제6호 마목에 따른 방재시설, ④ 「하수도법」 제2조 제3호에 따른 하수도 중 하수관거 및 공공하수처리시설, ⑤ 「농어촌정비법」 제2조 제6호에 따른 농업생산 기반시설 중 저수지, 양수장, 우물 등 지하수 이용시설, 배수장, 취입보(取入洑), 용수로, 배수로, 웅덩이, 방조제, 제방, ⑥ 「사방사업법」 제2조 제3호에 따른 사방시설, ⑦ 「댐 건설 및 주변지역 지원 등에 관한 법률」 제2조 제1호에 따른 댐, ⑧ 「어촌·어항법」 제2조 제5호 다목(4)에 따른 유람선·낚시

있는 자)가 부담한다. 다만, 시・도지사나 시장・군수・구청장이 다른 재난관리 책임기관이 시행할 재난의 응급 조치를 시행한 경우 그 비용은 그 응급 조치를 시행할 책임이 있는 재난관리 책임기관이 부담하며, 이는 관계 기관이 협의하여 정산한다(동법 제62조).

2) 재난 대응 비용 정산

(1) 응급 지원에 필요한 비용

대응 단계에서 수행한 응급 지원에 필요한 비용과 관련해 동법 제63조는 응원을 받은 자는 그 응원에 드는 비용을 부담해야 하며 관계 기관이 협의해 정산한다는 원칙을 명시하고 있다. 또한 그 응급 조치로 인해 다른 지자체가 이익을 받은 경우에는 그 수익의 범위에서 이익을 받은 해당 지자체가 그 비용의 일부를 분담해야 한다.

(2) 손실 보상

손실 보상과 관련해서 국가나 지자체는 동원[6] 및 응급 부담[7]에 따른 조치로 인하여 손실이 발생하면 보상하여야 하며, 손실을 입은 자와 그 조치를 한 중앙행정기관의 장, 시・도지사 또는 시장・군수・구청장이 협의하여야 한다(동법 제64조). 손실 보상에 관한 협의는 동원 및 부담 조치가 있은 날부터 60일 이내에 하여야 한다(동법 시행령 제71조 제1항). 만약 협의가 성립되지 못한 경우에는 관할 토지

어선・모터보트・요트 또는 윈드서핑 등의 수용을 위한 레저용 기반시설, ⑨「도로법」 제2조 제2항에 따른 터널・교량 및 도로의 부속물 중 방설・제설시설, 토사 유출・낙석 방지시설, 공동구, 지하도 및 육교, ⑩「재난 및 안전관리 기본법」 제38조에 따른 재난 예보・경보시설, ⑪「항만법」 제2조 제5호에 따른 항만시설, ⑫ 그 밖에 안전행정부 장관 또는 소방방재청장이 정하여 고시하는 재난을 예방하기 위하여 설치한 시설(재난 및 안전관리 기본법 시행령 제7조).

6) 중앙대책본부장과 시장・군수・구청장은 재난이 발생하거나 발생할 우려가 있다고 인정하면 다음의 동원 조치를 할 수 있다. ①「민방위기본법」 제26조에 따른 민방위대의 동원, ② 응급 조치를 위하여 재난관리 책임기관의 장에 대한 관계 직원의 출동 또는 재난관리자원 및 제34조 제2항에 따라 지정된 장비・인력의 동원 등 필요한 조치의 요청, ③ 동원 가능한 장비와 인력 등이 부족한 경우에는 국방부 장관에 대한 군부대의 지원 요청(동법 제39조 제1항).

7) 시장・군수・구청장과 지역통제단장은 그 관할구역에서 재난이 발생하거나 발생할 우려가 있어 응급 조치를 하여야 할 급박한 사정이 있으면 해당 재난 현장에 있는 사람이나 인근에 거주하는 사람에게 응급 조치에 종사하게 하거나 다른 사람의 토지・건축물・인공구조물, 그 밖의 소유물을 일시 사용할 수 있으며, 장애물을 변경하거나 제거할 수 있다(동법 제45조).

수용위원회[8]에 재결을 신청할 수 있다. 재결의 신청은 동원 및 응급 부담 조치가 있은 날부터 180일 이내에 하여야 한다(「공익사업을 위한 토지 등의 취득 및 보상에 관한 법률」 제51조).

(3) 치료 및 보상

재난 발생 시 긴급구조 활동과 응급대책·복구 등에 참여한 자원봉사자, 응급조치 종사명령을 받은 사람 및 긴급구조 활동에 참여한 민간 긴급구조 지원기관의 긴급구조 지원요원이 응급 조치나 긴급구조 활동을 하다가 부상을 입은 경우에는 치료를 실시하고, 사망하거나 신체에 장애를 입은 경우에는 그 유족이나 장애를 입은 사람에게 보상금을 지급한다. 이 경우 치료 및 보상금은 국가나 지자체가 부담한다. 또한 재난의 응급대책·복구 및 긴급구조 등에 참여한 자원봉사자의 장비 등이 응급대책·복구 또는 긴급구조와 관련하여 고장 나거나 파손된 경우에는 그 자원봉사자에게 수리비용을 보상할 수 있다(동법 제65조).

이와 같은 치료 및 보상금은 해당 재난이 국가의 업무 또는 시설과 관계되는 경우에는 국가가 부담하고, 지자체의 업무 또는 시설과 관계되는 경우에는 지자체가 부담한다. 보상 중 유족에 대한 보상금은 그 배우자, 미성년자인 자녀, 부모, 조부모, 성년인 자녀, 형제자매순으로 지급된다. 이 경우 같은 순위의 유족이 2명 이상일 경우에는 같은 금액으로 나누어 지급하되, 태아는 그 지급 순위에 관하여는 이미 출생한 것으로 본다. 장비 등의 고장이나 파손에 대한 보상은 고장 또는 파손된 장비 등의 수리가 불가능한 경우에는 참여 당시 장비 등의 교환가격, 수리가 가능한 경우에는 수리에 필요한 실비를 기준으로 지급액을 결정한다(동법 시행령 제72조).

3) 자연재난 및 사회재난 중 특별재난지역의 재난 복구비용 지원

(1) 재난복구 비용 지원의 원칙

국가는 자연재난과 사회재난 중 특별재난지역으로 선포된 지역의 재난의 원활

---

8) 중앙토지수용위원회는 다음 사업의 재결에 관한 사항을 관장한다. ① 국가 또는 시·도가 사업시행자인 사업, ② 수용하거나 사용할 토지가 둘 이상의 시·도에 걸쳐 있는 사업. 또한 지방토지수용위원회는 그 외의 사업의 재결에 관한 사항을 관장한다(공익사업을 위한 토지 등의 취득 및 보상에 관한 법률, 제51조).

한 복구를 위하여 대통령령(「재난구호 및 재난복구 비용 부담 기준 등에 관한 규정」)으로 정하는 바에 따라 그 비용(보상금 포함)의 전부 또는 일부를 국고에서 부담하거나 지자체, 그 밖의 재난관리 책임자에게 보조할 수 있다. 다만, 동원명령 또는 대피명령을 방해하거나 위반하여 발생한 피해는 제외한다. 국가와 지자체는 재난으로 피해를 입은 시설의 복구와 피해 주민의 생계 안정을 위하여 다음의 지원을 할 수 있다(동법 제66조 제1항 및 제3항).

① 사망자・실종자・부상자 등 피해 주민에 대한 구호
② 주거용 건축물의 복구비 지원
③ 고등학생의 학자금 면제
④ 관계 법령에서 정하는 바에 따라 농업인・임업인・어업인의 자금 융자, 농업・임업・어업 자금의 상환기한 연기 및 그 이자의 감면 또는 중소기업 및 소상공인의 자금 융자
⑤ 세입자 보조 등 생계 안정 지원
⑥ 관계 법령에서 정하는 바에 따라 국세・지방세, 건강보험료・연금보험료, 통신요금, 전기요금 등의 경감 또는 납부 유예 등의 간접 지원
⑦ 주 생계 수단[9]인 농업・어업・임업・염생산업(鹽生産業)에 피해를 입은 경우에 해당 시설의 복구를 위한 지원
⑧ 공공시설 피해에 대한 복구사업비 지원
⑨ 그 밖에 중앙재난안전대책본부회의에서 결정한 지원

(2) 재난복구 비용 지원의 기준

재난복구 비용 지원 기준은 자연재난에 대해서는 대통령령(「재난구호 및 재난복구 비용 부담 기준 등에 관한 규정」)으로 정하고, 사회재난으로서 특별재난지역으로 선포된 지역의 재난에 대해서는 관계 중앙행정기관의 장과의 협의 및 중앙재난안전대책본부회의의 심의를 거쳐 중앙대책본부장이 정하며, 사회재난으로서 특별재난지역으로 선포되지 않은 지역의 재난에 대해서는 지역재난안전대책본부회의의 심의를 거쳐 지역대책본부장이 정한다(동법 제66조 제4항).

---

9) "주 생계 수단"이란 그 수입액이 해당 가구 총수입액의 50퍼센트 이상을 차지하는 생계 수단을 말한다(동 규정 제3조 1호).

표 6-1 재난복구 비용 지원 대상

지원 대상	지원 내용
이재민 구호	가. 사망자 및 실종자의 유족과 일상생활에 지장을 줄 정도의 부상을 당한 사람에 대한 구호
	나. 주택이 50퍼센트 이상 파손되거나 유실된 사람의 생계 안정을 위한 구호비 지원, 주 생계 수단인 농업·어업·임업·염생산업에 재해를 입은 사람의 생계 안정을 위한 생계 지원과 고등학생의 학자금 면제
	다. 영농·어업경영·산림경영·가축 사육·염생산 자금의 융자 지원 및 상환 연기와 그 이자의 감면, 주택복구자금의 융자 지원, 지방세 등의 조세 감면 등 간접 지원[10]
재난복구 사업	가. 주택 복구
	나. 농경지 및 염전 복구
	다. 농림시설·농작물 및 산림작물의 복구
	라. 축산물 증식시설의 복구와 가축 등의 입식(入殖)
	마. 어선과 어망·어구의 복구
	바. 수산물의 증식 및 양식 시설의 복구와 수산생물의 입식
	사. 공공시설의 복구
	아. 가목부터 사목까지에서 규정한 사항 외에 법 제14조 제2항에 따른 중앙재난안전대책본부의 본부장이 필요하다고 인정하는 피해의 복구
그 밖의 재난대책	가. 가뭄지역의 각종 용수(用水) 공급 등 가뭄대책 비용
	나. 법 제64조 제1항에 따른 손실보상금
	다. 중앙본부장이 재난의 예방 및 복구 등을 위하여 필요하다고 인정하는 쓰레기 등의 처리 비용
	라. 그 밖에 법 제14조 제2항에 따른 중앙재난안전대책본부회의에서 결정된 지원 사항

자연재난으로 인한 피해복구 비용의 지원 기준을 규정하고 있는 동 규정 제4조에 의하면, 국고나 지방비로 재난구호 및 재난복구 비용을 지원하는 대상은 이재민구호, 재난복구사업, 그 밖의 재난대책으로 구분된다(<표 6-1> 참조). 이에 규정되어 있지 않은 재난구호 및 재난복구 비용은 재난관리 책임기관의 장 및 시설물 소유자가 부담하여야 한다. 이 경우 관계 중앙행정기관의 장은 공장·광산·시장

10) 간접 지원은 관계 중앙행정기관의 장이 관련 기금 등으로 하여야 한다. 간접 지원 실시기관에는 중앙행정기관, 중소기업진흥공단, 기술신용보증기금, 신용보증기금, 신용보증재단, 농업협동조합·축산업협동조합, 수산업협동조합, 산림조합, 그 밖에 간접 지원을 위하여 필요하다고 인정되는 기관 등이 포함된다(동 규정 제12조).

(시설자재와 기계류 등 포함)과 건물 등의 재난에 대한 복구비용의 지원이 필요하다고 인정될 때에는 관련 기금으로 지원하거나 필요한 조치를 할 수 있다(동 규정 제11조).

재난복구 비용은 이러한 재난복구 비용 부담 기준에 따라 산정하되, ① 피해가 발생한 일정 지역의 하천·도로·수리시설 등을 총괄하여 복구계획을 수립할 필요가 있는 시설·지구 또는 지역, ② 대규모 산사태지역 또는 절개지 등 기능 복원사업을 하여도 근원적으로 피해 발생의 원인이 해소되지 않거나 안전에 문제가 있는 시설·지구 또는 지역, ③ 경제적 파급 효과가 크고 주민 편익 증진을 동시에 도모할 수 있는 시설·지구 또는 지역, ④ 하천의 홍수 부담을 줄이기 위하여 유수지(遊水池) 설치 등 홍수 저류 대책(貯溜對策)이 필요한 시설·지구 또는 지역, ⑤ 풍수해저감 종합계획에 반영되어 있는 시설·지구 또는 지역, ⑥ 그 밖에 중앙본부장이 개선복구사업이 필요하다고 인정하여 본부회의에서 결정된 시설·지구 또는 지역에 대해서는 개선복구사업에 드는 비용으로 할 수 있다. 중앙본부장은 매년 해당 연도의 예산편성 기준과 관계 중앙행정기관의 장이 고시한 단가 등을 기초로 재난복구 비용의 산정 기준과 지원 기준 지수를 확정하고, 이를 관계 중앙행정기관 및 지자체에 통보하여야 한다(동 규정 제10조).

(3) 재난복구 비용의 재원

재난복구사업의 재원은 국고의 부담금 또는 보조금과 지자체의 부담금·의연금 등으로 충당한다(동법 제66조 제2항).

① 국고 부담 기준

국고의 부담금 또는 보조금에 의한 재난복구 비용 지원을 위한 기준은 다음과 같다.

첫 번째 기준은 국고의 지원과 관련된 것으로서 재난복구 비용 지원 대상(<표 6-1>) 중 '가뭄지역의 각종 용수(用水) 공급 등 가뭄대책 비용'[11]을 제외하고 국고의 지원은 동일한 재난 기간에 발생한 특별자치시·특별자치도·시·군·구(이하

11) 가뭄지역의 각종 용수(用水) 공급 등 가뭄대책 비용에 대한 국고 지원은 지방상수도를 격일제 이상으로 제한 급수하는 지역에 대하여 중앙본부장이 필요하다고 인정하여 본부회의의 심의를 거친 경우에만 한다(동 규정 제5조 제4항).

표 6-2	국고 지원 대상 최소 피해 금액

① 최근 3년간의 평균 재정력지수[12]가 0.1 미만인 시 · 군 · 구: 18억 원
② 최근 3년간의 평균 재정력지수가 0.1 이상 0.2 미만인 시 · 군 · 구: 24억 원
③ 최근 3년간의 평균 재정력지수가 0.2 이상 0.4 미만인 시 · 군 · 구: 30억 원
④ 최근 3년간의 평균 재정력지수가 0.4 이상 0.6 미만인 시 · 군 · 구: 36억 원
⑤ 최근 3년간의 평균 재정력지수가 0.6 이상인 시 · 군 · 구: 42억 원

"시 · 군 · 구")의 피해 금액(농작물 · 동산(動産) 및 공장의 피해 금액은 제외)이 <표 6-2>의 금액 이상인 경우에만 한다(동 규정 제5조 제1항).

다만, 국고 지원 대상에서 제외되는 시 · 군 · 구에 대해서도 다음의 예외적인 경우에는 해당 피해에 대한 복구비용을 국고에서 지원할 수 있다. 첫째, 해당 시 · 군 · 구의 재난지원금[13] 총액이 3천만 원 이상인 경우로서 ① 사망자 및 실종자의 유족과 일상생활에 지장을 줄 정도의 부상을 당한 사람에 대한 구호, ② 주택이 50퍼센트 이상 파손되거나 유실된 사람의 생계 안정을 위한 구호비 지원, 주 생계 수단인 농업 · 어업 · 임업 · 염생산업에 재해를 입은 사람의 생계 안정을 위한 생계 지원과 고등학생의 학자금 면제, ③ 영농 · 어업경영 · 산림경영 · 가축 사육 · 염생산 자금의 융자 지원 및 상환 연기와 그 이자의 감면, 주택복구자금의 융자 지원, 지방세 등의 조세 감면 등 간접 지원, ④ 주택 복구, ⑤ 농경지 및 염전 복구, ⑥ 농림시설 · 농작물 및 산림작물의 복구, ⑦ 축산물 증식시설의 복구와 가축 등의 입식(入殖), ⑧ 어선과 어망 · 어구의 복구, ⑨ 수산물의 증식 및 양식 시설의 복구와 수산생물의 입식, ⑩ 그 밖에 중앙재난안전대책본부회의에서 결정된 지원 사항의 어느 하나에 해당하는 경우, 둘째, 국고 지원 대상이 되는 시 · 군 · 구를 포함하여 2개 이상의 시 · 군 · 구에 걸쳐 공공시설에 피해가 발생한 경우로서 중앙본부장이 그 복구를 위한 지원이 필요하다고 인정하는 경우 등이 이에 해당한다(동 규정

12) 재정력지수는 다음과 같이 계산한다(동 규정 제5조 제2항). ① 특별자치시 · 특별자치도 · 시 · 군의 경우: 「지방교부세법」에 따른 기준재정수입액 ÷ 「지방교부세법」에 따른 기준재정수요액 ② 구의 경우: 구의 재원 조정에 관한 조례에 따른 자치구별 조정교부금 산정을 위한 기준재정수입액 ÷ 구의 재원조정에 관한 조례에 따른 자치구별 조정교부금 산정을 위한 기준재정수요액

13) "재난지원금"이란 국가 또는 지자체가 자연현상으로 인하여 사망하거나 실종된 사람, 부상을 당한 사람, 주택이나 주 생계 수단인 농업 · 어업 · 임업 · 염생산업(鹽生産業)에 재해를 입은 자에 대하여 재난복구 및 이재민 구호를 위하여 지원하는 금액을 말한다(동 규정 제3조 2호).

제5조 제3항).

두 번째 기준은 국고 지원 제한 대상과 관련된 것으로서 다음의 경우에는 복구비용에 대한 국고 지원이 허용되지 않는다(동 규정 제6조). ① 공사 중인 건축물과 인공구조물, 그 밖의 시설물(이하 "건축물 등")에 재난이 발생한 경우, ② 국가, 지방자치단체, 공기업, 지방공사와 지방공단(이하 "지방공사 등") 및 그 밖의 공공기관이 공공사업 등을 위하여 수용한 지역에서 발생한 피해, ③ 법령에 따른 각종 사업시행계획이 확정된 지구에서 건축물 등에 피해가 발생했으나 복구할 필요가 없는 경우, ④ 적법하지 않은 건축물 등에 재난이 발생한 경우(다만, 적법하게 복구하는 주택의 경우는 제외). ⑤ 다른 법령에 따라 국가·지방자치단체·공기업·지방공사 등 및 그 밖의 공공기관으로부터 복구비와 보상비 등이 지원되는 경우, ⑥ 재난사태 선포, 대피명령, 강제 대피 조치 등 재해 예방을 위한 조치에 따르지 않거나 본인의 고의 또는 중대한 과실로 인해 피해가 발생하거나 확대된 경우, ⑦ 하천의 점용 허가를 받아 경작하던 중 피해(폭설·지진·가뭄 또는 강풍으로 인한 피해는 제외)가 발생한 농업시설 및 농작물, ⑧ 재난지수[14]가 300 미만인 경미한 피해 등의 경우에는 국고 지원이 제한된다.

세 번째 기준은 특별재난지역에 대한 추가 지원과 관련된 것으로서 국가나 지자체는 특별재난지역으로 선포된 지역에 대하여는 국고 지원 외에 대통령령으로 정하는 바에 따라 응급 대책 및 재난구호와 복구에 필요한 행정상·재정상·금융상·의료상의 특별 지원을 할 수 있다(동법 제61조). 중앙대책본부장 및 지역대책본부장은 특별재난지역이 선포되었을 때에는 재난 응급 대책의 실시와 재난의 구호 및 복구를 위해 재난복구계획의 수립·시행 전에 재난 대책을 위한 예비비, 재난관리기금·재해구호기금 및 의연금을 집행할 수 있다.

자연재난으로 인해 특별재난지역으로 선포된 지역에 대한 특별 지원의 내용은 다음과 같다. ①「재난구호 및 재난복구 비용 부담 기준 등에 관한 규정」제7조에 따른 국고의 추가 지원,「재난구호 및 재난복구 비용 부담 기준 등에 관한 규정」제4조에 따른 지원, ③ 의료·방역·방제(防除) 및 쓰레기 수거 활동 등에 대한 지

14) "재난지수"란 지원 기준 지수에 피해물량을 곱하여 산정한 값과 지원 항목별 지원 기준 지수를 합산한 값을 말하며, "지원 기준 지수"란 재난지원금을 산정하기 위하여 지원 항목별로 관계 중앙행정기관의 장이 고시한 지원 기준 단가에 지원율을 곱하여 1천으로 나눈 값을 말한다(동 규정 제3조 3호 및 4호).

원, ④ 의연금품의 지원, ⑤ 농어업인의 영농·영어·시설·운전 자금 및 중소기업의 시설·운전 자금의 우선 융자, 상환 유예, 상환 기한 연기 및 그 이자 감면과 중소기업에 대한 특례보증 등의 지원, ⑥ 그 밖에 재난 응급 대책의 실시와 재난의 구호 및 복구를 위한 지원 등이 이에 해당한다. 또한 사회재난으로 특별재난지역으로 선포된 지역에 대한 특별 지원의 내용은 다음과 같다. ① 재난으로 사망하거나 실종된 사람의 유족 및 부상당한 사람에 대한 지원, ② 피해 주민의 생계 안정을 위한 지원, ③ 피해 지역의 복구에 필요한 지원, ④ 의료·방역·방제(防除) 및 쓰레기 수거 활동 등에 대한 지원, 농어업인의 영농·영어·시설·운전 자금 및 중소기업의 시설·운전 자금의 우선 융자, 상환 유예, 상환 기한 연기 및 그 이자 감면과 중소기업에 대한 특례보증 등의 지원, ⑤ 그 밖에 중앙대책본부장이 필요하다고 인정하는 지원 등이 이에 해당한다.

중앙대책본부장은 특별재난지역의 사회재난 복구 지원을 위한 피해 금액과 복구비용의 산정, 국고 지원 내용 등을 관계 중앙행정기관의 장과의 협의 및 중앙대책본부회의의 심의를 거쳐 확정한다. 다만, 사망자 유족에게 지급하는 보상금은 사망 당시의 「최저임금법」에 따른 월 최저임금액에 240을 곱한 금액 또는 「국가배상법」 제3조 제1항의 배상 기준을 준용하여 산출한 금액 중 많은 금액을 초과할 수 없다. 부상자에게 지급하는 금액은 사망자 유족에게 지급하는 금액의 2분의 1 이하의 범위에서 부상의 정도에 따라 안전행정부령으로 정하는 금액을 초과할 수 없다.

특별재난지역으로 선포된 지역 중 지방비 부담 총액이 <표 6-2>에서 제시한 '국고 지원 대상 최소 피해 금액'의 2.5배를 초과하는 경우에는 동 규정의 기준에 따른 금액을 추가하여 국고에서 지원할 수 있다(동 규정 제7조).

② 지자체 부담 기준

지자체의 부담금·의연금에 의한 재난복구 비용 지원을 위한 기준은 다음과 같다.

첫 번째 기준은 국고 지원에서 제외된 재난에 대해 시·도재난안전대책본부 또는 시·군·구재난안전대책본부의 본부장이 복구계획을 수립하여 시행하는 경우와 관련된다. 이 경우 지방자치단체의 부담금[15] 중 시·도 및 시·군·구가 각각 부담하여야 하는 부담금의 비율 기준은 다음과 같다(「재난구호 및 재난복구 비용 부담 기준에 등에 관한 규칙」 제2조 제1항). 첫째, 시 · 군 · 구의 최근 3년간 평균 재정력지수가 0.3 미만인 경우에는 시 · 도가 50퍼센트, 시 · 군 · 구가 50퍼센트를 부담한다. 둘째, 시 · 군 · 구의 최근 3년간 평균 재정력지수가 0.3 이상 0.9 미만인 경우에는 시 · 도가 40퍼센트, 시 · 군 · 구가 60퍼센트를 부담한다. 셋째, 시 · 군 · 구의 최근 3년간 평균 재정력지수가 0.9 이상인 경우에는 시 · 도가 30퍼센트, 시 · 군 · 구가 70퍼센트를 부담한다.

두 번째 기준은 지자체의 장이 재난복구 비용을 지원하여야 하는 경우와 관련된다(동 규정 제8조 제3항). 첫째, 국고 지원 대상에서 제외된 재난 중 해당 시 · 군 · 구의 재난지원금 총액이 3천만 원 미만인 경우로서 ① 사망자 및 실종자의 유족과 일상생활에 지장을 줄 정도의 부상을 당한 사람에 대한 구호, ② 주택이 50퍼센트 이상 파손되거나 유실된 사람의 생계 안정을 위한 구호비 지원, 주 생계 수단인 농업 · 어업 · 임업 · 염생산업에 재해를 입은 사람의 생계 안정을 위한 생계 지원과 고등학생의 학자금 면제, ③ 영농 · 어업경영 · 산림경영 · 가축사육 · 염생산 자금의 융자 지원 및 상환 연기와 그 이자의 감면, 주택복구자금의 융자 지원, 지방세 등의 조세 감면 등 간접 지원, ④ 주택 복구, ⑤ 농경지 및 염전 복구, ⑥ 농림시설 · 농작물 및 산림작물의 복구, ⑦ 축산물 증식시설의 복구와 가축 등의 입식(入殖), ⑧ 어선과 어망 · 어구의 복구, ⑨ 수산물의 증식 및 양식 시설의 복구와 수산생물의 입식, ⑩ 그 밖에 중앙재난안전대책본부회의에서 결정된 지원 사항의 어느 하나에 해당하는 경우, 둘째, 재난지수가 300 미만인 경미한 피해이어서 국고 지원 대상에서 제외되는 경우, 셋째, 신고 기간 안에 신고를 하지 못해 재난지원금을 받지 못한 경우 등이 이에 해당한다.

(4) 재난지원금 지급

재난지원금은 국가 또는 지자체가 자연재난으로 인하여 사망하거나 실종된 사람, 부상을 당한 사람, 주택이나 주 생계 수단인 농업 · 어업 · 임업 · 염생산업(鹽生産業)에 재해를 입은 사람에 대하여 재난 복구 및 이재민 구호를 위하여 지원하는

15) "지방자치단체의 부담금"이라 함은 규정에 의하여 지방자치단체가 부담하여야 할 부담금 중 지방교부세법에 의한 특별교부세 등을 제외한 자체 재원으로 부담하여야 할 부담금을 말한다(동 규칙 제2조 제2항).

금액을 말한다(동 규정 제3조 2목). 이러한 재난지원금은 ① 사망자 및 실종자의 유족과 일상생활에 지장을 줄 정도의 부상을 당한 사람에 대한 구호, ② 주택이 50퍼센트 이상 파손되거나 유실된 사람의 생계 안정을 위한 구호비 지원, 주 생계 수단인 농업·어업·임업·염생산업에 재해를 입은 사람의 생계 안정을 위한 생계 지원과 고등학생의 학자금 면제, ③ 주택 복구, ④ 농경지 및 염전 복구, ⑤ 농림시설·농작물 및 산림작물의 복구, ⑥ 축산물 증식시설의 복구와 가축 등의 입식(入殖), ⑦ 어선과 어망·어구의 복구, ⑧ 수산물의 증식 및 양식시설의 복구와 수산생물의 입식에 해당하는 재난구호 및 재난 복구에 대하여 지급하되, 지원 금액은 각각의 재난구호 및 재난복구 사업에 대한 총 재난지수를 산정하여 동 규정의 재난등급별 재난지원금 기준표에 따라 산정한다(동 규정 제9조 제1항).

재난지원금을 받으려는 자는 재난이 종료된 날부터 10일 이내에 자연재난 피해신고서를 작성하여 시장·군수·구청장 또는 읍·면·동장에게 신고하여야 한다. 다만 장기간 여행 등 소방방재청장이 정하는 부득이한 사유로 신고 기간 내에 신고를 하지 못한 경우에는 해당 사유가 종료된 날부터 10일 이내에 신고하여야 한다. 신고를 받은 시장·군수·구청장 또는 읍·면·동장은 신고 내용을 기초로 지체 없이 피해 사실을 확인한 후 재난지원금을 지급하되, 주택 피해가 확인된 이재민에 대해서는 재난지원금을 우선적으로 지급할 수 있다(동 규정 제9조).

4) 특별재난지역 외의 사회재난 복구비용 지원

화재·붕괴·폭발·교통사고·화생방사고·환경오염사고, 감염병 또는 가축 전염병의 확산, 에너지·통신·교통·금융·의료·수도 등 국가 기반 체계의 마비 등으로 인한 사회재난 중 특별재난지역으로 선포되지 않은 지역의 재난복구 비용 지원 기준에 대해서는 지역재난안전대책본부회의의 심의를 거쳐 지역대책본부장이 정한다(동법 제66조). 대개의 경우 이러한 사회재난은 민·형사상 소송을 통해 피해자가 원인 제공자로부터 구제받게 된다. 그러나 원인 제공자가 감당할 수 없는 피해 금액에 대해서는 실제적으로 정부에서 지원하고 있다. 이 때문에 대규모 인적·사회적 재난의 경우 신속한 구호를 위해 정부 차원에서 먼저 구호한 후 이에 대한 비용을 사고 원인 제공자에게 구상하는 형식으로 진행된다(국립재난안전연구원, 2013: 26).

제3절 재난 복구 활동의 유형

재난이 발생하고 나면 사회를 구성하는 다양한 요소들이 부상, 사망, 파손 등 어떠한 형태로든 재난의 여파로서 손실을 입게 되고 사회 전체적으로 복구의 필요성 속에 있게 된다. 이러한 필요를 충족시키기 위한 복구 활동의 범위는 해당 지역공동체를 처음부터 건설하는 때만큼이나 다양하고 방대하다(Coppola, 2011).

재난 복구의 유형은 복구의 시간적 범위에 따라서 단기적 복구(short-term recovery)와 장기적 복구(long-term recovery)로 구분할 수 있다. 단기적 복구는 대응 단계 직후에 재난으로부터 피해를 입은 해당 지역공동체가 필요로 하는 기본적인 수요(basic needs)를 충족시키기 위한 긴급복구를 의미한다. 주로 구호 활동과 관련되며, 임시 거처 제공, 영구주택으로 변환 가능한 전환주택(transitional shelter) 제공, 국가 기반시설 복원, 낙진 제거 등이 이에 해당한다(Philips, 2009). 현행「재해구호법」제4조에서는 이러한 단기적 복구를 위해서 수행되는 구호의 종류를 ① 임시 주거시설의 제공, ② 급식이나 식품·의류·침구 또는 그 밖의 생활필수품 제공, ③ 의료 서비스의 제공, ④ 감염병 예방 및 방역 활동, ⑤ 위생지도, ⑥ 장사(葬事)의 지원, ⑦ 그 밖에 대통령령으로 정하는 사항으로 규정하고 있다. 또한 구호 기간은 이재민의 피해 정도 및 생활 정도 등을 고려해 6개월 이내로 하며, 구호기관이 이재민의 주거 안정을 위해 필요하다고 인정하는 경우에는 구호기간을 연장할 수 있다(동 시행령 제3조). 반면, 장기적 복구는 피해 지역 공동체가 재난 발생 이전 상태로 돌아갈 뿐만 아니라 재난 발생 이전 상태의 재난 취약성(vulnerability)을 개선해 장래에 발생할지도 모르는 재난에 회복 탄력적인 공동체(resilient community)로 향상시키기 위한 제반 복구 활동을 의미한다. 이러한 맥락에서 장기적 복구는 예방 단계로 환류되는 속성이 있다(Lyons, Schilderman, & Boano, 2010).

그러나 이와 같은 복구의 시간적 범위에 따른 복구 활동의 유형화는 복구 활동의 구체적인 내용을 분석하기 어려운 측면이 있다. 이에 코폴라(Coppola, 2011)는 재난 복구의 시간적 범위에 따른 유형을 불문하고 공통적으로 요구되는 복구 지원

활동으로서 정부 기능, 주택, 경제, 사회, 문화, 교육 등 6개의 범주로 나뉘진 분야에서의 복구로 구분했다.

1 정부 기능 복구

재난 발생 후 신속하게 복원되어야 하는 정부 기능은 행정 서비스, 행정 시스템, 공공시설 등 대부분의 공공 영역에 해당하는 활동을 모두 포함한다. 정부의 운영 능력은 재난에 의해 다음과 같은 부정적 영향을 받게 된다(Coppola, 2011).

- 정부시설 파손
- 공직자 부상 및 실종
- 정부문서를 비롯한 중요 정보의 유실
- 전기 · 수도 · 통신 등의 자원 부족
- 정치적 불안정

정부의 기반시설 재건축 및 운영 능력 회복은 피해지역 복구를 위해 우선적으로 고려되어야 한다. 대부분의 복구 작업은 정부의 인 · 허가를 필요로 하는 경우가 많으며, 해당 지역의 질서 및 치안 유지는 효과적인 복구 작업의 기본 전제라고 할 수 있기 때문이다. 또한 피해자들의 입장에서 정부 기능의 복원은 구호 활동 개시로 여겨지는 경향이 있어 심리적 안정을 회복하는 데에도 도움이 된다.

이 밖에도 환경관리 역시 정부의 역할에 포함되므로 재개되어야 하는 정부 서비스에 포함된다. 특히 재난으로부터 발생한 다량의 낙진(debris)을 제거, 정리, 처분하는 작업도 정부의 중요한 복구 서비스 중의 하나이다. 대부분의 재난은 나무, 진흙, 바위, 파손된 주택 · 자동차 · 배 등의 잔여 파편들에 의한 낙진을 양산하게 된다. 이러한 낙진의 대부분은 대응 단계에서 임시로 제거되며, 복구 단계에서는 제거된 낙진을 영구적으로 처분하거나 저장해야 한다. 이를 저장할 처분시설이 입지될 부지를 식별하고 확정하는 것도 이 시기에 정부가 제공해야 하는 서비스 중의 하나이다.

특히 일부 파손된 주택 또는 건물을 계속 방치하게 되면 2차 피해를 양산할 우려가 있어 신속하게 폭파시켜야 하는 경우가 많다. 문제는 이러한 건물 폭파 과정에서 벽돌, 나무, 플라스틱 등의 낙진을 다량 양산해 낙진 처분시설의 저장 용량의 상당 부분을 차지하게 된다는 것이다. 따라서 건물 폭파로 인한 낙진은 재개발 현장에서 재활용하는 방안과 분리 수거를 통해 폐기물 발생량을 저감하는 방안을 복구계획 속에 포함시키는 것이 바람직할 것이다.

재난 피해지역에 산재해 있는 낙진을 수집하고 처분하는 작업은 과다한 근로자와 시간이 소모되는 업무이다. 예를 들어 대형 허리케인 또는 지진 발생으로 인한 낙진은 평상시 수집된 폐기물의 약 5년치 정도에 해당될 정도로 배출량이 많다고 한다(Clake, Fanany, & Kenny, 2010). 따라서 재난 낙진 수집 및 처분 업무를 민간 폐기물 업체에 위탁해 업무 부담 과중을 해소하는 경우도 발생하게 된다. 또한 이러한 낙진 제거 및 처분은 지역주민들과의 협력 속에서 성공적으로 완료될 수 있다. 따라서 언제 어디에 어떠한 낙진 폐기물을 처분해야 하는지에 관한 주민 교육은 낙진 처분 작업을 촉진하는 필수 요소가 될 것이다.

이러한 낙진 제거 작업을 포함한 환경 복구는 피해지역에 동일한 재난이 다시 발생했을 때를 대비해서 반드시 필요하다. 왜냐하면 특정 환경은 특정 재해가 미치는 영향을 흡수해 재난지역을 이전 상태로 돌아가게 하는 복원력(resilience)을 갖게 하기 때문이다. 예를 들어, 습지 · 늪 · 사구(dune) 등은 태풍, 폭풍, 홍수 등의 위해로부터 보호해 주는 기능을 하기 때문에 재난으로부터 유실된 부분이 있으면 반드시 복구해 두어야 한다.

또한 경우에 따라서는 재난으로 인해 발생한 환경오염에 의한 2차 피해가 직접적인 재난 피해보다 더 심각할 수도 있다. 예를 들어 재난으로 인해 침수된 차, 파손된 오수탱크(holding tank), 누수 파이프 등으로부터 새어 나온 유해물질은 인간, 동물, 농작물, 환경 등에 치명적인 영향을 미친다. 또한 홍수는 지하수, 우물, 해수욕장 등을 오염시키며, 진흙은 유실된 연료, 화학물질, 박테리아 등에 의해 오염된다. 대기는 유해한 연기, 입자, 증기에 의해 오염된다. 재난이 발생한 후, 정부는 지속적으로 토양, 수질, 대기의 질을 모니터링하고 허용치를 넘어서는 오염원들을 관리해야 한다(Birch & Wachter, 2006).

2 주택 복구

재난으로 인해 발생한 주택 피해의 정도 및 양태는 해당 주택의 건축자재는 물론이고 주택의 위치 및 고도, 위해로부터의 거리 등에 따라 다양하다. 따라서 주택 복구 작업 전에 우선 주택조사관(housing inspector)들이 개별 주택의 피해 상황에 대한 면밀한 조사를 실시해야 한다. 이 때 주택조사관들은 주로 해당 지자체에 소속된 경우가 많으며, 어떠한 주택구조가 수리, 폭파, 유지되어야 하는지를 결정하게 된다. 주택 조사 과정이 끝나면 실제 주택을 보수하거나 재건축하는 작업이 진행되는데, 이 과정에서 발생하는 주요쟁점은 다음과 같다(Coppola, 2011).

첫 번째 쟁점은 주택 복구 비용과 관련된다. 정부 또는 NGO단체에서 보조금 또는 상환금을 제공해 주지 않는다면, 주택 복구 비용은 궁극적으로 주택 소유자가 부담하게 된다. 그러나 피해 주민들의 대부분은 재건축에 필요한 재정적 자원이 부족해 외부로부터의 원조에 의존할 수밖에 없는 경우가 많다.

두 번째 쟁점은 주택 복구를 수행하는 작업 인력과 관련된다. 피해지역 공동체의 일자리 창출, 비용 절감 및 건축 비용의 지역경제 회복에의 기여 등의 경제적 측면뿐만 아니라 주택 거주자의 만족도 또는 수용성 측면에서 지역주민들이 주택 복구 작업에 대거 참여하는 것이 바람직하다.

세 번째 쟁점은 주택복구 시점과 관련된다. 피해 주민들의 입장에서는 가능한한 빨리 복구 작업을 시작하기를 원하기 때문에 조기 재건축은 피해 주민들의 사기를 진작시키는 순기능이 있다. 반면 복구기관에서는 해당 지역의 주택들이 특정 재해에의 취약성을 반복적으로 겪지 않도록 할 의무가 있다. 따라서 주택조사관들은 전면적인 재설계가 필요한 주택과 불필요한 주택을 신속하게 구분해 순차적인 재건축이 이루어질 수 있도록 해야 한다. 이는 임시 거처에서의 장기 체류를 줄여줄 수 있을 뿐만 아니라, 주택재건축 관련 쟁점들이 논의되는 과정에서 '복구가 실제로 진척되고 있다는 느낌(sense of progress)'을 줄 수 있다(Patterson, 1999). 또한 심층적인 평가 또는 분석이 필요한 지역에 대해서는 주택 재건축 유예 조치 또는 인·허가 제한 조치를 부과할 필요가 있다. 이 과정에서 정부는 범람하지 않을 높이(above flood level)에 주택을 건축하도록 하거나 폭풍우 또는 진동에 견딜 수 있도록 기초공사를 강화하도록 하는 조치를 통해 향후 발생할지도 모르는 유사 재난에 대한 예방(mitigation)을 할 수 있는 장점이 있다.

네 번째 쟁점은 재건축의 위험성이 과도하게 높은 경우와 관련된다. 이 경우에는 주택 소유자들이 재건축 계획을 포기하고 대체 부지에 신규 주택을 건설하도록 해야 하며, 이 때에도 강제 철거보다는 주택 매입(housing buyout) 및 인센티브 제공을 통한 자발적 이주를 유도하는 것이 바람직하다. 정부에서는 매입한 위험지역을 주택을 포함한 구조 건축물이 없는 공원 등으로 활용하기도 한다(Lizaralde, Johnson, & Davidson, 2010).

3 경제 복구

재난으로 인해 발생한 자원 손실, 생산 중단, 사업 기회 박탈, 대량 실업 및 과도한 정부예산 지출 등은 해당 지역, 국가 전체, 나아가서 국제사회의 경제 침체를 초래하게 된다. 정부는 재난으로 인한 경제 침체를 회복시킬 의무가 있으며, 이를 위해 해당 지역 경제부터 회생시켜야 한다.

대개 지역경제는 해당 지역에 고유한 주력산업(예를 들어 관광산업, 광업, 제조업, 수공예, 서비스산업, 농수산업, 교육 등)에 의해 유지되고, 그 지역주민들은 이러한 산업에서 요구되는 기술 또는 지식 등을 습득·활용해 생계를 유지해 왔다. 그러나 재난에 직면하게 되면 대부분의 기업은 부정적 영향을 받게 되고 결국에는 도산하게 된다. 특히 중소기업의 경우 재난의 파급 효과는 더욱 더 커지게 마련이다(Coppola, 2011).

따라서 해당 지역의 주력산업을 파악해 이를 회생시키려는 노력이 경제 복구를 위한 초기 단계에서 우선적으로 진행되어야 한다. 이를 위해서는 재난으로 파괴된 기존의 사업 기반시설(예를 들어 전기, 통신 수단, 인터넷, 기타 장비)이 재난 이전 상태 또는 그 이상으로 복구되어야 한다. 스팽글(Spangle, 1991)에 의하면, 재난 이전에는 비용 문제로 엄두도 내지 못한 최첨단 기반시설을 복구기금 또는 성금이 집중되는 복구 초기 단계에 구비할 수 있게 되므로, 오히려 재난을 겪게 됨으로써 해당 지역의 유사 재난에 대한 취약성이 감소하게 되는 경우가 많다.

해당 지역 주력산업의 신속한 복구는 피해 주민들의 실업 문제를 해결하는 데도 상당 부분 기여하게 된다. 실업은 거의 모든 재난의 공통된 결과로서 피해 주민들의 정신적 스트레스 및 상실감을 악화시키며, 자립심 및 자존감을 떨어뜨린다. 또한 갑작스러운 일자리 상실로 인해 피해 주민들은 단기적으로는 가족의 생계를 위해, 장기적으로는 주택 및 기타 자산을 복원하기 위해 저축을 소진하게 된다. 그 결과 생필품 수요도 지역 시장에서의 구매보다는 외부로부터의 구호에 의존하게 되어 지역경제 회생이 더욱 지연되는 원인이 되기도 한다. 다만, 복구 초기 단계에 필요한 작업들(예를 들어 건물 파괴, 낙진 제거 등)은 대부분 노동집약적이어서 실업 문제는 일시적으로나마 다소 해소될 수 있다(Perry & Quarantelli, 2005).

재난으로 인한 실업 문제를 해소하기 위해 복구계획 및 조정 과정에서 고려해야 할 점은 다음과 같다(Coppola, 2011).

첫째, 구호물자(생필품 및 음용수 등)를 비롯한 복구 서비스의 효율적 제공은 피해 주민들이 새로운 일자리에 몰입할 여유를 준다. 예를 들어 피해 주민들이 구호물자를 얻기 위해 긴 행렬에 장시간 동안 대기하고 있다면 그 시간만큼의 근로 기회를 상실한 결과가 될 것이다.

둘째, 피해 주민들은 복구 과정에서 새롭게 창출된 일자리에 투입되기에 적당한 조건을 갖출 기회(예를 들어 교육훈련, 교통 수단 등)를 제공받아야 한다. 또한 고용주들은 근로자들이 업무 외적인 사안(예를 들어 개인 주택 재건축, 자녀 학교 통학 돌봄, 의료 검진 등)에의 몰입으로 인해 다소간의 업무 공백이 발생할 수 있음을 감안해야 한다.

셋째, 특정 지역사회의 경제 복구 정도는 그 지역의 재난 이전 경제 수준과 직접적으로 연관된다. 즉, 재난 발생 이전에 지속적 경제 성장 과정에 있던 지역은 부도 직전의 지역보다 경제 복구가 순조롭기 마련이다. 또한 정부에 대한 신뢰와 효능감이 높은 지역은 낮은 지역보다 복구 정도가 높을 것이다.

4 사회 복구

재난 복구는 피해를 받은 지역공동체를 구성하는 개인들, 가족들, 사회집단들의 신체적 · 정신적 건강이 정상 상태로 회복되지 못한다면 달성될 수 없다. 설령 모든 주택, 기반시설이 복구되었다 하더라도 해당 지역공동체의 사회적 수요가 충족되지 못했다면 그 구성원들의 고통은 지속될 수밖에 없기 때문이다. 사회적 수요는 재난 발생 직후부터 발생해 부상자 또는 사망자 수가 증대됨에 따라서 급증하는 경향이 있다. 특히 사회적 안전 시스템의 붕괴를 초래해 인간의 생존권에 영향을 미치는 재난 상황(humanitarian emergency)이 발생하게 되는 경우 사회적 복구는 더욱더 중요해진다(Pinkowski, 2008). 현행「재난 및 안전관리 기본법」제66조 제5항에 의하면, 국가와 지자체는 재난으로 피해를 입은 사람에 대해 심리적 안정과 사회 적응을 위한 상담 활동을 지원할 수 있다. 이 경우 구체적인 지원 절차와 그 밖에 필요한 사항은 대통령령령으로 정한다.

재난으로 인한 사회적 피해는 정서적 건강과 신체적 건강으로 나눠진다.

첫째, 재난 피해의 유형과 정도에 관계없이 모든 피해자는 일정 수준의 정신적 고통과 불안을 겪게 된다. 재난에 대한 두려움, 취약성으로 인한 불안감 및 재난을 막지 못한 무력감 또는 좌절감은 부상자, 유가족, 실직자, 파손 주택 소유자 등의 피해자들에게 심각한 정신적 상처를 안겨준다. 또한 재난 이전에 유지되어 오던 생계는 박탈되고 생활 터전은 붕괴되어 다른 지역으로 이주할 수밖에 없는 상황에 처한 피해 주민들은 미래의 불확실성으로 인한 정신적 불안감을 겪게 된다. 이러한 재난으로 인한 심리적 고통은 '외상 후 스트레스 장애(post-traumatic stress disorder: PTSD)' 등의 심각한 심리 사회적 문제로 악화되는 경향이 있다. 따라서 피해 주민들은 정신건강 서비스(mental health service) 또는 카운슬러(counselor)와의 상담치료 프로그램 등을 통해 심리적 안정을 회복해야 한다.

둘째, 재난에 의한 신체적 부상은 적절한 '신체재활 조치(physical rehabilitation)'를 통해 신속하게 치료될 필요가 있다. WHO(2005)에 의하면, 재난 대응 단계에서 전혀 응급 조치를 받지 못했거나 부적절하게 치료받은 골절 또는 감염된 상처는 중증장애로 장기간 지속될 우려가 있다. 이러한 부적절한 치료는 의료시설의 붕괴 및 의료 종사자들의 부상 또는 사망으로 인해 전공의에 의한 환자 치료가 제대로 이루어지지 못한 경우가 많기 때문이다. 또한 재난 이전부터 신체적 장애 또는 질병을 가지고 있던 피해자가 겪는 신체적 피해는 건강했던 피해자들보다 훨씬 더 심각하다. 재난으로 인해 의지(artificial limb), 의족(crutch), 보청기, 안경 등 신체

보조도구를 잃은 피해 장애인들은 음식, 음용수, 대피소, 화장실, 보건의료 서비스(health care service) 등에의 접근이 더욱더 어려워진다(Coppola, 2011).

5 문화 복구

재난이 발생하고 나면 피해 지역의 문화적 전통은 파괴되어 황폐화되기 마련이다. 역사적 건물을 포함한 전통적 건축구조물, 예술품, 전통 의상, 지역을 대표하는 랜드 마크 등 문화적 유산의 소실은 해당 지역공동체의 정체성을 말살시킨다. 재난으로 인해 파괴된 전통문화는 외부 지원에 의해 인위적으로 복원되기보다는 지역주민들에 의해 자발적으로 복원되는 것이 바람직하다. 지역공동체 내부에서의 페스티벌 또는 지역축제, 전통 음식, 전통 의상 등의 복원에서부터 시작해 역사적 건축구조물의 복원으로 이어지는 문화 복구는 해당 지역의 공동체 의식이 다시 유지될 수 있다는 확신을 지역주민들에게 함양시켜 준다(Alexander, 2000).

6 교육 복구

모든 국민은 능력에 따라 균등하게 교육을 받을 권리를 가진다(헌법 제31조 제1항). 교육을 받을 권리는 재난이 발생한 경우에 유보되는 기본권이 아니다. 오히려 재난 발생 시에 교육의 필요성은 더욱 증대된다. 그러나 대부분의 재난은 교육 기반을 붕괴시키는 공통점을 가진다. 파괴된 학교시설, 부상 · 사망 · 실종된 교사, 멸실된 교육기자재, 학교로부터 멀리 대피한 학생 등은 모두 재난으로 인해 붕괴된 교육 기반의 예라고 할 수 있다.

정부는 단기적으로는 임시 학교시설, 임시 교사 등을 제공하고 장기적으로는 영구적인 교육 기반을 구축할 의무가 있다. 임시적으로나마 구축된 학교시설은 재난 대응 단계에서는 임시 대피소로, 복구 단계에서는 위생 · 안전교육훈련 교육장 또는 보육시설로 활용되기 적합하다(Coppola, 2011).

재난관리의 미래

Chapter 07

재난관리의 미래

철학자 산타야나(George Santayana)는 "과거를 기억할 수 없는 사람들은 그것을 반복하는 비난을 받게 된다"고 말했다. 급격한 사회 변화 속에서 재난관리 학문도 중요한 전환점에 놓이게 되었다. 재난관리자는 과거에 경험하지 못했던 새로운 위협과 책임감, 그리고 기회를 맞이하고 있다.

최근 들어 생화학 테러 공격, 대량 참사, 사이버 공격 등 새로운 형태의 재난 잠재력이 증가하고 있다. 수많은 예측하기 어려운 인적재난으로 인해 국가는 국민을 보호해야 하는 책임감이 그 어느 때보다도 증대하고 있다. 이러한 책임감을 수용하거나 과거의 재난관리 사례나 정책으로부터 교훈을 현명하게 적용하는 문제는 재난관리자에게는 새로운 도전이자 기회가 된다.

만약 과거의 경험에서 배우고 미래의 발전적 의제를 향해 끊임없이 나아간다면 재난관리는 하나의 학문으로서 생존할 수 있고 번창할 것임에 틀림없다. 지난 세기 동안 대형 재난이 지속적으로 발생했고 향후 태풍을 비롯한 자연재해나 인적재난이 급증할 것으로 예상되고 있는 상황이다. 기후 변화가 인류의 지속적인 관심사가 될 것이고, 인간의 개발행위가 계속되는 한 자연재난과 인적재난도 그에 따라 증가할 것으로 예상된다.[1)]

1) 2000년도 이후 주요 자연재해의 경향에 대해서는 이재수(2012: 10-19) 참조.

제1절 재난관리의 도전

1 전 지구적 도전

1) 전 지구적 기후 변화

환경과학자들이 지구 기후 변화에 대해 의견이 일치하지 않은 것은 단지 변화율과 악영향의 정도에 관한 것뿐이지, 기후 변화가 일어나고 있고 그 결과가 심각할 것이라는 점에 대해서는 의견이 일치하고 있다(이재수, 2012: 23). 지난 세기 동안 우리는 기후 변화와 관련해 다음과 같은 현상을 목격해 왔다.

- 지구 평균 기온의 상승
- 빙하면의 감소
- 강수 양태의 변화

이러한 기후 변화로 인한 영향은 일정하게 장기간에 걸쳐 발생할지라도 분명 우리에게 도전이 되는 것은 분명하다. 해수면 상승은 점차 지구상의 많은 연안지역을 침수시킬 것이지만 우리는 그 영향에 대해 적응할 시간을 가지고 있다. 그러나 변화율이 증가할 것으로 예상되며, 그러한 변화의 가속도는 조건에 대한 적응할 시간적 여유를 앗아가기 때문에 심각한 문제를 야기하게 될 것이다. 인간뿐만 아니라 자연도 적응할 시간적 여유를 가지지 못하기 때문에 위험을 배양하게 된다. 더구나 지구 기후 변화가 지역사회에 미치는 영향을 정확히 예측하기가 매우 어려운데, 그 이유는 지역마다 조건이 다양하기 때문이다. 이러한 지역 간 차이는 가정이나 기업 또는 정부기관에 보이지 않는 위협 요인이 된다.

기후 변화는 특히 재난관리자에게 중요한데, 그 이유는 그것이 많은 극단적 사건을 유발하는 것이기 때문이다. 기후 변화는 심한 태풍이나 홍수의 수를 증가시킬 것이다(Mileti, 1999). 기후 변화의 해로운 영향 중 가장 심각한 것 중 하나는 아프리카, 북미, 남미 등지에서 발생하는 가뭄의 증가 현상이다. 이러한 심한 가뭄은 이들 지역에서 근간을 이루고 있는 농산물 기반 경제를 위태롭게 만들 수 있다. 이로 인해 사하라 남부 아프리카 지역에서는 지역 간 갈등이 증폭되고 있는데 이러한 갈등의 상당수는 희소한 수자원을 둘러싼 갈등과 농작물 재배를 위한 이용 가능한 토지 면적의 감소를 둘러싼 갈등이다. 심지어 가뭄으로 인한 농작물 수확에 위협을 받지 않는 지역에서도 가뭄으로 인해 대규모 산불 피해가 빈번히 발생하고 있다.

2) 인구 증가와 인구밀도

세계 인구는 70억을 뛰어넘어 급증하고 있으며, 이러한 인구 증가는 대부분 아시아나 아프리카의 개도국에서 일어나고 있다(Lee et al., 2012). 이들 국가에서의 급격한 인구 증가는 식량, 물, 에너지에 대한 요구 증가를 불러일으키고, 만약 이러한 요구가 충족되지 않는다면 이들 국가는 심각한 정치적 불안을 경험하게 될 것이다. 이들 국가는 테러주의자들의 온상이 되고 있으며, 아프가니스탄과 소말리아가 대표적 예에 해당된다.

인구 증가의 영향으로서 많은 국가에서 급격한 도시화가 일어나고 있으며, 이러한 도시화는 고밀도 빌딩과 도시 기반시설의 확대를 가져온다. 그러나 이러한 고밀도 정주 체계와 기반시설의 확대는 잠재적 재해의 증가를 의미한다. 대도시에서의 재해는 상당수가 대재앙으로 이어지기도 한다.

3) 자원의 희소성 증가

인구가 증가함에 따라 이용 가능한 수자원이 계속 줄어들고 있으며, 현재 지구 인구의 3분의 2가 만성적인 안전한 식수를 위협받고 있다. 이로 인해 식수를 오염된 물에 의존하게 되면 전염병이 확산될 뿐만 아니라 사람들은 물을 찾아 이동해야 하며, 이는 또한 국제적으로 정치적 불안을 가져오는 요인이 된다.

인구 증가와 기후 변화로 인한 수자원 문제와 함께 에너지와 식품 문제도 야기된다. 중국을 비롯한 개도국에서의 에너지 소비량은 급증하고 있으며, 곡물 소비량도 마찬가지이다. 개도국에서 이러한 수요를 적절하게 충족시켜 주지 않는다면 다음과 같은 재난을 초래하게 될 것이다.

• 사람들이 재난에 취약해질 수 있다.
• 사람들은 환경적으로 해로운 영향을 초래할 수 있는데도 불구하고 토지를 경작하려고 시도할 수 있다.
• 사람들은 음용 가능한 수자원을 고갈시킬 수 있다.
• 사회적, 경제적, 정치적 불안정이 야기될 수도 있다.
• 재난 후에는 대규모 인구 이동이 일어날 수 있다.

4) 소득 불평등의 심화

정치, 경제, 사회 체제의 변화로 인해 많은 사람이 재난에 취약한 환경에 노출되고 있다. 소득과 부(富)가 일부 부유계층에 편중되고 있는 양극화 현상이 세계적인 사회문제 추세이다. 이러한 현상은 국가 간에서 그리고 국가 내에서도 심화되고 있다. 부유한 국가들은 세계 경제자원의 대부분을 통제하고 있고 빈국들은 점차 상환이 어려운 채무에서 헤어나지 못하고 있는 실정이다. 이에 따라 빈국들에서는 개발 우선 정책을 지향하며 재난에 지출할 예산이 우선순위에서 밀려나고 있다. 이로 인해 상당수 사회 빈곤층은 재난 취약지역에 거주하고 있고, 이에 따라서 재난에 쉽게 노출되고 있다.

5) 위험 회피에 대한 요구 증가

오늘날 사람들의 안전에 대한 욕구는 과거에 비해 훨씬 높다. 개발 국가에서는 사람들이 대부분의 현대 기술이 안전할 것을 요구하고 있다. 재난 희생자들은 과거의 경우 전력이 복구되는 것을 상당 기간 말없이 기다렸지만 지금은 수시간 내 복구되기를 바라며 또한 불평한다. 불행하게도 사람들은 안전은 바라면서도 재난관리 능력을 증진시키는 데 필요한 세금을 많이 내려고 하는 사람은 없다. 전력의 경우 전선이 강풍으로 인해 피해를 입지 않도록 하기 위해 지하화할 필요가 있는데, 이렇게 하기 위해서는 전기요금이 인상될 것이다. 재난관리자의 경우 현 자원 수준에서 재난에 대비해야 할 뿐만 아니라, 재난 전후 신속히 대응해야 하며, 일부 사람들의 비현실적 기대에 대해서도 참을성을 보여야 한다.

2 국가적 도전

1) 도시화와 위험 노출의 증가

전 세계적으로 도시화가 급속히 진행되고 있고, 특히 개도국에서 급격한 도시화가 진행되면서 사람들은 점점 더 다양한 위험에 노출되는 빈도가 높아졌다.[2] 도시화로 인해 안전하지 못한 곳에서의 활동이 많아지며 위험의 빈도뿐만 아니라 규모도 증가하고 있다. 개발국의 경우 재난으로 인한 인명 손상은 줄어들기도 하지만 재산의 피해는 계속 증가하고 있는 추세이다. 개도국의 경우는 인명과 재산 손실 모두가 증가하고 있는 실정이다(Alexander, 2002: 11).

2) 기반시설의 상호의존성

제조업들의 정시성으로 인해 많은 기업은 재고를 최소한으로 유지할 수 있다. 이것은 투자가에게는 이윤의 증가를 의미하고 소비자에게는 가격의 인하를 의미한다. 어떤 면에서는 이것은 기업의 취약성을 저감시켰다. 기업은 재고를 적게 가짐에 따라 재난이 발생할 때 잃을 것이 적게 된다. 다른 한편 피해를 입지 않은 기업은 더 취약해진다. 왜냐하면 기업들은 지속적으로 자신들의 재고를 보충할 수 있어야만 하며 그렇지 못할 경우 문을 닫게 될지도 모른다.

대부분의 자연재난과 기술적 재난의 경우 국가경제에 미치는 영향은 그렇게 크지 않을지 모르지만 전자정부나 상업용 전산망에 대한 교묘한 공격은 큰 손실을 초래할 수도 있다. 그러나 후쿠시마 원전사고, 세월호 참사 등 일부 재난의 경우 국가경제에 큰 타격을 입힐 수도 있다.

---

2) 페로(Charles Perrow)는 재난 취약성의 원천으로서 에너지의 집중, 인구의 집중, 경제 및 정치 권력의 집중 세 가지를 지적했으며, 이들은 상호 관련되어 있다고 했다(Rodriguez, Quarantelli, & Dynes, 2007: 523). 따라서 그에 의하면 화학 에너지 생산과 저장, 인구, 조직구조 등의 분산(deconcentrating)이 재난관리의 주요 과제가 된다. 그는 또한 재난의 근본적 취약성은 의존성(dependencies)에서 연유하며 이를 경감하기 위해서는 상호의존성(interdependencies)을 만들어 내야 한다고 주장했다. 우리가 상호의존적이며 네트워크화된 사회에 살고 있다고 쉽게 이야기하고 있지만 실제로는 진정한 상호의존성은 드물다고 한다. 모든 것이 상호 관련되어 있지만 이러한 상호 관련성 대부분은 의존성이지 상호관련성이라고 보기는 어렵다. 즉, 상호간 협력이 아니라 통제가 더 지배적이다. 진정한 상호관련성은 호혜적(reciprocal) 영향을 의미한다(Rodriguez, Quarantelli, & Dynes, 2007: 528).

또한 재화를 생산하기 위해 필요한 자원의 양을 줄임으로써 단기 효율성을 제고할 수 있으며, 이는 저렴한 가격으로 제품을 구입하는 소비자에게는 이익이 된다. 하지만 단기 효율성을 추구하다보면 돌발 사태에 적응하기 위해 필요한 자원의 보유를 무시하게 되고, 이는 소비자가 필요한 재화나 서비스를 제때에 얻지 못하게 만들 수도 있다. 따라서 생산자는 소비자의 욕구에 맞추기 위해 분배 통로를 다양화하며 약간의 여유 자원을 갖출 필요가 있다.

3) 지속적인 성장 강조

대부분의 지역사회의 공공정책은 부동산업, 건축개발업, 금융업, 기타 상업적 이해집단들의 성장 연합(growth coalition)에 의해 상당한 영향을 받는다(Lee et al., 2012). 이들은 지역사회 사람들과 고용주로서 또는 일자리를 창출하는 데 도움이 되는 사회기반시설, 민간자본, 건축 관련 활동들에 대한 공적 자금 투입이나 민간투자로 인해 이익을 보는 집단들이다. 이러한 이해 관계로 인한 활동들은 사회적으로 재난에 취약한 장소를 만들어 내며 이는 지역사회 재난의 원천이 된다. 성장연합에 의한 활동의 근본 동기는 이윤 창출이며 이것이 지역사회의 정치사회문화와 결부되어 지역사회의 재난 취약성을 더욱 증가시키게 된다. 그리고 이러한 이윤 동기에 근거한 사회기반시설 공급의 근원으로부터의 재난은 당대가 아니라 일반적으로 다음 세대에서 발생한다.

어느 사회든 이러한 종류의 성장 활동을 모두 멈추게 한다는 것은 현실적으로 불가능하다. 이들 지역에 대한 재난 노출을 줄이기 위해서는 '현명한 성장(smart growth)'이 필요하다. 만일 재난 노출에 대한 지역 간 변이가 없는 토네이도의 경우와 같이 '현명한 성장'이 적용 가능하지 않는다면, 내진 설계처럼 재난을 대비한 건축 활동을 사전에 계획할 수 있다. 재난관리자의 역할은 재난 손실을 최소화하는 현명한 성장을 추진해야 하는데, 이를 위해 다른 지방정부기관, 기업, 지역사회 집단과 거버넌스 협력 체계를 추구할 필요가 있다.

4) 재난복구 비용의 증가

정부는 매년 자연재해로 인한 피해 복구에 많은 예산을 사용하고 있다. 재난 취약지역에 거주하고 있는 사람들은 이러한 정부구조 시스템으로 인해 혜택을 누리고 있다. 하지만 여기에 소요되는 비용은 모두 납세자들에게 부담이 지워지는 셈이다. 만약 대부분의 재난구호기금을 받는 사람들이 동시에 고액 납세자라면 이러한 구호 시스템은 공정한 것이라 할 수 있다. 그러나 현실은 그러하지 못하며 오히려 정반대의 경우가 일반적이다. 그리하여 재난 취약지역의 재산 소유자는 일반 납세자들로부터 보조를 받고 있는 셈이다.

따라서 공정하고 효율적인 복구 지원 시스템을 구축하기 위해서는 재난 복구에 정부 재원에만 의존하지 않고 재해보험을 모든 종류의 재해에 확대 적용하고 보험 가입자의 재난 취약성의 정도에 따라 보험료를 산정하도록 하는 것이 요구된다. 이를 위해서는 지역에 따른 재난의 취약성을 측정할 수 있는 지역사회 재난 등급 측정 시스템을 개발해야 한다. 하지만 아직은 태풍이나 홍수와 같은 자연재해 보험제도가 보편화되어 있지 못하고 복구 비용의 대부분이 재난지역 선포 과정을 통해 모든 납세자가 분담하고 있는 실정이다. 따라서 재난 분야의 민간보험제도 활성화로 정부의 부담을 경감하고 재난 복구의 효율성을 기하는 것이 중요한 과제이다.

5) 인구 다양성의 증가

세계화 현상이 가속화되고 있고 고령사회 현상이 급속히 나타나고 있다. 최근 우리나라도 결혼 이주민을 포함한 외국인 인구가 100만을 넘어서는 다민족 국가에 진입하게 되었다. 이에 따라 과거 어느 때보다 재난 취약성은 더욱 증가하고 있다.[3] 그리고 문화 다양성 사회의 도래로 인해 재난 관련 정보가 다양한 언어로 번역될 필요도 생겼다. 또한 65세 이상 고령인구가 급속히 증가함에 따라 이들의 신체적 · 정신적 취약성이 증가하고 있다. 그리고 고령화 사회로 인한 독거노인의 증가는 사회적 재난 취약성을 더욱 증가시키고 있다(Tieney et al., 2001).

인종과 연령뿐만 아니라 소득 면에서도 인구 다양성이 계속 증가하고 있다. 소득 최상위 20% 계층과 소득 최하위 20% 계층의 재난 취약성은 전혀 다르며, 이것이 지역적으로 나타날 경우 빈곤지역의 재난 취약성은 부유지역에 비해 훨씬 더 크게 나타난다. 따라서 소득 측면에서 보면 부유지역보다 빈곤지역이, 특히 빈곤지역에서도 빈곤자가 재난에 더 취약하게 된다.

---

3) 최근 아프리카에서 발생해 세계를 공포로 몰아넣고 있는 에볼라 바이러스의 확산도 세계화 현상과 밀접한 연관을 맺고 있다.

6) 테러나 이상행동자의 위협 증가

우리나라에서 아직 테러가 본격적으로 발생하지는 않았지만 향후 발생할 위협은 상존한다. 그리고 사회가 비인간화되어 가면서 사회에 대한 불만분자, 정신질환으로 인한 행동이상자 등이 증가해 이들에 의해 사회적 재난 위협이 증가하고 있다. 이들은 발화물질, 유해 화학물질, 생물방사능 물질 등을 사용할 가능성이 높다.[4)]

테러에 대한 대응 방법과 평가는 일반 재난과는 다르지만 테러에 의해 야기되는 유해성의 유형은 일반 재난과 유사하다. 따라서 기술적 재난에 대한 계획이 테러 대응 계획에도 적용 가능하다. 그러나 사린가스나 '더러운 폭탄(dirty bombs)', 생화학 유해물질은 기존의 기술적 재난 대응계획과는 다른 대응 방법이 요구된다. 생화학 유해물질의 경우 기존의 화학오염보다 훨씬 더 많은 인구집단에 확산이 가능하다. 더구나 테러에 대한 대응은 기존의 경우와는 다른 종류의 기관과의 조정이 요구되기도 한다.

7) 재난관리의 낮은 우선순위

지금까지 재난관리는 각 국가에서 정책의제의 우선순위에서 밀려나 있었다. 그러나 1979년 미국의 스리마일섬(Three Mile Island) 핵발전소 사고, 1984년 인도의 보팔(Bhopal) 화학발전소 사고 등으로 인해 재난관리의 중요성이 인식되기도 했고, 미국의 경우 9·11테러에 의한 재난으로 그 중요성이 급부상하게 되었다. 이처럼 재난이 급속히 증가하고 확산되면서 많은 국가에서는 재난기관을 신설하거나 조직을 강화하고 있다. 이처럼 이전 사건이나 사고의 역사가 재난기관의 관심을 불러일으키게 되는 경우를 '신호 가치(signal value)'라고 부르는데(Slovic, 1987), 즉 이전 알려지지 않은 위협이 관심을 기울이게 만드는 것을 정당화시키는 것이 신호 가치라 한다.

그러나 이러한 관심도 시간이 지나면 점차 사라지게 된다. 우리나라도 성수대교 붕괴, 삼풍백화점 붕괴, 대구지하철 방화사건, 대구 상인동 가스폭발사고 등 많은

---

4) 수백 명의 사상자를 초래한 2003년 발생한 대구지하철 참사의 경우 사회에 불만을 품은 이상행동자가 지하철 내에 유류물질로 방화하면서 발생한 사건이며, 그 후 이러한 이상 행동자에 의한 재난 발생이 증가하고 있다.

대형 재난이 발생해 재난에 대한 사회적 관심을 불러일으켰지만 시간이 지남에 따라 관심도 사라지고 있다. 정부 예산을 둘러싼 수많은 사업 간의 경쟁이 심해지면서 재난에 대한 관심은 뒤로 밀려나는 것이 현실이다. 예를 들면 최근 발생한 세월호 참사의 경우에서 보는 것처럼 재난 이슈가 다시 급부상하는 것은 이전의 기억은 상실되고 또 다른 기억의 순환을 거치고 있다.

제 2 절 재난관리의 기회

1 재난에 대한 과학적 이해와 사회적 반응의 증가

정책결정자는 재난을 효과적으로 관리하기 위해 재해의 원인을 이해할 필요가 있다. 사람들은 우리의 환경 상태가 재난 발생의 주요 원인이라는 것을 알게 되었다. 또한 경제가 그러한 상태의 한 부분이며 그 역은 아니라는 사실도 인식하게 되었다. 모든 경제적 편익도 토양, 공기, 물 등이 생명을 지탱시키는 기능을 수행하는 능력에 달려 있다. 이러한 공기, 토양, 물 등의 질은 전 세계 골고루 분포되어 있지 못하고 대부분 악화되고 있다.

이러한 생명을 지탱시켜 주는 환경의 기능은 한번 손상되면 회복시키는 데 큰 비용이 소요된다. 국민들에게 충분한 식품을 공급해 주지 못하는 국가들은 재난에 더 취약하며, 이러한 국가들은 재난 복구에 국제적 지원이 절실히 필요하기도 하다. 재난관리에서 이러한 원칙들에 대한 과학적 이해가 증가함에 따라 더 효과적인 재난관리가 가능하게 되었다. 그러나 한편 이러한 원칙들을 '현명한 성장'의 지침으로 활용하고자 하는 사람과 어떠한 희생을 감수하고라도 경제 성장을 추구하려는 사람들 간의 갈등이 증폭되기도 한다. 그러나 다행히도 1995년 고베대지진, 2001년 9·11 테러, 2003년 사스(SARS) 발발, 2004년 쓰나미 참사 등으로 재난에 대한 의식이 고조되고 재난이 중요한 국가 우선순위로 전 지구적 관심 사항으로 부상하고 있다.

자연적인 교란은 유익한 사건이 될 수 있으며 토지를 더 잘 이용하게끔 할 수도 있다(Abramowitz, 2001). 예를 들면 계절적인 범람은 강을 더욱 비옥하게 만들고, 해양생물들에 유익한 단백질이 풍부한 서식지인 삼각주지역을 유지시켜 준다. 과학자들은 또한 과도한 홍수 통제 조치들은 강의 영역을 제한시키고 물살을 세게 만들며 침니를 이동시킴으로 인해 연안을 손상시킨다는 사실을 알게 되었다. 자연적으로 발생하는 산불은 대초원과 일부 산림 서식 동물들에게 유익한 환경 조건을 제공해 주기도 한다. 산불은 병든 나무를 제거시켜 주고 덤불, 잎사귀, 나뭇가지 등 발화물질의 양을 감소시켜 주기도 한다. 그리하여 과학자들은 소규모 또는 중규모 산불을 방지하게 되면 발화물질의 양을 증가시켜 대규모 재앙으로까지 나아갈 수 있는 산불의 잠재성을 키울 수 있다는 사실도 이해하게 되었다. 기업가들도 단기적인 경제적 이익을 위해 자원을 남용하게 되면 장기적으로 환경에 해로운 결과를 초래할 수 있다는 사실을 깨닫고 그들의 생산 및 분배 체계를 환경 보호에 적응시키려 노력하고 있다.

2 기술의 급성장

현대 사회는 정보통신의 혁명으로 인해 사람들은 많은 생활 영역에서 컴퓨터 정보에 의존하고 있다. 재난관리자도 재난에 대응하기 위한 결정 지원 체계 개발을 위해 재난관리 정보기술을 사용하게 되었다. 이에 따라 지금은 컴퓨터를 활용해 재난 취약성 분석을 할 수 있게 되었고, 컴퓨터의 강력한 프로그램을 사용해 위험지역을 규명하고 피해를 예측할 수 있게 되었다. 이 밖에도 최근 급속히 개발되고 있는 많은 재난기술이 있는데, 주요한 몇 가지를 제시하면 다음과 같다.

- 원거리 센서 시스템(RS)
- 지구 위치 시스템(GPS)
- 지리 정보 시스템(GIS)
- 휴대 및 위성 통신

특히 GIS는 재난관리에서 가장 중요한 지원 도구로 인식되었다(Mileti, 1999). GIS는 재난관리의 공간결정 지원 시스템(Spatial Decision Support Systems)으로서 자료의 수집, 관리, 처리 및 적용 개발을 포함하고 있다. 이러한 과정을 통해 가공된 자료는 재난 정책 결정을 위한 유용한 정보로 활용된다. 여기에서 중요한 이슈는 상이한 GIS 시스템 간 자료나 정보의 상호 운용 가능성(interoperability) 여부이다. 정보의 상호 운용 가능성을 확보하기 위해서는 관련 기관 간의 협력이 필수적이다. 관련 기관 간의 자료 공유 협정계획이 요구되며, 상호간 의사소통이 필수적이다. 그렇지 않을 경우 재난관리는 실패로 끝나게 된다. 나아가서 GIS 시스템은 이용자 친화성을 가져야 하며 자료의 정확성과 신뢰성이 담보되어야 한다는 것이다. 끝으로 재난관리자에게는 최신 GIS 시스템 기술 관련 정보와 지식이 요구되며, 이를 위한 교육훈련 과정도 필요하게 된다(Rodriguez, Quarantelli, & Dynes, 2007: 93).

3 재난관리의 전문화

과거에 재난관리자는 주로 방재, 소방, 경찰, 군인 출신들이었다. 이들은 대부분 재난관리 분야 학위를 가지고 있지도 않았다. 그러나 최근에 재난관리 분야 학위 과정이 늘어나고 상당수가 전문 분야 학위를 가지고 있다. 대학에 안전 및 소방 관련 학과가 증설되고 있고 관련 직업 또한 늘어나고 있다. 향후 재난관리 분야와 소방, 경찰, 의료 서비스 간의 통합적 성과가 더욱 기대되고 있다.

재난관리에서의 전문화 현상은 재난 관련 전문 프로그램의 증가에만 국한되지 않고 재난 관련 직종의 증가에서도 나타나고 있다. 물론 이 둘은 상호관련성이 있기도 하다. 최근 정부조직의 개편 과정에서 보면 재난 관련 부처의 진화 모습을 엿볼 수 있다. 대표적으로 이명박 정부의 행정안전부, 박근혜 정부의 안전행정부 조직 개편을 들 수 있다. 그리고 최근 재난 관련 전문직 신설도 이에 해당한다.

새로운 재난관리 전문화 교육 프로그램 개발에서 고려되어야 할 주요 사항으로서 재난관리의 통합적 접근, 연구와 현실의 효과적인 연계, 불확실성에의 관심 고조, 다양한 영역의 체계화, 다학문적 정향 등이 제시되고 있다. 그리고 교과과정의 주요 분야로서는 조직관리, 공공정책, 재해 프로파일링 및 평가분석, 지역사회 취약성 프로파일링, 사회 마케팅 및 재난 커뮤니케이션 방법론, 토지이용계획 및 관리, 재해영향평가 및 재해관리, 재난 대응 및 EOC관리, 재난심리학 및 스트레스관리, 장기 지역사회 복구관리, 프로젝터 관리, 재난영향 현장조사기법 및 연구방법론 등이 제시되고 있다(Britton & Lindsay, 2005).

제 3 절 재난관리의 미래 과제

1 재난관리에서의 종합적 접근 유지

재난관리에서 자연재난이나 인적재난 또는 테러 등 모든 재난에 골고루 관심을 기울여야 한다. 소방과 방재 분야에서의 균형 잡힌 예산지출이 필요하며, 특히 신종 재난을 위해서도 예산 투입이 요구된다. 자연재해가 중심이었던 과거와 달리 최근에는 인적재난 및 사회적 재난이 급증하고 있다. 어느 한 분야도 소홀히 다룰 수 없게 되었다. 따라서 재난관리 분야에서 만큼은 조직정치가 배제되어 종합적이고 균형 잡힌 접근이 요구된다.

2 독립적 재난관리 조직

잇단 대형사고와 특히 2003년 대구지하철 참사로 인해 참여정부 출범과 더불어 통합적 재난관리 접근에 따라 소방방재청이 당시 행자부의 외청으로 신설되었다. 그후 '포괄적 안보'라는 개념이 논의되면서 이명박 정부 등에서 '국가비상기획위원회'가 행정자치부로 흡수 통합되면서 '행정안전부'가 새롭게 탄생되었다.

기존 「구재난관리법」, 「자연재해대책법」, 「민방위기본법」의 3원적 체계 하에서는 위기 유형별로 개별법에 따라 행정자치부의 민방위통제본부를 중심으로 위기관리가 이루어졌다. 또한 법령 체계와 마찬가지로 위기 유형에 따라 위기관리기구 체계를 이원화해 운영했다.

그러나 위기관리기구가 기능 중심이 아닌 관리 대상 중심으로 이루어짐에 따라 효율적인 기능 수행이 곤란하다는 점, 분산된 조직구조로는 효과적인 재난관리가 이루어지기 힘들다는 점, 민방위통제본부와 각 재난관리 책임기관 간 연계 체계가 미흡하다는 점이 문제점으로 제기되어 통합적인 재난관리 전담부서의 신설이 요청되어 「재난 및 안전관리 기본법」이 제정되면서 행정자치부 외청으로 소방방재청이 신설되었다. 「재난 및 안전관리 기본법」의 제정으로 재해·재난 관련법의 통합과 관련 개별 법령과의 연계를 통해 이를 기본법으로 확립하는 한편, 재난 유형별로 분산화되어 있는 위기관리기구를 통합할 수 있는 근거를 마련해 기존에 이원화되어 운영되던 위기관리 기구 체계도 일원화했다. 기존의 중앙안전대책위원회와 재해대책위원회는 국무총리 소속하에 국무총리를 위원장으로 하는 중앙안전관리위원회로 통합해 안전관리에 대한 중요 정책의 심의 및 조정 기능을 담당했다. 또한 해당 부처에 설치되던 사고대책본부와 재해대책본부를 통합한 중앙재난안전대책본부를 행정안전부에 설치하도록 하고, 해당 부처에는 중앙사고수습본부를 설치해 국가 재난관리 체계를 개편했다.

박근혜 정부 들어 안전행정부 소속 소방방재청이 독립적 기관으로 재난관리 업무를 수행하고 있지만 여전히 소방방재청의 업무 범위와 독립적 지위에 대한 논란이 존재한다. 작게는 소방과 방재의 통합에 대한 찬반 논쟁, 크게는 소방방재청과 안전행정부의 안전 기능에 대한 중복 내지 통합 논쟁 등이 있으며, 더 나아가 소방방재청의 기능 확대 논쟁 등이 지속되고 있다.

조직설계에서 최적의 대안은 없지만 통합과 분리의 장·단점을 면밀히 분석하고 우리의 조직환경과 문화를 충분히 고려할 필요가 있다. 모든 재난 분야를 망라하는 단일 조직을 만드는 것은 불가능한 일이고, 그렇다고 모든 재난을 전문화해서 분산적으로 관리하는 것도 불가능한 일이다. 이 두 양극단의 적정 지점에서 통합과 분산이 이루어져야 하며, 효율적인 조직설계를 위해 이 때 각 국가의 행정문화가 반영되어야 한다. 조직설계에서 고려되어야 할 중요한 원칙으로서는 현장 중심의 원칙, 협력의 원칙, 전문성 중시의 원칙, 가외성(redundancy)의 원칙[5] 등이 있다.

3 소방방재 주요 가치의 지속적 강조

안전한 한국을 표방하는 소방방재청의 비전에서 다음과 같은 주요 가치가 지속적으로 강조되어야 한다. 이러한 가치는 조직의 가치로서뿐만 아니라 나아가 국가의 의제 설정에서도 중요한 원칙으로 작용해야 한다.

- 재난관리 대상으로서 국내의 고객에 대한 관점
- 민간 분야나 언론을 포함하는 범분야 및 범학문적 파트너십의 형성
- 성공적인 재난관리에 필요한 새로운 기술의 개발과 적용
- 일반 국민이나 언론 및 파트너들에 대한 커뮤니케이션의 강조
- 재난관리에서의 예방의 강조

4 개발에 대한 근본적 인식 전환

현대 사회의 복잡성은 증가하고 사회, 경제 및 모든 영역의 빠른 운행 속도와 그로 인한 변화는 재난관리를 하나의 전문 분야로 제한하기는 어렵게 되었다. 재난이 외재적이든 내재적이든 향후 지속적으로 발생할 것임은 의심의 여지가 없다. 과거 재난관리를 돌이켜보면 한편으론 HFA[6]를 달성하기 위한 인류의 끊임없는 노력이 경주된 반면, 다른 한편으론 여전히 재난으로 인한 많은 인명과 재산상의 손실을 경험하고 있는 것이 현실이며, 이는 기존의 재난관리 패러다임의 문제점을 암시해 주고 있기도 하다. 물론 그렇다고 과거 재난관리 시스템이 무용지물이라든가 폐기되어야 한다는 것을 의미하지는 않는다. 다만 왜곡된 개발 과정에 무언가

5) 그러나 가외성의 원칙에 대해서는 약간의 이견이 존재한다. 예를 들면 사간(Scott Sagan, 2003)에 따르면 어떤 기계에 가외성을 설계하게 되면 이것이 사고의 주된 원인이 된다고 한다. 그는 이 문제를 핵발전소 안전 이슈에 적용하여 설명했다. 가외성 원칙을 적용한 설계는 시스템의 상호복잡성을 증가시켜 항상 재난의 원인이 되며, 나아가서 이러한 가외성을 적용한 설계는 사람들에게 거짓된 안전감을 심어줘 사고를 더 많이 유발할 수 있다는 것이다(Perrow, 2007: 327).

6) 2005년 일본 고베에서 개최한 세계재난감축회의에서 168개의 참가국이 재난 감축을 위한 The Hyogo Framework of Action(HFA)을 채택했다.

근본적인 접근의 변화가 필요하다는 것을 암시하고 있다. 재난이 외생적으로 주어지는 충격으로 인한 경제적 손실로 보고 이를 개정하려는 시도는 한계가 있으며, 따라서 재난을 총체적·유기적으로 바라보는 시각이 필요하며, 개발 과정에서 이해관계자들에 의해 파생하는 내생적 특성을 바라보는 시각의 전환이 필요하다(Lavell & Maskrey, 2013).

재난관리는 개발의 선택과 그와 관련한 가치, 도덕, 윤리, 형평성 등에 대한 근본적 의문을 제기해야 한다. 따라서 개발과 관련해 새로운 지표 요소로서 재난 감축 이점과 같은 특성이 반영된 수정 인간개발 지수(Human Development Index)가 제시되어 채택되어야 한다. 재난은 반(反)지속가능성 개발의 지표라는 확고한 인식이 재난관리의 출발점이 되어야 한다. 즉, 단순히 기존의 재난을 감소하려는 노력으로 접근하기보다는 재난을 불러일으키는 개발 과정과 주체에 주목할 필요가 있다. 재난 감축보다는 재난 대응력에 초점을 두는 지속 가능한 발전으로 초점을 바꿀 필요가 있다.

5 초국경적 접근

과거 재난관리는 대부분 특정 지역의 문제로 인식되었다. 그러나 최근 들어 재난의 규모가 커지고 확산이 이루어지면서 재난이 특정 지역의 문제로서뿐만 아니라 국가적 또는 초국가적 문제로 인식되고 있다. 대규모 지진으로 인한 쓰나미 현상, 원자력 방사능 유출, 전염병 확산, 생화학적 재난 등이 증가함으로써 이제 효율적 재난관리를 위해 다른 국가와의 공동 노력이 절실히 필요하게 되었다. 국제적인 재난관리 공조 체계를 어떻게 구축하는가가 미래의 주요 과제가 되었다.

국제사회나 개발은행 또는 NGO는 다른 국가의 재난 구호 활동에 관여할 때 인종적 또는 인권적 기준을 고려할 필요가 있다. 세계화가 급속히 진행되면서 국가 간의 상호의존성은 더욱 고조되고 있으며, 이는 재난관리에서 영토 주권과 관련해 복잡한 문제를 야기할 수도 있다. 구호 활동 과정에서 자국의 안전과 평화가 위협받는다고 생각이 들면 효율적인 구호 활동이 어렵게 될 수도 있다.

참고 문헌

국내 문헌

국가재난관리시스템 기획단(2003).「국가재난관리 종합대책 보고서」.

국립재난안전연구원(2013).「재난대피 · 구호 기술활용 활성화 방안 연구」. 연구보고서.

건교부(2003).「재해대책 강화방안 연구보고서」.

김근세(2009). 위기관리를 위한 행정학적 접근. 정지범.「국가종합위기의 이론과 실제」. 법문사.

김은성 · 정지범 · 안혁근(2009).「국가 재난안전관리 정책 패러다임에 대한 연구」. 한국행정연구원.

김정수(1996). 정책레짐모델을 이용한 미국 통상정책의 제도적 변화분석.「국제정치논총」, 36(1).

———(1999). 한국 정보통신 정책레짐의 제도적 변화와 리더십.「정부학연구」, 5(2): 75-101.

나채준(2012).「글로벌 현안으로서의 자연재해 보상에 대한 법제연구」. 한국법제연구원.

남궁근(1995). 재해관리행정체제의 국가 간 비교연구.「한국행정학보」, 29(3): 957-958.

성기환(2006).「재난관리와 파트너십」. 한국학술정보.

소방방재청(2009).「방재학 정체성 확립을 위한 기초연구」. 소방방재청.

———(2013a).「2013년 재난연감」. 소방방재청.

———(2013b).「2013년 소방방재 통계연보」. 소방방재청.

수난구호법(법률 제11690호, 2013. 3. 23 타법 개정, 2013. 3. 23 시행).

수난구호법 시행규칙(해양수산부령 제2호, 2013. 3. 24 타법 개정, 2013. 3. 24 시행).

수난구호법 시행령(대통령령 제24457호, 2013. 3. 23 타법 개정, 2013. 3. 23 시행).

오윤경(2013). Natech 재난관리 방안 연구. 한국행정연구원.

이원덕 (1995). 한신대진재와 일본정부의 위기관리. 「일본의 위기대응체제와 행위에 관한 연구」. 한국언론연구원.

이재수 (2012). 「자연재해의 이해」(제3판). 구미서관.

이재열 (2009). 위기관리 사회적 이론 일반. 정지범. 「국가종합위기의 이론과 실제」. 법문사.

이종열 외 (2004). 국가위기관리 통합적 체계구축에 관한 연구. 「한국사회와 행정연구」, 15(2): 347-367.

——— (2008). 국가재난관리체계 보고서, 정부혁신지방분권위원회.

——— (2009). 소방정책개발 소방교육 체계 구축을 위한 소방학 정립 연구 사회과학 분야. 소방방재청.

임송태 외 (1996). 재난종합관리체제에 관한 연구. 한국지방행정연구원.

재난 및 안전관리 기본법(법률 제11994호, 2013. 8.6 일부 개정, 2014. 2. 7. 시행)

재난 및 안전관리 기본법 시행규칙(안전행정부령 제58호, 2014. 2. 7 일부 개정, 2014. 2. 7 시행).

재난 및 안전관리 기본법 시행령(대통령령 제25139호, 2014. 2. 5. 일부 개정, 2014. 2. 7. 시행).

재난구호 및 재난복구 비용 부담 기준 등에 관한 규정(대통령령 제24675호, 2013. 7. 30 일부 개정, 2013. 7. 30 시행).

재난구호 및 재난복구 비용 부담 기준 등에 관한 규칙(안전행정부령 제243호, 2004. 7. 26 일부 개정, 2004. 7. 29 시행).

재해구호법 (법률 제11690호, 2013. 3. 23. 타법 개정, 2013. 3. 29 시행)

재해구호법 시행규칙 (안전행정부령 제222호, 2011. 5. 31 일부 개정, 2011. 5. 31 시행).

재해구호법 시행령(대통령령 제245608호, 2013. 6. 17 일부 개정, 2013. 6. 17 시행)

정지범 (2009a). 광의와 협의의 위험, 위기, 재난관리의 범위. 「한국방재학회논문집」, 9(4): 61-66.

——— (2009b). 「국가종합위기의 이론과 실제」. 법문사.

——— (2010). 행정학적 패러다임에 입각한 국가위기관리의 진화: 영국, 미국, 한국의 비교 연구. 「한국위기관리논집」, 6(2): 239-255.

——— (2012). 범정부적 국가 위기 · 재난 관리시스템 연구. 한국행정연구원.

——— (2013a). 재난 상황에서 발생하는 갈등의 현황과 대응 전략 마련. 한국행정연구원.

——— (2013b). 사회과학과 재난관리. 「재난안전지」, 15(1): 58-63.

——— (2013c). 지역안전 거버넌스의 구축의 한계와 과제: 정책사례분석을 중심으로. 「지방행정연구」, 27(1)(통권 92호): 25-44.

정지범 · 김은성 (2009). 「기후변화에 대응하는 외국의 재해 관리 정책 사례와 시사점」. 한국행정연구원.

중앙안전관리위원회 (2004). 「제1차(2005~2009) 국가안전관리 기본계획」.

——— (2009). 「제2차(2010~2014) 국가안전관리 기본계획」.

최상옥 (2009). 외국 사례 분석: 미국의 위기관리 협력적 거버넌스 분석. 정지범 · 김근세. 「위기관리의 협력적 거버넌스 구축 방안」. 법문사.

행정안전부(2008). 「통합적 재난·안전관리 종합대책」.

국외 문헌

Abramowitz, J. (2001). Averting Unnatural Disasters, in L. Brown et al., *State of the World*. New York: Norton: 123-142.

Alexander, D. (2000). *Confronting Catastrophe: New Perspectives on Natural Disasters*. Harpenden, UK: Oxford University Press.

——— (2002). *Principles of Emergency Planning and Management*. New York: Oxford University Press.

——— (2007). Disaster Management: From Theory to Implementation. *Journal of Seismology and Earthquake Engineering*, 9(1, 2), Spring and Summer.

Baird, Malcolm E. (2010). The "Phases" of Emergency Management. Paper presented for the Intermodal Freight Transportation Institute(IFTI), University of Memphis.

Bankoff, G., Frerks, G., & Hillorst, D. (eds.) (2004). *Mapping vulnerability: Disasters, development and people*. Gateshead, UK: Earthscan.

Bender, B. (2008, December 1). Homeland Security Department in total disarray. *Boston Globe*. Retrieved December 26, 2008, from http://www.boston.com/news/nation/-washington/articles/2008/11/30/homeland_security_in_disarray_officials_warn/

Birch, E. & Wachter, S. (eds.) (2006). *Rebuilding urban places after disaster: Lessons from Hurricane Katrina*. Philadephia: PA: University of Pennsylvania Press.

Birkland, T. A. (2006). *Lessons of Disaster*. Washington: Georgetown University Press.

——— (2009). Disasters, Catastrophes, and Policy Failure in the Homeland Security Era. *Review of Policy Research*, 26(4): 423-438.

Birkmann, J. & Wisner, B. (2006). *Measuring the un-measurable: The challenge of vulnerability*. Bonn, Germany: United Nations University.

Boin, R. A. (2005). From Crisis to Disaster: Toward an Integrative Perspective, in R. Perry & E. L. Quarantelli (eds.). *What is a Disaster? New Answers to Old Questions*, Xlibris Press, Philadelphia.

Britton, Neil R. & Lindsay, John (2005). Designing Educational Opportunities for the Emergency Management Professional of the 21st Century: Formulating an Approach for a Higher Education Curriculum. Paper Presented at The Future of Emergency Management, The 2005 Higher Education Conference.

Bullock, J. A., Haddow, G., & Haddow, K. S. (2008). *Global Warming, Natural Hazards, and Emergency Management*. NW: CRC Press.

Chung, Ji Bum & Yun, Gi Woong (2013). Media and social amplification of risk: BSE and H1N1 cases in South Korea, *Disaster Prevention and Management*, 22(2): 148-159.

Clarke, M., Fanany, I., & Kenny, S. (2010). *Post-disaster Reconstruction: Lessons from Aceh*. London, UK: Earthscan Ltd.

Comfort, Louis K. (1988). Designing Policy for Action: The Emergency Management System. L. K. Comfort(ed.). *Managing Disaster*, Dorham, North Caroliana: Duke University Press.

Coppola, D. P. (2011). *Introduction to international disaster management*. Burlington, MA: Elsvier.

Dawes, S. S., Birkland, T. A., Tayi, G. K., & Schneider, C. A. (2004). *Information technology and coordination: Lessons from the World Trade Center response*. Albany: Center for Technology in Government, University at Albany, State University of New York.

Department of Homeland Security (DHS) (2004). *National Incident Management System*. Washington, D. C.: Government Printing Office. Department

DHS-U.S. Department of Homeland Security (2008a). National Response Framework. Washington D.C.

——— (2008b). National Incident Management System. Washington D.C.

——— (2011). National Preparedness System. Washington D.C.

Disaster and Emergency Reference Center (1998). *Disaster Management Glossary*, edited by Krisno Nimpuno. Delft, the Netherlands: Disaster and Emergency Reference Center.

Dombrowsky, W. (1998). Again and again: Is a disaster what we call a 'disaster'?, in E. L. Quarantelli (ed.). *What is a disaster?: Perspectives on the question*. London: Routledge.

Drennan, L. & McConnell, A. (2007). *Risk and Crisis Management in the Public Sector*. New York: Routledge.

Dynes, Russell R. (1970). *Organized Behavior in Disaster*. Lexington, MA: Heath Lexington Books.

——— (1974). *Organised Behaviour in Disasters*, Newark, DE: Disaster Research Center, University of Delaware.

——— (1998). Coming to Terms with Community Disaster, in E. L. Quarantelli, *What Is a Disaster? Perspectives on the Question*. Routledge.

FEMA (1997). Multi Hazard Identification and Risk Assessment: A Cornerstone of the National Mitigation Strategy. Washington, DC: FEMA.

——— (2007). Principles of Emergency Management Supplement.

Freudenburg, William R. (1997). Contamination, Corrosion, and the Social Order: An Overview. *Current Sociology*, 45: 19-40.

Fritz, C. (1961). Disasters, in R. Merton & R. Nisbet(eds.). *Social Problems*. New York: Harcourt Brace.

GAO (2009). *Disaster Recovery: Experience from past disasters offer insights for effective collaboration after catastrophic events*. GAO Report 09-811.

Gilbert, C. (1998). Studying disaster: Changes in the main conceptual tools, in E. L. Quarantelli (ed.). *What is a Disaster? Perspectives on the Question*. London: Routledge.

Haddow, George D. & Bullock, Jane A (2003). *Introduction to Emergency Management*. New York: Butterworth Heinemann.

Haddow, G. D., Bullock, J. A., & Coppola, D. P. (2007). *Introduction to emergency management* (3rd ed.). Boston: Elsevier.

——— (2011). *Introduction to emergency management* (4th ed.). Burlington, MA: Elsevier.

Hass, J., Kates, R., & Bowden, M. (1977). *Reconstruction following disaster*. Cambridge, MA: MIT Press.

Hyndman, D., Hyndman, D., & Catto, N. (2009). *Natural Hazards and Disaster*. Toronto, Canada: Nelson Education Ltd.

Jochim, A. E., & May, P. (2010). Beyond Subsystems: Policy Regimes and Governance. *The Policy Studies Journal*, 38(2): 303-327.

Kasperson, R., Renn, O., Slovic, P., Brown, H., & Emel, J. (1988). Social Amplification of Risk: a Conceptual Framework, *Risk Analysis*, 8(2): 177-187.

Kovoor-Misra, S. (1995). A multidimensional approach to crisis preparation for technological organizations: some critical factors, *Technological Forecasting and Social Change*, 48: 143-160.

Kreps, G. A. (1984). Sociological Inquiry and Disaster Research. *Annual Review of Sociology*, Vol.10.

Lavell, Allan & Maskrey, Andrew(2013). The Future of Disaster Risk Management: An On-going Discussion. Unpublished Paper.

Lee, Jong Youl, Tao, Jill L., & Anderson, Chad(2012). *Urban Administration*. Seoul: Daeyoung Publishing Co.

Lizarralde, G., Johnson, S., & Davidson, C. (eds.)(2010). *Rebuilding after disasters: From Emergency to sustainability*. New York: Spon Press.

Lyons, T., Schilderman, T., & Boano, C. (2010). *Building back better: Delivering people-centered housing reconstruction at scale*. Warwickshire, UK: Practical Action Publishing Ltd.

May, P., Jochim, A. E., & Sapotichne, J. (2011). Constructing Homeland Security: An

Anemic Policy Regime. *The Policy Studies Journal*, 39(2): 285-307.

McGuire, M. & Schneck, D. (2010). What if Hurricane Katrina Hit in 2020? The Need for Strategic Management of Disasters. *Public Administration Review*, 70(s1): s201-s207.

Mileti, D.(1999). *Disasters by Design: A Reassessment of Natural Hazards in the United States*. Washington: Joseph Henry Press.

Moynihan, D. P. (2007). *From Forest Fires to Hurricane Katrina*. Washington, D. C: IBM Center for the Business of Government.

National Disaster Education Coalition (2004). *Talking about disaster: Guide for standard message*. Washington, D.C: National Disaster Education Coalition.

Neal, David (1997). Reconsidering the Phases of Disaster, *International Journal of Mass Emergencies and Disasters*, 15(2): 239-264.

NGA-National Governors' Association Center for Policy Research (1979). *Comprehensive Emergency Management: A Governor's Guide*, Washington: National Governors' Association.

Patterson, J. (1999). *A review of the literature and programs on local recovery from disaster*. Fairfax, VA: Public Entity Risk Institute.

Perrow, Charles (2007). *The Next Catastrophe*. Princeton: Princeton University Press.

Perry, R. & Quarantelli, E. L. (eds.) (2005). *What is disaster?: New answers to old questions*. Bloomington. IN: Xlibris.

Petak, W. (1985) Emergency Management: A Challenge for Public Administration. *Public Administration Review,* 45: 3-7.

Philips, D. (2009). *Disaster Recovery*. Boca Raton, FL: Taylor & Francis Group.

Phillips, D., Neal, D., & Webb, G. (2012). *Introduction to emergency management*. Broken Sound Parkway, NW: CRC Press.

Picou, J. S. & Marshall, B. K. (2005). Katrina as Paradigm Shift: Reflections on Disaster Research in the Twenty-First Century, in D. L. Brunsma, D. Overfelt, & J. S. Picou (ed.). *The Sociology of Katrina: Perspectives on a Modern Catastrophe*. Rowman & Littlefield.

Pinkowski, J. (eds.) (2008). *Disaster management handbook*. Broken Sound Parkway, NW: CRC Press.

Platt, Rutherford H. (1999). *Disasters and Democracy: The Politics of Extreme Natural Events*. Washington DC: Island Press.

Posner, Richard A. (2004). *Catastrophe: Risk and Response*, Oxford University Press. (김소연 옮김 (2006). 「대재앙 인류는 대재앙의 위험에서 살아남을 것인가」, 말글빛냄).

Quarantelli, Enrico L. (1985). *Organizational Behavior in Disasters and Implications for Disaster Planning*, Federal Management Training Center, Emmitsburg, MD.

——— (1987). An analysis of the social historical factors affecting the development of research in the area. *International Journal of Mass Emergencies and Disasters,* 5: 285-310.

——— (ed.) (1998). *What is a disaster?: perspectives on the question.* London: Routledge.

——— (1999). *The disaster recovery process: what we know and do not know from research.* Preliminary Paper No. 286. Newark, DE: Disaster Research center, University of Delaware.

Richardson, B. (1994). Crisis management and management strategy: time to 'loop the loop', *Disaster Prevention and Management,* 3: 59-80.

Roberts, D. (2010). A lesson from Haiti: Are search and rescue teams worth it? *Philanthropy Action.* February 26.

Rodriguez, Havidan, Quarantelli, Enrico L., & Dynes, Russell R.(2007). *Handbook of Disaster Research.* New York: Springer.

Rolfe, J. & Britton, N. (1995). *Organization, government and legislation: Who coordinates recovery?* Wellington, NZ: Wellington Earthquake Commission and the Centre for Advanced Engineering.

Sagan, Scott D.(2003). The Problem of Redundancy Problem: Will More Nuclear Security Forces Produce More Nuclear Security?, *Risk Analysis,* 24(4): 935-946.

Schneider, Saundra K. (1995). *Flirting with Disaster: Public Management in Crisis Situations.* Armonk, New York: M. E. Sharpe, Inc.

Schwab, A., Eschelbach, K., & Brower, D. (2007). *Hazard Mitigation and Preparedness.* New Jersey: John Wiley & Sons, Inc.

Slovic, P. (1987). Perception of Risk. *Science,* 236: 280-285.

Spangle, W. (1991). *Rebuilding after earthquakes: Lessons from planners.* Portola Valley, CA: William Spangle and Associates, Inc.

Tierney, K. J. (1985). Emergency Medical Preparedness and Response in Disasters: The Need for Interorganizational Coordination. *Public Administration Review,* 45(Special Issue, Jan.): 77-84.

Tierney, K. J., Lindell, M. K., & Perry R. W.(2001). *Facing the Unexpected: Disaster Preparedness and Response in the United States.* Washington: Joseph Henry Press.

UN-ISDR (2009). UNISDR Terminology on Disaster Risk Reduction.

U. S. Department of Homeland Security (DHS). 2010. Quadrennial Homeland Security Review Report: A Strategic Framework for a Secure Homeland. Washington, DC: The Department of Homeland Security.

U. S. NRC & FEMA (1980). Criteria for Preparation and Evaluation of Radiological Emergency Response Plans and Preparedness in Support of Nuclear Power Plants.

Washington, DC: NRC & FEMA.

Waugh, W. L. & Streib, G. (2006). Collaboration and leadership for effective emergency management. *Public Administration Review*, 66(Special Issue, December): 131-140.

Wenger, D. (1985). Mass media and disaster. Preliminary Paper #98, Disaster Research Center, University of Delaware.

White House (2006). The Federal Response to Hurricane Katrina: Lessons Learned.

——— (2011). Presidential Policy Directive/PPD-8. Washington.

White House, Office of Homeland Security (OHS). 2002. National Strategy for Homeland Security. Washington, DC: OHS.

WHO/EHA (2002). Disasters & Emergencies Definitions, Training Package, Panafrican Emergency Training Centre, Addis Ababa.

Wisner, Ben et al. (2008). *At Risk: Natural Hazards, People's Vulnerability and Disasters*. New York: Routledge.

찾아보기

ㄱ

ㅇ

ㅈ

저자 소개

이종열(인천대 교수)

이종영(중앙대 교수)

최진식(국민대 조교수)

정지범(한국행정연구원 연구위원)

재난관리론

펴낸날 / 제1판 제1쇄 2014년 10월 20일

지은이 / 이종열 · 이종영 · 최진식 · 정지범

펴낸이 / 임춘환

펴낸곳 / 도서출판 대영문화사

주소 / 서울특별시 용산구 청파로 61길 5(청파동 1가) 제일빌딩 2층

등록 / 1975년 12월 26일 제3-16호

전화 / (02)716-3883, (02)714-3062

FAX / (02)703-3839

홈페이지 / http://www.dymbook.co.kr

ISBN 978-89-7644-499-8

〔값 13,000원〕